近世代数

赵森清 编著

浙江大学出版社

图书在版编目(CIP)数据

近世代数 / 赵淼清编著. —杭州:浙江大学出版社，
2005.8(2023.8 重印)
ISBN 978-7-308-04428-8

Ⅰ.近... Ⅱ.赵... Ⅲ.抽象代数 Ⅳ.O153

中国版本图书馆 CIP 数据核字(2005)第 096935 号

近世代数

赵淼清　编著

责任编辑	沈国明
封面设计	刘依群
出版发行	浙江大学出版社
	(杭州市天目山路 148 号　邮政编码 310007)
	(网址:http://www.zjupress.com)
排　　版	杭州大漠照排印刷有限公司
印　　刷	杭州杭新印务有限公司
开　　本	889mm×1194mm　1/32
印　　张	8.625
字　　数	220 千字
版 印 次	2005 年 8 月第 1 版　2023 年 8 月第 8 次印刷
书　　号	ISBN 978-7-308-04428-8
定　　价	30.00 元

前　言

　　本书主要介绍了近世代数课程的基本内容和思想方法，全书共分五章，分别对群、环、域这三个最基本的代数系统进行了一些讨论。

　　由于学生在学习近世代数课程时，往往对一些抽象的概念不能很好地理解，因此本书在内容的叙述上力求简洁，对概念的建立与定理的证明尽可能地详细和严谨，使学生能够较好地理解和体会近世代数课程的基本内容和证题方法，同时给出一些具体的例子，以帮助对相关概念和内容的准确掌握和正确理解。

　　在每节后面都配有一些习题，以帮助学生提高和巩固每个章节的内容。这些习题大部分是比较容易的，对于那些真正掌握基本知识的学生来说，做这些习题应该没有什么困难。

　　由于编者水平所限，本书定有不妥之处，衷心希望读者指正。

编　者

2005 年 5 月

目　　录

第一章　基本概念 ……………………………………………… 1

§1.1　集合 …………………………………………………… 1

§1.2　映射 …………………………………………………… 6

§1.3　代数运算与运算律 ………………………………… 13

§1.4　等价关系与集合分类 ……………………………… 21

第二章　群论 ………………………………………………… 29

§2.1　半群 …………………………………………………… 29

§2.2　群的定义与基本性质 ……………………………… 36

§2.3　群的同态与子群 …………………………………… 47

§2.4　循环群 ………………………………………………… 57

§2.5　变换群　置换群 …………………………………… 62

§2.6　子群的陪集 ………………………………………… 70

§2.7　不变子群与商群 …………………………………… 78

§2.8　同态基本定理 ……………………………………… 86

§2.9　群的直积 …………………………………………… 95

第三章　环与域 ……………………………………………… 103

§3.1　环的概念 …………………………………………… 103

§3.2　整环　除环　域 …………………………………… 113

§3.3　子环与环同态 ……………………………………… 123

§3.4　理想与商环 ………………………………………… 131

§3.5　环同态基本定理 ·················· 143

§3.6　素理想与极大理想 ················· 151

§3.7　分式域 ························· 158

§3.8　多项式环 ······················ 167

§3.9　环的直和 ······················ 174

第四章　整环里的因子分解 ················ 182

§4.1　不可约元　素元　最大公因子 ········· 182

§4.2　唯一分解环 ····················· 193

§4.3　主理想环　欧氏环 ················· 200

§4.4　唯一分解环上的一元多项式环 ········· 207

§4.5　因子分解与多项式的根 ·············· 216

第五章　域论 ······················· 221

§5.1　扩域　素域 ···················· 221

§5.2　单扩域 ························ 227

§5.3　代数扩域 ······················ 237

§5.4　多项式的分裂域 ·················· 245

§5.5　有限域 ························ 254

§5.6　可分扩域 ······················ 260

第一章 基本概念

近世代数的主要内容是研究所谓的代数系统,即带有代数运算的集合.本教材主要讨论群、环、域这几个最基本的代数系统.为了以后学习的便利以及教材的完整性,我们将在这一章中对集合、映射、等价关系、集合分类等几个基本概念作一个简单的介绍.作为基础知识,这些内容将在以后的学习中经常被用到.

§1.1 集 合

一、集合的概念

在近代数学中,人们已经越来越广泛而深入地用到集合这个最基本的数学概念.我们给"具有某种特定性质的事物之全体"一个名称,叫做**集合**.组成一个集合的各个个体事物叫做这个集合的**元素**.

以后我们通常用大写字母 $A,B,C,\cdots$ 等表示集合,而用小写字母 $a,b,c,\cdots$ 等表示集合中的元素.特别地,用 $\mathbf{N}$ 表示所有自然数所组成的集合(简称**自然数集**),用 $\mathbf{Z}$ 表示所有整数组成的集合(简称**整数集**),用 $\mathbf{Q}$ 表示所有有理数组成的集合(简称**有理数集**),用 $\mathbf{R}$ 表示所有实数组成的集合(简称**实数集**),用 $\mathbf{C}$ 表示所有复数组成的集合(简称**复数集**).这些数集是我们经常用到的,以后如果没有特别的说明,则 $\mathbf{N},\mathbf{Z},\mathbf{Q},\mathbf{R},\mathbf{C}$ 就表示以上所述的数集.

对于一个集合 A 来说,某一事物 x 如果是集合 A 的元素,我们说元素 x 属于集合 A,记为 $x\in A$;如果 x 不是集合 A 的元素,

那么说 x 不属于 A,记为 $x \notin A$. 对于给定的集合 A 来说,任何事物,即元素 x,以上两种情形必居其一. 要确定一个集合 A,就是要明确哪些元素属于 A,而哪些元素不属于 A,即 A 中所含的元素是明确给定的.

设 A,B 是两个集合,如果集合 B 中的每一个元素都属于集合 A,(即 $\forall x \in B$,可以得到 $x \in A$),那么,我们说 B 是 A 的**子集**(或称集合 B 包含在集合 A 中,或称集合 A 包含集合 B),记作 $B \subseteq A$.

若集合 B 是集合 A 的子集,而且至少有一个 A 的元素 x 不属于 B,即存在 $x \in A$,但 $x \notin B$,则称 B 是 A 的**真子集**,记作 $B \subsetneqq A$.

显然,集合的包含关系具有:

(1)对于任意集合 A,有 $A \subseteq A$;

(2)对于集合 A,B,C,如果 $A \subseteq B, B \subseteq C$,则 $A \subseteq C$.

特别地,当集合中不含任何元素时,我们称其为**空集**,记为 $\varnothing$. 我们规定空集是任何集合的子集.

若集合 A 和集合 B 所包含的元素完全一样,那么我们说集合 A 和 B **相等**,记为 $A = B$. 显然

$$A = B \iff A \subseteq B \text{ 且 } B \subseteq A.$$

如果集合 A 中所含的元素个数是一个有限数,即集合 A 是由有限个元素组成的,则称 A 为**有限集**,空集是有限集;否则称 A 为**无限集**. 集合 A 中的元素个数记为 $|A|$.

二、集合的运算

设 A,B 是任意两个集合,所有属于 A 或属于 B 的元素作成的集合称为 A 与 B 的**并集**,记为 $A \cup B$,即

$$A \cup B = \{x \mid x \in A \text{ 或 } x \in B\};$$

所有既属于 A 又属于 B 的元素作成的集合称为 A 与 B 的**交集**,记为 $A \cap B$,即

$$A \bigcap B = \{x \mid x \in A \text{ 且 } x \in B\};$$

所有属于 A 而不属于 B 的元素作成的集合称为 A 与 B 的**差集合**,记为 $A-B$,即

$$A - B = \{x \mid x \in A, \text{但 } x \notin B\}.$$

如果集合 A 和 B 给定,那么上述集合的三种运算 $A \bigcup B$,$A \bigcap B$,$A-B$ 所得的集合都完全被集合 A 与 B 所确定. 关于上述定义的集合运算可用直观的图给出示意(阴影部分即为运算的结果).

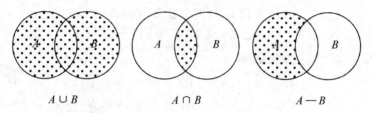

$$A \cup B \qquad\qquad A \cap B \qquad\qquad A-B$$

例如,$A = \{1,2,3\}$,$B = \{3,4,5,6\}$,则

$$A \bigcup B = \{1,2,3,4,5,6\},$$
$$A \bigcap B = \{3\}, \quad A - B = \{1,2\}.$$

当 A 作为全集 U 时,$A-B=U-B$ 就是 B 的补集 B'. 因此,从某种意义上讲,补集可看作是差集的一种特殊情形.

关于多个集合的并集与交集完全可以用类似于上述方法给出其定义:

设集合族 $A_i (i \in I$,其中 I 为某个指标集),则

$$\bigcup_{i \in I} A_i = \{x \mid \text{存在某个 } i \in I, \text{满足 } x \in A_i\};$$
$$\bigcap_{i \in I} A_i = \{x \mid x \in A_i, \forall i \in I\}.$$

设 S,A,B,C 为集合,不难证明,集合的交、并、差运算具有下面的性质:

1° 幂等律

$$A \bigcup A = A, A \bigcap A = A;$$

2° 交换律

$$A \bigcup B = B \bigcup A, A \bigcap B = B \bigcap A;$$

3° 结合律

$$(A \bigcup B) \bigcup C = A \bigcup (B \bigcup C),$$
$$(A \bigcap B) \bigcap C = A \bigcap (B \bigcap C);$$

4° 分配律

$$A \bigcup (B \bigcap C) = (A \bigcup B) \bigcap (A \bigcup C),$$
$$A \bigcap (B \bigcup C) = (A \bigcap B) \bigcup (A \bigcap C),$$

5° 德·摩根定律

$$(S - A) \bigcup (S - B) = S - (A \bigcap B),$$
$$(S - A) \bigcap (S - B) = S - (A \bigcup B),$$

或者叙述成补集的形式：

$$A' \bigcup B' = (A \bigcap B)',$$
$$A' \bigcap B' = (A \bigcup B)'.$$

对于以上的性质,我们只证 5° 中的 $A' \bigcup B' = (A \bigcap B)'$,以示范证明两个集合相等的通常思路,其余性质的证明由读者自行完成.

证明　设 $x \in (A \bigcup B)'$,则 $x \notin A \bigcup B$,因而 $x \notin A$ 且 $x \notin B$,从而 $x \in A'$ 且 $x \in B'$,故 $x \in A' \bigcap B'$,得 $(A \bigcup B)' \subseteq A' \bigcap B'$;

反之,设 $x \in A' \bigcap B'$,则 $x \in A'$ 且 $x \in B'$,即 $x \notin A$ 且 $x \notin B$,于是有 $x \notin A \bigcup B$,即 $x \in (A \bigcup B)'$,故 $A' \bigcap B' \subseteq (A \bigcup B)'$.

所以,$A' \bigcup B' = (A \bigcap B)'$. ∎

三、积集合与幂集合

设 $A_1, A_2, \cdots, A_n$ 是 n 个集合,由一切形如

$$(a_1,a_2,\cdots,a_n),a_i \in A_i,i=1,2,\cdots,n$$

的有序元素所组成的集合叫做集合 $A_1,A_2,\cdots,A_n$ 的**积集合**,或称集合 $A_1,A_2,\cdots,A_n$ 的**卡氏积**,记为

$$A_1 \times A_2 \times \cdots \times A_n = \{(a_1,a_2,\cdots,a_n) \mid a_i \in A_i,i=1,2,\cdots,n\}.$$

例如,$A=\{a,b\},B=\{1,2,3\}$,则

$$A \times B = \{(a,\ 1),(a,\ 2),(a,\ 3),(b,\ 1),(b,\ 2),(b,\ 3)\};$$
$$B \times A = \{(1,\ a),(1,\ b),(2,\ a),(2,\ b),(3,\ a),(3,\ b)\}.$$

一般来说,卡氏积不可交换,即 $A \times B \neq B \times A$,只有当 $A=B$ 时,才有 $A \times B = B \times A$.

设 A 为集合,以 A 的所有子集作为元素所作成的集合称为 A 的**幂集合**,记为 2^A.

例如,$A=\{a,b,c\}$,则

$$2^A = \{\varnothing,\{a\},\{b\},\{c\},\{a,\ b\},\{a,\ c\},\{b,\ c\},\{a,\ b,\ c\}\}.$$

习题 1.1

1. 设集合 $A=\{a,b,c,d\},B=\{c,d,e\}$,求 $A \bigcup B,A \bigcap B,A-B,(A-B) \bigcup (B-A)$.

2. 设集合 $A=\{1,2,3,4\}$,分别写出 $A \times A$ 与 2^A 中所含的所有元素.

3. 设 A,B 都为有限集,且 $|A|=m,|B|=n$,证明:

$$|A \times B| = mn.$$

4. 设 A 是有限集,证明:$|2^A| = 2^{|A|}$.

5. 具体证明集合的运算性质 $4°$,即证明

$$A \bigcup (B \bigcap C) = (A \bigcup B) \bigcap (A \bigcup C),$$
$$A \bigcap (B \bigcup C) = (A \bigcap B) \bigcup (A \bigcap C).$$

§1.2 映 射

上节介绍了集合的概念,一般来说,在研究集合时,并不仅仅是孤立地考虑某个集合本身以及其中的元素,而是要建立某些集合与集合之间、元素与元素之间的相互联系,以达到进一步研究它们的目的. 映射和代数运算则是建立这种联系的重要手段.

一、映射

定义 1 设 $A_1, A_2, \cdots, A_n, D$ 为集合,如果有一个法则 f,对于任意的 $(a_1, a_2, \cdots, a_n) \in A_1 \times A_2 \times \cdots \times A_n$,通过法则 f 在 D 中能得到唯一的元素 d 与它对应,那么法则 f 叫做由集合 $A_1 \times A_2 \times \cdots \times A_n$ 到集合 D 的一个**映射**;元素 d 叫做元素 $(a_1, a_2, \cdots, a_n)$ 在映射 f 下的**象**,而元素 $(a_1, a_2, \cdots, a_n)$ 叫做元素 d 在 f 下的一个**原象**.

对于映射我们常用以下符号来描述:

$$f: A_1 \times A_2 \times \cdots \times A_n \to D,$$
$$(a_1, a_2, \cdots, a_n) \mapsto d = f(a_1, a_2, \cdots, a_n).$$

要确定一个映射,则必须给定相应的集合和对应法则. 也就是说,若要两个映射相等,那么这两个映射所联系着的集合必须分别相同,而且每一个元素所对应的象也必须是相等的.

例 1 设 $A_1 = A_2 = \cdots = A_n = D = \mathbf{R}$,

$$f: (a_1, a_2, \cdots, a_n) \mapsto a_1^2 + a_2^2 + \cdots + a_n^2,$$

是一个 $A_1 \times A_2 \times \cdots \times A_n$ 到 D 的映射. 这里 A_i, D 都是相同的集合,映射的定义中并没有要求所给的集合要互不相同.

例 2 设 $A = \{a, b, c\}, D = \{1, 2, 3, 4\}$,

$$f: a \mapsto 1, b \mapsto 1, c \mapsto 2$$

是 A 到 D 的一个映射;

$$g:a\mapsto 1,b\mapsto 2,c\mapsto 3$$

也是 A 到 D 的一个映射;但

$$h:a\mapsto 1,b\mapsto 1$$

不是 A 到 D 的一个映射,因为 $c\in A$ 在 h 作用下没有象.

例3 设 $A=\mathbf{Z},D=\mathbf{Z}^+=\{$全体正整数$\}$,

$$f:n\mapsto |n|$$

不是 A 到 D 的映射,因为 0 在 f 作用下的象不在 D 中;而

$$g:n\mapsto |n|+1$$

是 A 到 D 的一个映射;再看

$$h:n\mapsto \begin{cases}2(n+1) & \text{当 } n\geqslant 0 \text{ 时}\\ -2n-1 & n<0 \text{ 时}\end{cases}$$

也是 A 到 D 的一个映射.

例4 设 $A_1=A_2=A_3=\{$几何空间中以原点为起点的向量全体$\},D=\mathbf{R}$,

$$f:(\alpha_1,\alpha_2,\alpha_3)\mapsto (\alpha_1\times \alpha_2)\cdot \alpha_3,$$

其中 $(\alpha_1\times\alpha_2)\cdot\alpha_3$ 表示向量 $\alpha_1,\alpha_2,\alpha_3$ 的混合积,那么 f 是 $A_1\times A_2\times A_3$ 到 D 的一个映射.

例5 设 $A=D$,则

$$I_A:a\mapsto a,\ \forall a\in A$$

是 A 到 A 的一个映射,我们将这个映射 I_A 叫做集合 A 的**恒等映射**(或**单位映射**).

注意:当 $A\neq B$ 时,I_A 与 I_B 是两个不同的映射.

由于 $A_1\times A_2\times\cdots\times A_n$ 仍是一个集合,因此,上述映射的定义等价于集合 A 到 D 的映射定义,即

定义 1′　设 A, D 为集合,如果有一个法则 f,对于 $\forall a \in A$,通过法则 f 在 D 中能得到唯一的元素 d 与它对应,那么法则 f 叫做由集合 A 到集合 D 的一个**映射**.

以后我们可将这两种形式不同,但本质一样的映射定义按实际需要灵活运用.

定义 2　设 f 是 A 到 D 的一个映射.如果对于 A 中的任意两个元素 x_1, x_2,当 $x_1 \neq x_2$ 时,必有 $f(x_1) \neq f(x_2)$,即 A 中任意两个不同的元素在 f 下的象也必定不同,那么,称 f 是 A 到 D 的一个**单射**;如果对于任意 $d \in D$,都存在 $a \in A$,使得 $f(a) = d$,即 D 中的每一个元素 d 在 f 下都有原象,那么,称 f 是 A 到 D 的一个**满射**;如果映射 f 既是单射,又是满射,则称 f 是 A 到 D 的一个**一一映射**.

例 1 中的 f 既不是单射,也不是满射;例 2 中的 g 是单射而不是满射;例 3 中的 g 是满射但不是单射;例 3 中的 h 和例 5 中的 I_A 都是一一映射.

设 f 是 A 到 D 的一个映射,任取 $S \subseteq A$,令

$$f(S) = \{f(x) \mid x \in S\},$$

这是 D 的一个子集,叫做 A 的子集 S 在映射 f 下的象.特别地,当 $S = A$ 时,$f(A)$ 叫做**映射 f 的象**,通常记为

$$\mathbf{Im}f = f(A).$$

于是,一个 A 到 D 的映射 f 可以看作是 A 到 $\mathbf{Im}f$ 的一个满射.

任取 $T \subseteq D$,令

$$f^{-1}(T) = \{x \mid x \in A, f(x) \in T\},$$

这是 A 的一个子集,叫做 D 的子集 T 在映射 f 下的**完全原象**.当 T 仅含有一个元素时,例如,$T = \{d\}$,则 $f^{-1}(\{d\})$ 通常记成 $f^{-1}(d)$.

注意：当 $T \neq \varnothing$ 时，可能 $f^{-1}(T) = \varnothing$. 例如在例2中，取 $T = \{4\}$，则 $f^{-1}(T) = \varnothing$. 另外，$f^{-1}(T)$ 仅是一个记号，要与后面将要学到的可逆映射的逆映射加以区别.

二、映射的合成

定义 3　设 A, B, C 为集合，有两个映射

$$f: A \to B, \quad g: B \to C,$$

由 f, g 确定的 A 到 C 的映射

$$h: A \to C, \quad a \mapsto g(f(a)), \quad \forall a \in A$$

叫做**映射 f 和 g 的合成**，记为 $h = g \circ f$，有时也记为 $h = gf$，即

$$h(a) = (g \circ f)(a) = (gf)(a) = g(f(a)).$$

映射由 f 和 g 合成的 h 可用如下的图来表示：

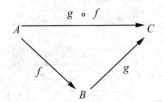

对于的映射的合成我们有

定理 1　设 $f: A \to B, g: B \to C, h: C \to D$，则有

(1) $h \circ (g \circ f) = (h \circ g) \circ f$;

(2) $I_B \circ f = f, \ f \circ I_A = f$.

证明　(1) 按照两个映射相等的意义，需要证明与这两个映射 $h \circ (g \circ f), (h \circ g) \circ f$ 相关的集合分别是一样的，根据映射合成的定义，我们可知它们都是由 A 到 D 的映射. 其次，还需要证明法则相同，即 $\forall a \in A$，有

$$[h \circ (g \circ f)](a) = [(h \circ g) \circ f](a).$$

由映射合成的定义,对于 $\forall a \in A$,我们有

$$[h \circ (g \circ f)](a) = h[(g \circ f)](a) = h[g(f(a))],$$
$$[(h \circ g) \circ f](a) = (h \circ g)(f(a)) = h[g(f(a))],$$

即得
$$h \circ (g \circ f) = (h \circ g) \circ f.$$

(2) $I_B \circ f$ 与 f 都是 A 到 B 的映射,并且 $\forall a \in A$,有

$$(I_B \circ f)(a) = I_B(f(a)) = f(a),$$

即
$$I_B \circ f = f.$$

同理可证
$$f \circ I_A = f.$$

如果在一个映射图中,任意两个集合之间经过不同途径(如果不同途径存在的话)所得的结果是相同的,则称这个**图可交换**. 例如,要使下图可交换,则必须满足:

$$A \to D: h \circ g \circ f = h \circ \sigma = \tau \circ f,$$
$$A \to C: g \circ f = \sigma,$$
$$B \to D: h \circ g = \tau.$$

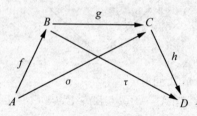

定理 2 设 f 是 A 到 B 的一个一一映射,那么由 f 可以诱导出唯一的一个 B 到 A 的一一映射 f^{-1},使

$$f \circ f^{-1} = I_B, \quad f^{-1} \circ f = I_A.$$

证明 首先利用 f 来作 B 到 A 的映射

$$f^{-1}: b \mapsto a, \quad \text{假如 } b = f(a).$$

由于 f 是 A 到 B 的一个一一映射,任意给出一个 $b \in B$,有且仅有

一个 $a \in A$ 能够满足条件 $f(a) = b$,即 B 中的任何元素 b 在 f^{-1} 下都存在象 a,且其象唯一. 也就是说,这样定义的映射 f^{-1} 是合理的.

再来证 f^{-1} 也是一一映射. $\forall a \in A$,有 $b \in B$,使 $f(a) = b$,也就是说 $f^{-1}(b) = a$,即 f^{-1} 为满射;

若 $b_1, b_2 \in B$,如果 $b_1 \neq b_2$,那么必有 $f^{-1}(b_1) \neq f(b_2)$. 如果不然,即 $f^{-1}(b_1) = f^{-1}(b_2) = a$,那么 b_1 与 b_2 是同一个元素 a 在 f 下的象,得 $b_1 = b_2$,矛盾,从而证得 f^{-1} 为单射.

根据 f^{-1} 的定义,容易得到

$$f \circ f^{-1} = I_B, \quad f^{-1} \circ f = I_A.$$

最后,证明满足条件的映射是唯一的. 如果还有 $g : B \to A$,使

$$f \circ g = I_B, \quad g \circ f = I_A.$$

则

$$g = I_A \circ g = (f^{-1} \circ f) \circ g = f^{-1} \circ (f \circ g) = f^{-1} \circ I_B = f^{-1}. \blacksquare$$

当 f 为一一映射时,也称 f 为**可逆映射**,称 f^{-1} 为 f 的**逆映射**.

三、变换

对于映射 $f : A \to D$,它是联系着两个集合 A 与 D 的,但映射的定义中并没有要求 A 与 D 必须是两个不同的集合. 当这两个集合 A 与 D 相同时,我们有

定义 4　一个 A 到 A 的映射叫做 A 的一个**变换**,如果这个 A 到 A 的映射还是单射、满射、一一映射,那么这个变换分别叫做 A 的**单变换、满变换、一一变换**.

例 6　设 $A = \mathbf{R}$,

$$\sigma : x \mapsto e^x, \ \forall x \in A$$

是 A 的一个单变换,但不是 A 的满变换.

例7 设 $A = \mathbf{Z}$,

$$\sigma: x \mapsto \begin{cases} \dfrac{x}{2} & x \text{ 为偶数} \\[2mm] \dfrac{x+1}{2} & x \text{ 为奇数} \end{cases}$$

是 A 的一个满变换,但不是 A 的单变换.

例8 设 $A = \mathbf{R} \times \mathbf{R}$,

$$\sigma: (x, y) \mapsto (x, -y)$$

是 A 的一个一一变换.

由于变换是一类特殊的映射,下列关于变换的结果自然成立:

(1) 设 σ, τ, η 是 A 的变换,则

$$(\sigma \circ \tau) \circ \eta = \sigma \circ (\tau \circ \eta);$$

(2) 设 ε 为 A 的恒等变换 I_A,那么对于任意一个 A 的变换 σ,都有

$$\sigma \circ \varepsilon = \varepsilon \circ \sigma = \sigma.$$

习题 1.2

1. $A = \mathbf{R}^+ = \{\text{所有大于零的实数}\}, D = \mathbf{R}$,找一个 A 到 D 的一一映射.

2. 对于下面给出的 $\mathbf{Z}$ 的变换 f, g, h,

$$f: x \mapsto 3x,$$
$$g: x \mapsto 3x + 1,$$
$$h: x \mapsto 3x + 2,$$

计算:$f \circ g, g \circ f, g \circ h, h \circ g, f \circ g \circ h$.

3. 设 f 是 A 到 B 的一个一一映射,$a \in A$,则

$$f^{-1}\big[\,f(a)\big]=? \qquad f\big[f^{-1}(a)\big]=?$$

若 f 是 A 的一个一一变换,这两个问题的答案又该是什么?

4. 设 f 是 A 的一个变换,$S\subseteq A$,试比较集合 $S,f^{-1}\big[f(S)\big]$,$f\big[f^{-1}(S)\big]$ 三者之间的包含关系,且讨论相等的条件.

5. 设 $f:A\rightarrow B$,证明:

(1) f 为单射 $\iff$ 存在映射 $g:B\rightarrow A$,使得 $g\circ f=I_A$;

(2) f 为满射 $\iff$ 存在映射 $h:B\rightarrow A$,使得 $f\circ h=I_B$.

§1.3 代数运算与运算律

我们知道,所谓代数系统是一个带有代数运算的集合.因此代数运算也就成了近世代数的一个很重要的基本概念.本节我们将利用映射的观点来定义代数运算,并介绍几个基本的运算律.

一、代数运算

定义 1 设 A,B,D 是三个集合,一个由 $A\times B$ 到 D 的映射"。"称为 $A\times B$ 到 D 的一个**代数运算**.当 $A=B=D$ 时,则称 $A\times A$ 到 A 的代数运算为 A **的代数运算**.

由定义可知,代数运算"。"是一种特殊的映射,对于 $A\times B$ 中的任一个元素 (a,b),通过这个代数运算"。"能够得到 D 的一个唯一确定的元素 d.也就是说,所给代数运算"。"能够对 $\forall a\in A,\forall b\in B$ 都可进行运算,且得到的结果 d 是唯一的,这正是普通计算的特征.譬如说,普通加法只不过是把两个数加起来而得到另一个数.

正因为代数运算是一个特殊的映射,我们就用一个特殊的符号"。"来表示,可以写成

$$\circ:(a,b)\mapsto d=\circ\,(a,b),$$

为了和我们所熟知的运算统一起见,我们不写为。(a,b),而写成 $a \circ b$.

例1 设 $A = \mathbf{Z}, B = \mathbf{Z}^* = \{x \mid x \in \mathbf{Z}, x \neq 0\}, D = \mathbf{Q}$,则

$$\circ : A \times B \to D, \quad a \circ b = \frac{a}{b},$$

是 $A \times B$ 到 D 的一个代数运算,即普通的除法运算.

例2 设 V 是实数域 $\mathbf{R}$ 上的一个 n 维向量空间,$\mathbf{R}$ 与 V 的纯量乘法

$$\circ : \mathbf{R} \times V \to V,$$

$$k \circ (a_1, a_2, \cdots, a_n) = (ka_1, ka_2, \cdots, ka_n)$$

是 $\mathbf{R} \times V$ 到 V 的一个代数运算;而向量的内积

$$\bar{\circ} : V \times V \to \mathbf{R},$$

$$(a_1, a_2, \cdots, a_n) \bar{\circ} (b_1, b_2, \cdots, b_n) = a_1 b_1 + a_2 b_2 + \cdots + a_n b_n$$

是 $V \times V$ 到 $\mathbf{R}$ 的一个代数运算.

例3 设 $A = B = D = \mathbf{Q}$,令

$$\frac{a}{b} \circ \frac{d}{c} = \frac{b+d}{ac}, \quad a \neq 0, c \neq 0.$$

则不是 A 的代数运算. 因为 $\frac{1}{2}, \frac{1}{3} \in \mathbf{Q}$,有

$$\frac{1}{2} \circ \frac{1}{3} = \frac{1+1}{2 \times 3} = \frac{2}{6} = \frac{1}{3};$$

另一方面,$\frac{1}{2} = \frac{2}{4}, \frac{1}{3} = \frac{2}{6}$,又有

$$\frac{1}{2} \circ \frac{1}{3} = \frac{2}{4} \circ \frac{2}{6} = \frac{2+2}{4 \times 6} = \frac{4}{24} = \frac{1}{6} \neq \frac{1}{3},$$

即同样两个有理数,用不同的形式表示后,其运算的结果不一致,也就是说,这个法则的象不唯一.

例 4 设 $A = B = \{1,2\}, D = \{奇,偶\}$,规定
$$1 \circ 1 = 偶, 1 \circ 2 = 奇, 2 \circ 1 = 奇, 2 \circ 2 = 偶,$$
则 $\circ$ 是 $A \times B$ 到 D 的一个代数运算.

当 A, B 是有限集合时,对于一个从 $A \times B$ 到 D 的代数运算,我们通常用一个表(这个表通常叫做**运算表**)来给出,设
$$A = \{a_1, a_2, \cdots, a_m\}, B = \{b_1, b_2, \cdots, b_n\},$$
$$a_i \circ b_j = d_{ij}, (i = 1, 2, \cdots, m; j = 1, 2, \cdots, n)$$
是所给的代数运算. 我们先画一垂线,在垂线上端画一向右的横线,把 A 的元素依次写在垂线的左边,把 B 的元素依次写在横线的上边,然后把 a_i 和 b_j 进行运算后所得的结果 d_{ij} 写在 a_i 所在的横线和 b_j 所在的垂线的交叉点上,如下表所示:

$\circ$	b_1	b_2	$\cdots$	b_n
a_1	d_{11}	d_{12}	$\cdots$	d_{1n}
a_2	d_{21}	d_{22}	$\cdots$	d_{2n}
$\vdots$	$\vdots$	$\vdots$		$\vdots$
a_m	d_{m1}	d_{m2}	$\cdots$	d_{mn}

例如,例 4 的运算表为:

$\circ$	1	2
1	偶	奇
2	奇	偶

二、运算律

从代数运算的定义可以看到,一个代数运算是可以任意规定的. 一般规定的代数运算并不一定有多大实际意义,但是我们通常遇到的代数运算大多适合某些从实际中来的规律,即满足某些运算律. 常见的运算律有结合律、交换律和分配律.

1. 结合律

设。是 A 的一个代数运算,如果对于 A 中的任意三个元素 a, b,c,都有

$$(a \circ b) \circ c = a \circ (b \circ c),$$

则称 A 关于代数运算。来说满足**结合律**.

虽然结合律是一个最为常见的运算律,但并不是每一个代数运算都是满足结合律的. 例如,取 $A = \mathbf{Z}$,代数运算取作普通数的减法运算,那么除非 $c = 0$,一般有

$$(a - b) - c \neq a - (b - c).$$

如果。为 A 的一个代数运算,那么,。只是对 A 中的两个元素 a,b 的结合 $a \circ b$ 有意义的,但对于 A 中的三个元素 a,b,c,运算"$a \circ b \circ c$"是没有直接定义的,因为它并没有明确地指出是"$(a \circ b) \circ c$"还是"$a \circ (b \circ c)$",而且当。不满足结合律时,$(a \circ b) \circ c$ 与 $a \circ (b \circ c)$ 是有可能是 A 中的两个不同元素. 因此,只有在。满足结合律时,$a \circ b \circ c$ 这个记号才有意义. 那么,自然要问: 当。满足结合律时,对于 A 中的 n 个元素 $a_1, a_2, \cdots, a_n$,记号

$$a_1 \circ a_2 \circ \cdots \circ a_n, \quad (a_i \in A, n \geq 2)$$

也是否有意义? 答案是肯定的,因为我们有

定理 1 如果集合 A 的代数运算满足结合律,那么对于 A 中的任意 n ($n \geq 2$) 个元素 $a_1, a_2, \cdots, a_n$,只要不改变元素的前后排列顺序,任一种计算方法(即加括号到每次都是两个元素运算)所得的结果都相同.

证明 我们引入记号 $\prod\limits_{i=1}^{n} a_i$,它表示 $a_1, a_2, \cdots, a_n$,按顺序自左到右依次计算的结果,即

$$\prod_{i=1}^{n} a_i = (\cdots((a_1 \circ a_2) \circ a_3) \circ \cdots) \circ a_n.$$

利用数学归纳法来证明.

我们知道,当 $n = 2,3$ 时,定理成立.

假设 $r < n$ 时,对于任意 r 个元素来说定理成立,下面考虑 n 个元素的情形.

对于 n 个元素的任一计算方法,最后一步总可归结为 $u \circ v$ 的形式,其中 u 表示前面 m 个元素 $a_1, a_2, \cdots, a_m$ 的计算结果,v 表示后 $n-m$ 个元素 $a_{m+1}, a_{m+2}, \cdots, a_n$ 的计算结果,其中 $1 \leqslant m < n$. 由归纳假设得

$$u = \prod_{i=1}^{m} a_i, \quad v = \prod_{j=1}^{n-m} a_{m+j}.$$

从而再根据 $\circ$ 满足结合律,有

$$u \circ v = \left(\prod_{i=1}^{m} a_i \right) \circ \left(\prod_{j=1}^{n-m} a_{m+j} \right) = \left(\prod_{i=1}^{m} a_i \right) \circ \left[\left(\prod_{j=1}^{n-m-1} a_{m+j} \right) \circ a_n \right]$$

$$= \left[\left(\prod_{i=1}^{m} a_i \right) \circ \left(\prod_{j=1}^{n-m-1} a_{m+j} \right) \right] \circ a_n = \left(\prod_{i=1}^{n-1} a_i \right) \circ a_n = \prod_{i=1}^{n} a_i.$$

这就是说,n 个元素的任一计算结果都等于 $\prod_{i=1}^{n} a_i$. ■

2. 交换律

A 的一个代数运算 $\circ$ 说是满足**交换律**,如果对于 A 中的任意两个元素 a, b,都有

$$a \circ b = b \circ a$$

成立.

定理 2 如果集合 A 的代数运算 $\circ$ 同时满足结合律和交换律,那么,在 $a_1 \circ a_2 \circ \cdots \circ a_n (n \geqslant 2)$ 中,元素的前后顺序可以任意调换.

定理 2 和后面定理 3 的证明留给读者自己完成.

3. 分配律

结合律和交换律都是就同一种代数运算而言的. 现在我们讨

论与两种代数运算发生关系的一种运算律,这就是分配律.

设 A 有两种代数运算 $\otimes$ 和 $\oplus$,如果对于任意 $a,b,c \in A$,都有
$$a \otimes (b \oplus c) = (a \otimes b) \oplus (a \otimes c),$$
则称 A 关于代数运算 $\otimes$,$\oplus$ 满足**左分配律**;如果
$$(b \oplus c) \otimes a = (b \otimes a) \oplus (c \otimes a),$$
则称 A 关于代数运算 $\otimes$,$\oplus$ 满足**右分配律**.

当 A 关于代数运算 $\otimes$,$\oplus$ 既满足左分配律,又满足右分配律,则称 A 关于代数运算 $\otimes$,$\oplus$ 满足**分配律**.

值得注意的是,一般来说,如果 A 关于代数运算 $\otimes$,$\oplus$ 满足左分配律,未必满足右分配律,反之亦然.

定理 3　设 A 的代数运算 $\oplus$ 满足结合律,则

(1) 如果 $\otimes$,$\oplus$ 满足左分配律,那么,$\forall b,a_1,a_2,\cdots,a_n \in A$,有
$$b \otimes (a_1 \oplus a_2 \oplus \cdots \oplus a_n)$$
$$= (b \otimes a_1) \oplus (b \otimes a_2) \oplus \cdots \oplus (b \otimes a_n),$$

(2) 如果 $\otimes$,$\oplus$ 满足右分配律,那么,$\forall b,a_1,a_2,\cdots,a_n \in A$,有
$$(a_1 \oplus a_2 \oplus \cdots \oplus a_n) \otimes b$$
$$= (a_1 \otimes b) \oplus (a_2 \otimes b) \oplus \cdots \oplus (a_n \otimes b).$$

三、例子

例 5　下列集合的代数运算是否满足结合律、交换律?

(1) 在 **R** 中,
$$a \circ b = a + b + ab;$$

（等式右边指的是普通数的运算）

(2) 在 **Q** 中,$a \circ b = b^2$;

(3) 在 **Z** 中,

$$a \circ b = \begin{cases} a & \text{当 } a \text{ 为偶数,} \\ a+1 & \text{当 } a \text{ 为奇数,} \end{cases}$$

解 （1）因为对于 $\forall a,b,c \in \mathbf{R}$,有

$$(a \circ b) \circ c = (a+b+ab) \circ c$$
$$= (a+b+ab) + c + (a+b+ab)c$$
$$= a+b+ab+c+ac+bc+abc,$$
$$a \circ (b \circ c) = a \circ (b+c+bc)$$
$$= a + (b+c+bc) + a(b+c+bc)$$
$$= a+b+c+bc+ab+ac+abc.$$

根据实数的加法与乘法的运算律得

$$(a \circ b) \circ c = a \circ (b \circ c).$$

又 $$a \circ b = a+b+ab = b+a+ba = b \circ a.$$

所以,$\mathbf{R}$ 的代数运算。既满足结合律,又满足交换律.

（2）取 $a=1,b=2,c=3$,则

$$(1 \circ 2) \circ 3 = 2^2 \circ 3 = 3^2 = 9,$$
$$1 \circ (2 \circ 3) = 1 \circ 3^2 = 9^2 = 81;$$

又 $$1 \circ 2 = 2^2 = 4, 2 \circ 1 = 1^2 = 1.$$

所以,$\mathbf{Q}$ 的代数运算。既不满足结合律,又不满足交换律.

（3）容易验证 $\mathbf{Z}$ 的代数运算。满足结合律,但不满足交换律.

例6 设 $A = \{0,a,b,c\}$,A 的两个代数运算由下列运算表给出:

$\oplus$	0	a	b	c
0	0	a	b	c
a	a	0	c	b
b	b	c	0	a
c	c	b	a	0

$\otimes$	0	a	b	c
0	0	0	0	0
a	0	0	0	0
b	0	a	b	c
c	0	a	b	c

则 A 关于 $\otimes$,$\oplus$ 满足左、右分配律.

解 根据题意需验证：$\forall x,y,z \in A$,有

$$x \otimes (y \oplus z) = (x \otimes y) \oplus (x \otimes z), \tag{1}$$

$$(y \oplus z) \otimes x = (y \otimes x) \oplus (z \otimes x), \tag{2}$$

由"$\otimes$"的运算表可见当 $x = 0$ 或 a 时,(1)式的左、右两端均为 0;当 $x = b$ 或 c 时,(1)式的左、右两端均为 $y \oplus z$,所以 A 关于 $\otimes, \oplus$ 满足左分配律.

又注意到"$\oplus$"的运算表中元素关于主对角线对称,所以代数运算"$\oplus$"满足交换律,因此在(2)式中,y 与 z 是可以交换的,故我们只需考察 y 的取值.当 $y = 0$ 时,(2)式左、右两端均为 $z \otimes x$;当 $y = a$ 时,有

$$(a \oplus a) \otimes x = 0 \otimes x = 0 = (a \otimes x) \oplus (a \otimes x),$$
$$(a \oplus b) \otimes x = c \otimes x = x = (a \otimes x) \oplus (b \otimes x),$$
$$(a \oplus c) \otimes x = b \otimes x = x = (a \otimes x) \oplus (c \otimes x),$$

剩下的情形只有

$$(b \oplus b) \otimes x = 0 \otimes x = 0 = x \oplus x = (b \otimes x) \oplus (b \otimes x),$$
$$(b \oplus c) \otimes x = a \otimes x = 0 = (b \otimes x) \oplus (c \otimes x),$$
$$(c \oplus c) \otimes x = 0 \otimes x = 0 = x \oplus x = (c \otimes x) \oplus (c \otimes x).$$

由此可知(2)式成立,即 A 关于 $\otimes, \oplus$ 满足右分配律.

一般来说,对于由运算表给出的代数运算要验证其是否满足结合律和左、右分配律时,由于 x,y,z 均可取 A 中的任意元素,所以其验证的运算量是比较大的,针对具体给出的运算表,只要找出运算表的特征,就有可能减少需要验证的等式个数.

习题 1.3

1. $A = \{a,b,c\}$,给出 A 的两个不同的代数运算.

2. $\mathbf{R}^* = \{x \mid x \in \mathbf{R}, x \neq 0\}$,"$\circ$"是普通除法,这个代数运算是

否满足结合律、交换律?

3. $A = \{a,b,c\}$,由运算表

∘	a	b	c
a	a	b	c
b	b	c	a
c	c	a	b

给出的代数运算是否满足结合律?

4. 设 $\otimes$,$\oplus$ 是 A 的两个代数运算,并且 $\oplus$ 满足结合律,$\otimes$,$\oplus$ 满足左、右分配律,证明,对于任意 $a_1,a_2,b_1,b_2 \in A$ 都有

$$(a_1 \otimes b_1) \oplus (a_1 \otimes b_2) \oplus (a_2 \otimes b_1) \oplus (a_2 \otimes b_2)$$
$$= (a_1 \otimes b_1) \oplus (a_2 \otimes b_1) \oplus (a_1 \otimes b_2) \oplus (a_2 \otimes b_2).$$

5. 具体证明本节定理2,定理3.

§1.4 等价关系与集合分类

今后在研究代数系统时,我们需要把组成代数系统的基础集合分成一些互不相交的子集来加以讨论,这时就需要用到集合分类这一概念,这个概念又和另一个叫做等价关系的概念有着密切的关系.在这一节里,我们要讨论这两个概念以及它们之间的相互关系.

一、等价关系

我们从研究集合的元素之间的关系开始,而对于集合元素之间的关系我们用积集合的子集来给出.

定义 1 设 A 是一个集合,如果 R 是 $A \times A$ 的一个子集,则称 R 为集合 A 的一个**关系**.如果 $A \times A$ 中的元素 $(a,b) \in R$,则说 a 与 b 有关系 R,记为 aRb;否则,说 a 与 b 没有关系 R,记为 $aR'b$.

当给定一个 A 的关系 R 后,对于 $\forall a,b \in A$,(a,b) 或属于 R,或不属于 R,两者必居其一,故 aRb 与 $aR'b$ 中有且仅有一种情形成立.

例 1　$A = \mathbf{R}$,则 $A \times A$ 的子集

$$R = \{(a,b) \mid a-b \text{ 为正数}\},$$

这就是实数间的"大于"关系,即

$$aRb \quad \text{当且仅当} \quad a > b.$$

例 2　$A = \mathbf{Z}$,则 $A \times A$ 的子集

$$R_1 = \{(a,b) \mid \text{存在 } m \in \mathbf{Z},\text{使得 } b = ma\};$$
$$R_2 = \{(a,b) \mid \text{存在 } k \in \mathbf{Z},\text{有 } a-b = kn\},$$

其中 n 是一个固定的整数.

事实上,R_1 就是整数间的"整除"关系,即

$$aR_1b \quad \text{当且仅当} \quad a \mid b;$$

R_2 即为"同余"(关于模 n) 关系,即

$$aR_2b \text{ 当且仅当 } a \equiv b(\mathbf{mod}\,n).$$

例 3　设 $A = \{a,b,c\}$,如果

$$R_1 = \{(a,b),(b,a),(a,a),(b,b)\};$$
$$R_2 = \{(a,a),(b,b),(c,c),(a,b),(b,a)\},$$

则 R_1,R_2 都是 A 的关系.

例 4　设 A 为任意一个集合,那么,$R_1 = A \times A$ 和 $R_2 = \varnothing$ 都是 A 的关系,称 R_1 为 A 的**泛关系**(或**全关系**),R_2 为 A 的空关系. 另外,若 R 是 A 的一个关系,而 $R' = (A \times A) - R$ 也是 A 的一个关系,称 R' 为关系 R 的**补关系**.

由于关系的定义是相当一般的,对于 A 的关系 R 大多是不能像例 1、例 2 那样为我们所熟悉,其中还有相当一部分是没有多大

实际意义的,因此我们有

定义2　集合 A 的一个关系 R 如果满足:

(1)(自反性)对于任意 $a \in A$,都有 aRa;

(2)(对称性)对于 $a,b \in A$,若 aRb,则 bRa;

(3)(传递性)对于 $a,b,c \in A$,若 aRb, bRc,则 aRc.

则称 R 为 A 的一个**等价关系**,通常我们将等价关系 R 记为"$\sim$".

例1的关系 R 不是 $\mathbf{R}$ 的等价关系,因为不满足(1)与(2);例2的 R_1 不满足(2),不是 $\mathbf{Z}$ 的等价关系;例3的 R_1 不满足(1),也不是 A 的等价关系.但例2的 R_2 是和例4的泛关系都是等价关系.

下面给出例2中的关系 R_2 为 $\mathbf{Z}$ 的等价关系的具体证明.

对于某个固定的整数 $n, \forall a,b \in \mathbf{Z}$,

$$aR_2b \quad \Leftrightarrow \quad 存在 k \in \mathbf{Z},有 a-b=kn.$$

(1)自反性　$\forall a \in \mathbf{Z}$,有 $a-a = 0 = 0n$,即 aR_2a;

(2)对称性　$\forall a,b \in \mathbf{Z}$,若 aR_2b,即存在 $k \in \mathbf{Z}$,有 $a-b = kn$,故 $b-a = -(a-b) = -(kn) = (-k)n$,得 bR_2a;

(3)传递性　$\forall a,b,c \in \mathbf{Z}$,若 aR_2b, bR_2c,即存在 $k_1, k_2 \in \mathbf{Z}$,使得

$$a-b = k_1n, \quad b-c = k_2n,$$

将上两式相加,得

$$a-c = (k_1 + k_2)n,$$

即 aR_2c.

例5　设 $M_n(P) = \{数域 P 上的所有 n 级矩阵\}$,那么 $M_n(P)$ 上的合同关系、相似关系都是 $M_n(P)$ 的等价关系.

例6　$A = \{数学系的全体学生\}$,规定关系 R:

$a,b \in A, aRb \quad \Leftrightarrow \quad a 与 b 同在一个班级,$

则 R 是 A 的一个等价关系.

二、集合分类

定义 3 设 A 是给定的一个集合,若将 A 分成若干个非空子集,使得 A 的每一个元素属于且只属于其中的一个子集,则这些子集的全体组成的子集合族称为集合 A 的一个**分类**. 换句话说,如果 A 的子集族

$$S = \{A_\alpha \mid A_\alpha \in 2^A, A_\alpha \neq \varnothing, \alpha \in I, I \text{ 为某个指标集}\}$$

要成为集合 A 的一个分类,必须满足:

(1) $\bigcup_{\alpha \in I} A_\alpha = A$;

(2) 当 $A_\alpha \neq A_\beta$ 时, $A_\alpha \bigcap A_\beta = \varnothing$.

其中每一个 A_α 称为 S 的一个**类**(或称**分块**).

例 7 $A = \{1,2,3,4,5,6\}$,则

$$S = \{\{1,2,3\}, \{4\}, \{5,6\}\}$$

是集合 A 的一个分类.

例 8 设 $A \neq \varnothing, S = \{\{a\} \mid a \in A\}$,即 A 的每一个元素都成为 S 的一个分块,则 S 也是 A 的一个分类,这个分类称为 A 的**离散分类**.

例 9 设 $A = \mathbf{R}$,

$$A_n = (n-1, n) = \{x \mid x \in \mathbf{R}, n-1 < x < n, n \in \mathbf{Z}\},$$

则 $S = \{A_n \mid n \in \mathbf{Z}\}$ 不是 $\mathbf{R}$ 的分类,因为每一个整数 k 都不属于任何子集 A_n.

三、集合的等价关系与分类之间的关系

下面的定理告诉我们,集合 A 的分类与 A 的等价关系之间有着本质的联系.

设 $\sim$ 是集合 A 的一个等价关系, $\forall a \in A$,令

$$\bar{a} = \{x \mid x \in A, x \sim a\},$$

则 $\bar{a}$ 是 A 的一个非空子集,因为 $a \sim a$,有 $a \in \bar{a}$,即 $\bar{a}$ 中至少含有元素 a,称 $\bar{a}$ 为 A 的一个**等价类**,或称 a **所在的等价类**.

引理 设 $\sim$ 是 A 的一个等价关系,a 所在的等价类 $\bar{a}$ 具有以下性质:

(1) $a \in \bar{a}$;

(2) $b, c \in \bar{a} \iff b \sim c$;

(3) $b \in \bar{a}, x \sim b \implies x \in \bar{a}$;

(4) $a \sim b \iff \bar{a} = \bar{b}$.

证明 (1) 显然成立;

(2) 设 $b, c \in \bar{a}$,则

$$b \sim a, c \sim a \implies b \sim a, a \sim c \implies b \sim c;$$

(3) 设 $b \in \bar{a}, x \sim b$,则

$$b \sim a, x \sim b \implies x \sim b, b \sim a \implies x \sim a \implies x \in \bar{a}.$$

(4) 若 $a \sim b$,$\forall x \in \bar{a}$,则

$$x \sim a, a \sim b \implies x \sim b \implies x \in \bar{b},$$

得 $\bar{a} \subseteq \bar{b}$;

同理有 $\bar{b} \subseteq \bar{a}$. 所以,$\bar{a} = \bar{b}$.

反之,若 $\bar{a} = \bar{b}$,即 $a \in \bar{a} = \bar{b}$,知 $a \sim b$. ∎

由引理可知,当 $b \in \bar{a}$ 时,有 $\bar{a} = \bar{b}$,即等价类 $\bar{a}$ 可由其中的任一元素作为代表,也就是说一个等价类中的任何一个元素都可作为代表元.

定理 1 集合 A 的一个等价关系 E 可以决定 A 的一个分类 S_E;反之,集合 A 的一个分类 S 也可以决定 A 的一个等价关系 E_S.

证明 设 E 是集合 A 的一个等价关系. 我们考虑由 E 所给出的所有等价类构成的子集族

$$S_E = \{\bar{a} \mid a \in A\},$$

则由引理的(1)知：$\bigcup_{a \in A} \bar{a} = A$.

下面我们证明 S_E 也满足分类的第二个条件. 设 $\bar{a} \cap \bar{b} \neq \varnothing$，则存在 $c \in \bar{a} \cap \bar{b}$，即 $c \sim a, c \sim b$，得 $a \sim b$，由引理的(4)知 $\bar{a} = \bar{b}$，也就是说，任何两个不同的等价类必没有公共元素.

所以，S_E 是集合 A 的一个分类.

另外，设 $S = \{A_\alpha\}$ 是 A 的一个分类，由 S 规定 A 的一个关系 E_S：

$$a E_S b \quad \Leftrightarrow \quad a, b \text{ 属于同一个子集 } A_\alpha.$$

（1）$\forall a \in A$，因为 $\bigcup_{a \in I} A_\alpha = A$，即 a 必落在某一个子集 A_α 中，所以，$a E_S a$；

（2）若 $a E_S b$，即 a, b 同属于某一个子集 A_α，则 b, a 也同属于这个子集，即有 $b E_S a$；

（3）若 $a E_S b$，$b E_S c$，即 a, b 同属于某一个子集 A_α，b, c 也同属于某一个子集 A_β，因为两个子集 A_α 与 A_β 有公共元素 c，即 $A_\alpha \cap A_\beta \neq \varnothing$，根据分类的条件有 $A_\alpha = A_\beta$，所以，a 与 c 属于同一个子集 A_α，即 $a E_S c$.

从而证得 E_S 是 A 的一个等价关系. ■

我们把 A 的一个等价关系 $\sim$ 所确定的所有等价类作成的集合记为 $\bar{A}$，即

$$\bar{A} = \{\bar{a} \mid a \in A\}.$$

为了表明 $\bar{A}$ 是由等价关系 $\sim$ 所确定的，我们通常用记号 $\bar{A} = A/\sim$ 表示. 我们称集合 $\bar{A}$ 为集合 A 关于等价关系 $\sim$ 的**商集**.

例 10 设 $A = \mathbf{Z}$，$a \sim b$ 当且仅当 $n \mid a - b$. 由前面论述可知 $\sim$ 是 $\mathbf{Z}$ 的一个等价关系，而由 $\sim$ 所决定的分类为：

$$\bar{0} = \{0, \pm n, \pm 2n, \pm 3n, \cdots\} = \{kn \mid k \in \mathbf{Z}\},$$
$$\bar{1} = \{kn + 1 \mid k \in \mathbf{Z}\},$$

$$\overline{2} = \{kn + 2 \mid k \in \mathbf{Z}\},$$

$$\cdots\cdots\cdots\cdots\cdots\cdots$$

$$\overline{n-1} = \{kn + (n-1) \mid k \in \mathbf{Z}\}.$$

以上所确定的等价类 $\overline{0}, \overline{1}, \overline{2}, \cdots, \overline{n-1}$ 称为**以 n 为模的剩余类**. 商集 $\bar{A} = A/\sim = \{\overline{0}, \overline{1}, \overline{2}, \cdots, \overline{n-1}\}$，即 $\bar{A}$ 是由 n 个不同的剩余类组成的集合，我们通常记为

$$\{\overline{0}, \overline{1}, \overline{2}, \cdots, \overline{n-1}\} = \mathbf{Z}_n.$$

习题 1.4

1. 下列集合 A 上的关系是不是等价关系？为什么？

(1) 设 $S = \{1,2,3\}, A = 2^S$，给出关系 R：
$$xRy \iff x \subseteq y \quad (x, y \in A);$$

(2) 设 $A = \{\text{平面上所有直线}\}$，给出关系 R_1, R_2：
$$l_1 R_1 l_2 \iff l_1 /\!/ l_2 \text{ 或 } l_1 = l_2 \quad (l_1, l_2 \in A),$$
$$l_1 R_2 l_2 \iff l_1 \perp l_2 \quad (l_1, l_2 \in A),$$

(3) 设 $A = \mathbf{C}$，规定关系 R：
$$aRb \iff \arg a = \arg b \quad (a, b \in A),$$
其中 $\arg a$ 表示复数 a 的幅角主值.

2. 设 $A = \{1,2,3,4\}$，在 2^A 中规定关系 R：
$$SRT \iff S, T \text{ 中含有的元素个数相同},$$
证明：R 是 A 的等价关系，且写出商集 $2^A/R$.

3. 设 R_1, R_2 是 A 的两个等价关系，$R_1 \bigcap R_2$ 是不是 A 的关系？是不是等价关系？为什么？对于 $R_1 \bigcup R_2$ 又如何？

4. 设 $M_n(F) = \{\text{数域 } F \text{ 上所有 } n \text{ 级矩阵}\}$，规定关系 $\sim$：
$$A \sim B \iff \text{存在可逆阵 } P, Q，使得 A = PBQ.$$
证明：$\sim$ 是 $M_n(F)$ 的一个等价关系，试给出矩阵 A 的等价类 $\bar{A}$ 和

商集 $M_n(F) / \sim$.

5. 设 f 是 A 到 B 的一个映射,规定 A 的关系 $\sim$:

$$a \sim b \iff f(a) = f(b),$$

(1) 证明: $\sim$ 是 A 的一个等价关系(称其为由映射 f 确定的等价关系),且

$$\bar{a} = f^{-1}[f(a)],$$

(称 $f^{-1}[f(a)]$ 为 a 上的**纤维**);

(2) 设 $A = \{$平面上所有的点$\}$,$B = \{$平面上某一直线上所有的点$\}$,映射

$$f: A \rightarrow B, \quad \alpha \mapsto \beta, \quad \forall \alpha \in A,$$

其中 β 是由 α 向 B 作垂线而得到的垂足. 试确定由 f 所确定的 A 的分类.

6. 设 $A = \{a, b, c, d\}$,是由四个元素组成的集合,那么 A 上可定义几种不同的分类?A 上有几种不同的等价关系?

第二章　群　论

　　本章所讨论的是只带一个代数运算的代数系统，称之为群. 它是重要的代数系统之一. 现已被其他许多学科领域所应用，如化学、物理等. 群论的重要性不仅自身已形成了一个较完整的理论体系，而且也是学习其他代数系统的的基础. 以后我们所学的各种代数系统都与群的理论与方法或多或少地有关联，其子代数系、商代数系等概念以及利用同态的方法来讨论代数系统的思想方法都是首先通过群的研究为基础来认识和深入的. 研究群的思想方法，对其他代数系统的研究起着指导性的意义. 在介绍群的概念之前，我们将简单地介绍一下半群的概念，其目的是为了比较方便地进入其他代数系统.

§2.1　半　群

　　设 S 是一个非空集合，我们知道 S 的一个代数运算"$\circ$"是指 $S \times S$ 到 S 的一个映射，即对于 S 中的任意两个元素 a, b，通过"$\circ$"可以唯一地确定元素 $c \in S$ 与之对应. 因为"$\circ$"是一个特殊的映射，所以我们通常记为 $a \circ b = c$.

　　另外，"$\circ$"仅仅是表示上述映射的一个符号，为了与我们通常的习惯运算符号相适应，如果将"$\circ$"这个代数运算叫做乘法，那么记为 $a \cdot b = c$ 或 $ab = c$；如果将"$\circ$"这个代数运算叫做加法，那么记为 $a + b = c$. 值得注意的是：代数运算不论用什么符号来表示，它仅仅表示一个映射，假如没有再添加另外定义条件的话，这个代数运算除了映射的性质外就不再具有别的什么代数性质. 在以后的学习中要特别加以注意.

一、半群的定义

定义 1　如果非空集合 S 具有一个代数运算(叫做乘法),且满足结合律,即 $\forall a,b,c \in S$,都有

$$(ab)c = a(bc),$$

则说 S 关于这个代数运算作成一个半群,或者说 $(S,\cdot)$ 是一个**半群**.

如果半群 $(S,\cdot)$ 的代数运算又满足交换律,即 $\forall a,b \in S$,都有 $ab = ba$,则称 $(S,\cdot)$ 为一个**交换半群**.

例 1　A 是任一非空集合,$S = 2^A$,集合的并"$\bigcup$"是 S 的一个代数运算,并且,对于 A 的任意子集 $A_1, A_2, A_3 \in S$,

$$(A_1 \bigcup A_2) \bigcup A_3 = A_1 \bigcup (A_2 \bigcup A_3),$$

即"$\bigcup$"是 S 的一个满足结合律的代数运算,故 S 关于"$\bigcup$"作成一个半群,如果考虑代数运算"$\bigcup$",则记为 $(S, \bigcup)$ 或 $(2^A, \bigcup)$. 而且"$\bigcup$"还满足交换律,因此 $(S, \bigcup)$ 还是一个交换半群.

另外,同理可知 $(S, \bigcap)$ 也是一个交换半群.

由此可见,半群的记法中标出代数运算是必要的,因为同一集合 S 可能有多种满足结合律的代数运算. 如例 1 中的"$\bigcup$"与"$\bigcap$",而 $(2^A, \bigcup)$ 与 $(2^A, \bigcap)$ 是两个不同的半群,如果仅仅标出集合 2^A 就不能加以区分,因此需要在标出集合的同时,还要标出代数运算. 也就是说,半群是与集合和代数运算这两个"事物"有关的. 但是,当代数运算已经明确的时候,我们也常常只记一个集合.

例 2　记"$+$"、"$-$"、"$\times$"、"$\div$"分别表示通常数的四则运算,则容易知道

$$(\mathbf{N}, +)、(2\mathbf{N}, \times)、(\mathbf{Q}, +)、(P^*, \times)$$

等等都作成半群,其中

$2\mathbf{N} = \{$全体偶数$\}$, $P^{*} = \{x \mid x \in P, x \neq 0, P$ 为数域$\}$.

而$(\mathbf{R}, -)$、$(\mathbf{Q}, \div)$ 不作成半群,因为减法运算不满足结合律,故$(\mathbf{R}, -)$ 不是半群,而对于$(\mathbf{Q}, \div)$,"$\div$"不是 $\mathbf{Q}$ 的代数运算,因为 $a \div 0$ 没有意义.

例 3 在自然数集 $\mathbf{N}$ 中,任意元素 $a, b \in \mathbf{N}$ 都有非负的最大公因数(a, b),它是由自然数 a, b 唯一确定的一个自然数,今规定 $\mathbf{N}$ 的代数运算"$\circ$":

$$a \circ b = (a, b), \quad \forall\, a, b \in \mathbf{N},$$

易知"$\circ$"满足结合律,因为

$$(a \circ b) \circ c = (a, b) \circ c = ((a, b), c)$$
$$= (a, (b, c)) = a \circ (b, c) = a \circ (b \circ c),$$

所以,$(\mathbf{N}, \circ)$ 是一个半群,且是交换半群.

例 4 设 m 是一个正整数,由 §1.4 节例 10 知,以 m 为模的剩余类全体作成的集合 $\mathbf{Z}_m$ 含有 m 个元素,即

$$\mathbf{Z}_m = \{\overline{0}, \overline{1}, \overline{2}, \cdots, \overline{m-1}\}.$$

利用 $\mathbf{Z}$ 的加法与乘法在 $\mathbf{Z}_m$ 中规定如下的加法与乘法:

对于 $\forall\, \bar{a}, \bar{b} \in \mathbf{Z}_m$,

$$\bar{a} + \bar{b} = \overline{a+b}, \quad \bar{a} \cdot \bar{b} = \overline{ab},$$

则$(\mathbf{Z}_m, +)$ 和$(\mathbf{Z}_m, \cdot)$ 均是半群.

下面给出具体的证明.

因为同一个剩余类可以有不同的表示形式,如 $\overline{1} = \overline{m+1}$,$\bar{k} = \overline{2m+k}$ 等等,因此我们首先要证明上述规定的两个代数运算"$+$"和"$\cdot$"都是合理的. 也就是说,上述两个代数运算分别对应 $\mathbf{Z}_m \times \mathbf{Z}_m$ 到 $\mathbf{Z}_m$ 的两个映射:

$$\bar{a} + \bar{b} \mapsto \overline{a+b}, \quad \bar{a} \cdot \bar{b} \mapsto \overline{ab},$$

应满足如下两个条件：

(1) $\mathbf{Z}_m \times \mathbf{Z}_m$ 中的任一元素在 $\mathbf{Z}_m$ 中都有象；

(2) $\mathbf{Z}_m \times \mathbf{Z}_m$ 中的每一个元素所对应的象唯一.

易知(1)成立.

对于(2)，如果 $(\overline{a_1}, \overline{b_1}) = (\overline{a}, \overline{b})$，即 $\overline{a_1} = \overline{a}, \overline{b_1} = \overline{b}$，那么要证

加法合理性　$\overline{a_1} + \overline{b_1} = \overline{a} + \overline{b}$，即证 $\overline{a_1 + b_1} = \overline{a + b}$.

乘法合理性　$\overline{a_1} \cdot \overline{b_1} = \overline{a} \cdot \overline{b}$，即证 $\overline{a_1 b_1} = \overline{ab}$.

事实上，由 $\overline{a_1} = \overline{a}, \quad \overline{b_1} = \overline{b}$ 得 $m \mid (a_1 - a), m \mid (b_1 - b)$，因而

$m \mid [(a_1 - a) + (b_1 - b)]$，即 $m \mid [(a_1 + b_1) - (a + b)]$，

故 $\overline{a_1 + b_1} = \overline{a + b}$，所以"+"是 $\mathbf{Z}_m$ 的一个代数运算.

又因为

$$a_1 b_1 - ab = a_1 b_1 - a_1 b + a_1 b - ab = a_1(b_1 - b) + (a_1 - a)b,$$

所以 $m \mid (a_1 b_1 - ab)$，即 $\overline{a_1 b_1} = \overline{ab}$，故"·"也是 $\mathbf{Z}_m$ 的一个代数运算.

下面再来证明这两个代数运算都满足结合律. $\forall \overline{a}, \overline{b}, \overline{c} \in \mathbf{Z}_m$，

$$(\overline{a} + \overline{b}) + \overline{c} = \overline{a + b} + \overline{c} = \overline{(a + b) + c}$$
$$= \overline{a + (b + c)} = \overline{a} + \overline{b + c} = \overline{a} + (\overline{b} + \overline{c});$$

$$(\overline{a} \cdot \overline{b}) \cdot \overline{c} = \overline{ab} \cdot \overline{c} = \overline{(ab)c}$$
$$= \overline{a(bc)} = \overline{a} \cdot \overline{bc} = \overline{a} \cdot (\overline{b} \cdot \overline{c}).$$

综上所述，$(\mathbf{Z}_m, +)$ 和 $(\mathbf{Z}_m, \cdot)$ 均是半群，而且

$$\overline{a} + \overline{b} = \overline{a + b} = \overline{b + a} = \overline{b} + \overline{a},$$
$$\overline{a} \cdot \overline{b} = \overline{ab} = \overline{ba} = \overline{b} \cdot \overline{a},$$

所以，$(\mathbf{Z}_m, +)$ 和 $(\mathbf{Z}_m, \cdot)$ 还都是交换半群.

凡是对于同一个元素可以有不同形式表示的情形，我们所定义的代数运算，特别是用等价关系的等价类来定义的运算，都需要证明其象的唯一性，即运算的合理性，也就是我们通常所说的"映射法则（或代数运算）与代表元的选取无关".

例 5 设 A 是非空集合,规定

$$a \circ b = b, \ \forall a, b \in A,$$

则"$\circ$"是 A 的一个代数运算,并且

$$(a \circ b) \circ c = b \circ c = c, \quad a \circ (b \circ c) = a \circ c = c,$$

即"$\circ$"满足结合律,故 $(A, \circ)$ 是一个半群. 当 A 中至少含有两个元素时,取 $a, b \in A$,且 $a \neq b$,则有

$$a \circ b = b \neq a = b \circ a,$$

所以,它不是交换半群.

二、半群的基本性质

在半群 $(S, \cdot)$ 中,由于乘法满足结合律,根据 §1.3 节定理 1 知,对于 S 中任意 n ($n \geqslant 2$) 个元素 $a_1, a_2, \cdots, a_n$,按此前后顺序,任意一种计算方法(即加括号的方法)所得的结果均相同,记为

$$\prod_{i=1}^{n} a_i = a_1 a_2 \cdots a_n,$$

设 $a \in S$,把 n 个 a 自身相乘的积记为 a^n,即

$$a^n = \underbrace{aa \cdots a}_{n \text{个} a}.$$

于是在半群 S 中指数律成立,即对于任意正整数 m, n 有

$$a^m a^n = a^{m+n}, \tag{1}$$

$$(a^m)^n = a^{mn}, \tag{2}$$

在交换半群中还有

$$(ab)^n = a^n b^n. \tag{3}$$

在交换半群中,由于可以任意交换乘积因子的前后次序,习惯上总假定加法半群 $(S, +)$ 是交换半群,运算叫做加法,$a + b$ 称为 a, b 的和,那么 ma 则表示 m 个 a 的和:

$$ma = \underbrace{a + a + \cdots + a}_{m\text{个}a}.$$

在加法半群中,相应于上述的指数律,则有如下形式:

$$ma + na = (m+n)a, \tag{$1'$}$$
$$m(na) = (mn)a, \tag{$2'$}$$
$$ma + mb = m(a+b), \tag{$3'$}$$

其中 m, n 为正整数,$a, b \in S$.

在自然数乘法半群$(\mathbf{N}, \cdot)$中,数 1 有性质:

$$1 \cdot a = a \cdot 1 = a, \ \forall a \in \mathbf{N},$$

对于一般的半群,我们有

定义 2 设 S 是半群,如果存在元素 $e \in S$,使得

$$\forall a \in S, ea = a,$$

则说 e 是 S 的一个**左单位元**;如果有 $f \in S$,使得

$$\forall a \in S, af = a,$$

则说 f 是 S 的一个**右单位元**;如果 S 中的元 e,既是左单位元,又是右单位元,则称为 S 的**单位元**.

例如,数 1 是$(P, \cdot)$的单位元(P 为数域);$\bar{0}$ 是$(\mathbf{Z}_m, +)$的单位元.一个半群可以没有左单位元或右单位元,例如非负偶数关于乘法作成的半群$(2\mathbf{N}, \cdot)$中就没有左、右单位元;也可以有左单位元而没有右单位元,如例 5 中,当 A 中所含的元素个数不少于 2 个时;还可以有右单位元而没有左单位元.但是我们有

定理 1 设半群$(S, \cdot)$既有左单位元 e,又有右单位元 f,则 $e = f$,而且是 S 的唯一单位元.

证明 $ef = e$(因 f 是右单位元),

$ef = f$(因 e 是左单位元),

得 $e = f$;若 S 还有单位元 e_1,则 $e = ee_1 = e_1$,故 e 是唯一单位元. ∎

定义 3　设 S 是有单位元 e 的半群，$a \in S$，

（1）如果存在 $a' \in S$，使 $a'a = e$，则说 a 是**左可逆**的，a' 是 a 的一个**左逆元**；

（2）如果存在 $a'' \in S$，使 $aa'' = e$，则说 a 是**右可逆**的，a'' 是 a 的一个**右逆元**；

如果元素 a 既是左可逆的，又是右可逆的，则说 a 是**可逆元**（或称 a 为半群 S 的单位）.

如 $(\mathbf{Z}, \cdot)$ 是有单位元 1 的半群，-1 是可逆元，因为

$$(-1) \cdot (-1) = 1.$$

而 $2 \in \mathbf{Z}$，既不是左可逆的，也不是右可逆的. 但将 2 看作 $(\mathbf{Q}, \cdot)$ 中的元素，2 却是可逆元. 由此可以看到同一个元素在不同的范围里讨论可逆性其结果可能会不同，因此讨论逆元时必须注意其所在的半群.

定理 2　设 S 是有单位元 e 的半群，$a \in S$，若 a 有左逆元 a'，又有右逆元 a''，则 a 是可逆元，且 $a' = a''$ 是 a 的唯一的逆元，记作 a^{-1}，并且 $(a^{-1})^{-1} = a$.

证明　由条件可知，$a'a = e$，$aa'' = e$，则有

$$a'' = ea'' = (a'a)a'' = a'(aa'') = a'e = a',$$

若 b, c 都是 a 的逆元，类似于上式有

$$b = be = b(ac) = (ba)c = ec = c,$$

故 a 有唯一的逆元 a^{-1}. 又由

$$a^{-1}a = aa^{-1} = e,$$

可知　　　　　　　　$$(a^{-1})^{-1} = a.$$

习题 2.1

1. 设 $\mathbf{R}$ 是实数集，在 $\mathbf{R} \times \mathbf{R}$ 中规定

$$(a_1, a_2) \oplus (b_1, b_2) = \left(\frac{a_1 + b_1}{2}, \frac{a_2 + b_2}{2}\right),$$

问 $\oplus$ 是不是 $\mathbf{R} \times \mathbf{R}$ 的代数运算,$(\mathbf{R} \times \mathbf{R}, \oplus)$ 是不是半群?

2. 设 $(S, \cdot)$ 是一个半群,证明 $S \times S$ 关于下面规定的代数运算作成半群,

$$(a_1, a_2) \circ (b_1, b_2) = (a_1 \cdot b_1, a_2 \cdot b_2).$$

如果 S 是有单位元的交换半群,那么,$(S \times S, \circ)$ 是否仍是有单位元的交换半群?

3. 证明数域 P 上所有 n 阶矩阵作成的集合 $M_n(P)$ 关于矩阵的加法的乘法分别作成半群 $(M_n(P), +)$ 与 $(M_n(P), \cdot)$.

4. 设 A 为非空集合,记

$$S_A = \{f \mid f \text{ 为 } A \text{ 的变换}\},$$
$$E(A) = \{f \mid f \text{ 为 } A \text{ 的一一变换}\}.$$

证明:$(S_A, \circ), (E(A), \circ)$ 都是半群(其中"$\circ$"是映射的合成).

5. 如上题,设 $A = \{1, 2, 3\}$,写出 $E(A)$ 中的所有一一变换,并给出 $E(A)$ 的运算表.

6. 设

$$S = \left\{ \begin{pmatrix} a & b \\ 0 & 0 \end{pmatrix} \,\middle|\, a, b \in \mathbf{R} \right\},$$

证明:S 关于矩阵的乘法作成半群,且 S 有左单位元,但没有右单位元.

若考虑集合 $S_1 = \left\{ \begin{pmatrix} a & 0 \\ b & 0 \end{pmatrix} \,\middle|\, a, b \in \mathbf{R} \right\}$,其结果又会如何?

§2.2　群的定义与基本性质

一、定义及例

现在我们开始讨论本章的主要对象——群,它是一类特殊的

半群,也就是说,在半群这个代数系统上再加上一些条件所构成的代数系统.

定义 1 设$(G, \cdot)$是一个有单位元的半群,如果 G 中的每一个元素都是可逆元,则称$(G, \cdot)$是一个**群**.

具体地说,设 G 是一个非空集合,如果 G 具有一个代数运算(称作乘法),即 $\forall a, b \in G$,有 $ab \in G$. 如果满足以下三个条件:

(1) 结合律成立,即 $\forall a, b, c \in G$,

$$(ab)c = a(bc);$$

(2) G 中存在单位元 e,即对 $\forall a \in G$,都有

$$ea = ae = a;$$

(3) 对于 G 中的每一个元素 a,则 a 的逆元存在,即存在 $a^{-1} \in G$,使得

$$aa^{-1} = a^{-1}a = e.$$

当群 G 的代数运算满足交换律时,称 G 是一个**交换群**,或称 **Abel 群**、或称**加群**. 将交换群 G 称为加群时,我们通常将代数运算写作"+",记群为$(G, +)$.

当$(G, +)$为加群时,称其单位元为**零元**,记作 0;a 的逆元称为**负元**,记作$-a$.

下面我们来看几个例子:

例 1 数集 $\mathbf{Z}, \mathbf{Q}, \mathbf{R}, \mathbf{C}$ 关于数的加法均作成群,并且都是交换群. 整数集关于数的乘法运算不作成群,因为半群$(\mathbf{Z}, \cdot)$中单位元 1,而不等于± 1的任意整数都没有关于乘法的逆元. 因此,半群$(\mathbf{Z}, \cdot)$的可逆元只有± 1两个.

例 2 设 $\mathbf{Q}^* = \{$所有非零有理数$\}$,同样 $\mathbf{R}^*$,$\mathbf{C}^*$ 分别表示一切非零实数和非零复数作成的集合,则$(\mathbf{Q}^*, \cdot)$,$(\mathbf{R}^*, \cdot)$,$(\mathbf{C}^*, \cdot)$对于数的乘法"$\cdot$"都作成交换群.

例3 数域 P 上的全体 n 级矩阵 $M_n(P)$ 关于矩阵的加法作成交换群 $(M_n(P), +)$；数域 P 上全体 $n(n \geqslant 2)$ 级可逆矩阵组成的集合 $\overline{M_n(P)}$，关于矩阵的乘法作成一个非交换的群 $(\overline{M_n(P)}, \cdot)$；设

$$G = \{A \mid A \in M_n(P), \mid A \mid = 1\},$$

则 G 关于矩阵的乘法也作成群.

例4 在 $\mathbf{R}$ 中规定代数运算"$\circ$"：

$$a \circ b = a + b + ab, \ \forall a, b \in \mathbf{R},$$

由 §1.3 节的例 5 知，"$\circ$"满足结合律和交换律，即 $(\mathbf{R}, \circ)$ 作成一个交换半群，且 $(\mathbf{R}, \circ)$ 中有单位元 0，因为 $\forall a \in \mathbf{R}$，

$$0 \circ a = a \circ 0 = a + 0 + a0 = a.$$

而对于 $a \neq -1$，由 $a \circ x = 0$ 解得

$$x = -\frac{a}{1+a},$$

即 a 有逆元 $-\dfrac{a}{1+a}$. 但 -1 不是可逆元. 所以 $(\mathbf{R}, \circ)$ 不作成群.

下面考虑集合

$$G = \{x \mid x \in \mathbf{R}, x \neq -1\},$$

那么 G 仍然作成一个有单位元的交换半群，因为 $x, y \in G$，即 $x \neq -1, y \neq -1$，有

$$x \circ y = x + y + xy \neq -1,$$

若不然，则 $x + y + xy = -1$，得 $(x+1)(y+1) = 0$，有 $x = -1$ 或 $y = -1$，矛盾. 这说明 G 关于代数运算 $\circ$ 是封闭的，且每一个元都有逆元. 所以 $(G, \circ)$ 作成一个群.

群首先是一个半群，所以群具有半群的全部性质，而且，由于群中必存在单位元，以及每一个元素都存在逆元，因此，群较之半

群而言将有更多的性质.

二、群的基本性质

定理1 如果半群G有一个左单位元e,并且对于$\forall a \in G$,存在左逆元$a^{-1} \in G$,使得$a^{-1}a = e$,则G是一个群.

证明 按群的定义,只要证明a的左逆元a^{-1}也是右逆元,左单位元e也是右单位元即可.

$\forall a \in G$,由条件知,有左逆元$a^{-1} \in G$,使得$a^{-1}a = e$,而对于a^{-1}当然也在G中存在左逆元a',使得$a'a^{-1} = e$,那么

$$aa^{-1} = e(aa^{-1}) = (a'a^{-1})(aa^{-1})$$
$$= a'(a^{-1}a)a^{-1} = a'ea^{-1} = a'a^{-1} = e,$$

所以,a的左逆元a^{-1}也是a的右逆元,即a在G中有逆元a^{-1}. 又由于

$$ae = a(a^{-1}a) = (aa^{-1})a = ea = a,$$

知e是G的单位元. 因而G是一个群. ∎

在定理1的叙述中,我们将"左"均改成"右",结论仍然成立,从而有

定理1′ 如果半群G有一个右单位元e,并且对于$\forall a \in G$,存在右逆元$a^{-1} \in G$,使得$aa^{-1} = e$,则G是一个群.

显然定理1的逆命题也成立,所以它给出了半群作成群的一个等价定义.下面再给出一个群的等价定义.

定理2 如果G是半群,那么G是群的充分必要条件是:$\forall a, b \in G$,方程$ax = b$和$ya = b$在G中有解.

证明 必要性.因为G是群,则$a \in G$在G中有逆元a^{-1},则$a^{-1}b, ba^{-1} \in G$,将它们分别代入方程$ax = b$和$ya = b$,有

$$a(a^{-1}b) = (aa^{-1})b = eb = b,$$
$$(ba^{-1})a = b(a^{-1}a) = be = b,$$

即 $a^{-1}b, ba^{-1}$ 分别为方程 $ax = b$ 和 $ya = b$ 的解.

充分性. 先证 G 有左单位元 e.

因为 G 是非空集合, 取定 $b \in G$, 则方程 $yb = b$ 在 G 中有解 e, 即存在 G 中的元素 e, 使得 $eb = b$.

要证 e 就是 G 的左单位元, 则需证:"对于 $\forall a \in G$, 有 $ea = a$." $\forall a \in G, b \in G$, 方程 $bx = a$ 在 G 中有解 c, 即 $bc = a$, 于是

$$ea = e(bc) = (eb)c = bc = a,$$

得 e 是 G 的一个左单位元.

再者, 任取 $a \in G$, 方程 $ya = e$ 在 G 中有解 a', 即 $a'a = e$, 得 a' 是 a 的一个左逆元. 从而得 G 中的每一个元素 a 都有左逆元.

再根据定理 1, 可知 G 是一个群. ∎

定理 3 设 G 是一个群, e 是 G 的单位元, 那么

(1) 设 $a \in G$, 若 $aa = a$, 则 $a = e$;

(2) 在 G 中消去律成立: 即 $\forall a, b, c \in G$, 有

左消去律 $\qquad ab = ac \Rightarrow b = c$,

右消去律 $\qquad ba = ca \Rightarrow b = c$;

(3) $\forall a, b \in G, (ab)^{-1} = b^{-1}a^{-1}$;

(4) $\forall a, b \in G$, 方程 $ax = b$(或 $ya = b$) 在 G 中有且仅有一个解 $x = a^{-1}b$(或 $y = ba^{-1}$).

定理 3 的证明留给读者自行完成.

我们知道, 在半群中, 对于指数为正整数时指数律成立. 假设 G 是一个群, $a \in G$, 利用单位元 e 及逆元 a^{-1} 存在, 我们规定

$$a^0 = e, \quad a^{-n} = (a^{-1})^n, \quad (n \in \mathbf{N})$$

于是在群 G 中, 指数律对于任意整数都成立, 即 $a \in G, m, n \in \mathbf{Z}$, 有

$$a^m a^n = a^{m+n} \qquad (\text{加群中为 } ma + na = (m+n)a);$$

$$(a^m)^n = a^{mn} \qquad (\text{加群中为 } n(ma) = (nm)a);$$

当 $ab = ba$ 时，

$$(ab)^n = a^n b^n \qquad (\text{加群中为 } n(a+b) = na + nb).$$

我们再来看几个例子.

例5 设 $G = \{a,b,c\}$，G 的乘法运算由下表给出：

·	a	b	c
a	a	b	c
b	b	c	a
c	c	a	b

验证 $(G, \cdot)$ 作成一个交换群.

首先验证 G 的代数运算满足结合律. 即 $\forall x, y, z \in G$，有

$$(x \cdot y) \cdot z = x \cdot (y \cdot z),$$

由于 x, y, z 都有三种取法，则共需要验证 $3^3 = 27$ 个式子.

但我们从表中可以看出：$a \cdot x = x = x \cdot a$，即从 G 中任意取出的三个元素 x, y, z 中有 a，则肯定有

$$(x \cdot y) \cdot z = x \cdot (y \cdot z),$$

因为当 $x = a$ 时，有

$$(a \cdot y) \cdot z = y \cdot z, \quad a \cdot (y \cdot z) = y \cdot z.$$

同理可得，当 $y = a$ 和 $z = a$ 时也成立.

这样就只剩下 x, y, z 取 b 和 c 时的 8 种情况了，即只需验证

$$(b \cdot b) \cdot b = b \cdot (b \cdot b), \quad (b \cdot b) \cdot c = b \cdot (b \cdot c),$$
$$(b \cdot c) \cdot b = b \cdot (c \cdot b), \quad (b \cdot c) \cdot c = b \cdot (c \cdot c),$$
$$(c \cdot b) \cdot b = c \cdot (b \cdot b), \quad (c \cdot b) \cdot c = c \cdot (b \cdot c),$$
$$(c \cdot c) \cdot b = c \cdot (c \cdot b), \quad (c \cdot c) \cdot c = c \cdot (c \cdot c),$$

对于以上 8 个算式，我们具体来验证其中之一，如

$$(b \cdot c) \cdot c = b \cdot (c \cdot c),$$

因为 $b \cdot c = a, c \cdot c = b$,所以

$$(b \cdot c) \cdot c = a \cdot c = c, \quad b \cdot (c \cdot c) = b \cdot b = c,$$

从而有

$$(b \cdot c) \cdot c = b \cdot (c \cdot c).$$

对于其他式子同样可以得到验证.

所以,G 的代数运算满足结合律.

从乘法表中可以看出 G 有单位元 a,且任意元素都有逆元,即

$$a^{-1} = a, \quad b^{-1} = c, \quad c^{-1} = b.$$

由运算表又可知它关于主对角线对称,所以 $(G, \cdot)$ 是一个交换群.

进一步,我们能够证明:三个元素的群的乘法运算表必与上述形式重合(更换元素的符号除外).

设 G 是一个含有三个元素的群,则可设 $G = \{a, b, c\}$. 因为群中必有单位元,不妨设 a 是 G 的单位元,故有运算

$\cdot$	a	b	c
a	a	b	c
b	b		
c	c		

现在只剩下四个积待定. 因为群中消去律成立,所以每一个元素在每一行(列)中只能出现一次(为什么?),故 $b \cdot b \neq b$,因而只有

$$b \cdot b = a \quad \text{或} \quad b \cdot b = c.$$

若 $b \cdot b = a$,由 b 所在行中的元素各不相同知,必有 $b \cdot c = c$,于是最后一列出现两个 c,矛盾,故 $b \cdot b \neq a$. 只有 $b \cdot b = c$,由此易得

$$c \cdot b = a, \quad b \cdot c = a, \quad c \cdot c = b.$$

这就是我们所要的结果.

例 6 交换半群 $(\mathbf{Z}_m, +)$ 是一个加群. 因为 $\overline{0}$ 是 $\mathbf{Z}_m$ 的零元素, $\forall \overline{a} \in \mathbf{Z}_m$,则 $\overline{a}$ 的负元为 $-\overline{a} \in \mathbf{Z}_m$. 我们称 $(\mathbf{Z}_m, +)$ 为以 m 为模的 **剩余类加群**.

例 7 取一个正三角形 T（如下图所示），令 D_3 是把 T 变到与自身重合的刚体变换全体组成的集合,则 D_3 关于变换的合成作成一个群.

用 $1,2,3$ 表示正三角形 T 的三个顶点,O 点为三角形的中心,三条中线为三角形的三条对称轴,分别记为 l_1, l_2, l_3,可以看出将 T 变到与自身重合的刚体变换有:绕 O 点顺时针方向旋转 $120°, 240°, 360°$,以及关于直线 l_1, l_2, l_3 的对称变换. 故 D_3 由六个元素组成.

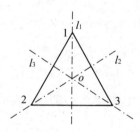

如果我们用 σ 表示绕 O 点顺时针方向旋转 $120°$ 的变换,τ 表示关于直线 l_1 的对称变换,那么 D_3 可以表示为

$$D_3 = \{e, \sigma, \sigma^2, \tau, \varpi, \varpi^2\},$$

其中易知恒等变换 $e = \sigma^3 = \tau^2$ 是 D^3 的单位元,且具有 $\sigma\tau = \varpi^2$,从而得

$$\sigma^{-1} = \sigma^2, \quad (\sigma^2)^{-1} = \sigma, \quad \tau^{-1} = \tau,$$
$$(\varpi)^{-1} = \varpi, \quad (\varpi^2)^{-1} = \varpi^2.$$

而关于变换的合成结合律显然成立,故 D_3 是一个含有6个元素的
非交换群.

三、群的阶与元素的阶

定义 2 对于群 G 中的一个元素 a,如果存在正整数 m,使得
$a^m = e$ 成立,而且 m 是使上述等式成立的最小正整数,则称 m 为**元
素 a 的阶**,记为 $|a| = m$;如果这样的整数 m 不存在,则称元素 a 的
阶为无限.

如例 7 中的 σ 的阶为 3, τ 的阶为 2. 群 G 中只有单位元的阶为
1. 整数加群 $(\mathbf{Z}, +)$ 中,除 0 以外的任意元素的阶均为无限.

元素的阶有如下性质:

定理 4 设群 G 中的元素 a 的阶为 m,那么 $a^n = e$,当且仅当
$m \mid n$.

证明 若 $a^n = e$,令

$$n = mq + r, (q, r \in \mathbf{Z}, 0 \leqslant r < m)$$

于是有

$$e = a^n = a^{mq+r} = (a^m)^q a^r = a^r,$$

由于 a 的阶 m 的最小性,得 $r = 0$,即 $m \mid n$. 反之,若 $m \mid n$,可设 $n = mk$,于是

$$a^n = a^{mk} = (a^m)^k = e.$$

由此可得判断 m 是否是元素 a 的阶的一个等价条件,即

推论 正整数 m 是元素 a 的阶的充分必要条件是

(1) $a^m = e$;

(2) 如果 $a^n = e$,则 $m \mid n$.

证明 必要性由定理 4 可知. 反之,由 (1),(2) 知 m 是使 $a^m = e$ 的最小正整数. ■

定义 3 只含有有限个元素的群叫做**有限群**,否则叫做**无限**

群.有限群 G 所含的元素个数叫做**群的阶**,记为 $|G|$.对于无限群的阶有时我们也记为 $|G|$.

定理 5 有限群中的每一个元素的阶都有限.

证明 设 G 是一个有限群,且 $|G|=n$,$\forall a \in G$,则有 G 中元素的序列

$$a, a^2, a^3, \cdots, a^{n+1} \in G,$$

由于 G 中的元素只有 n 个,故必有两个元素相同,设 $a^i = a^j$,且 $i > j$,于是存在正整数 $k = i - j$,使 $a^k = e$,故 a 的阶有限.

进一步可知,元素 a 的阶不超过群 G 的阶.

这个定理的逆命题不成立,即存在这样的无限群 G,其中的每一个元素的阶都有限.例如,在复数域 $\mathbf{C}$ 中所有 n 次单位根组成的集合

$$U = \{a \in \mathbf{C} \mid a^n = 1, n \text{ 为任意正整数}\},$$

可知 U 关于数的乘法作成一个群,且是无限群,但对每一个 $a \in U$,都存在一个 $n \in \mathbf{N}$,使得 $a^n = 1$,即 a 的阶有限.

关于有限群,我们还有

定理 6 设 $(G, \cdot)$ 是有限半群,如果在 G 中满足消去律,则 $(G, \cdot)$ 作成群.

证明 由定理 2 知,只须证明 $\forall a, b \in G$,方程 $ax = b$,$ya = b$ 在 G 中有解即可.设

$$G = \{a_1, a_2, \cdots, a_n\},$$

对于 $\forall a, b \in G$,我们作集合 G 的子集

$$G' = \{aa_1, aa_2, \cdots, aa_n\} \subseteq G,$$

当 $i \neq j$ 时,有 $aa_i \neq aa_j$,不然的话,由消去律知 $a_i = a_j$,与假设矛盾.因此,G' 中有 n 个不同的元素,从而得 $G = G'$.这样以上方程中的元素 $b \in G = G'$,也就是说,存在 k,使得

$$b = aa_k,$$

则 a_k 是方程 $ax = b$ 的解. 同样可证 $ya = b$ 在 G 中有解. ■

此定理若去掉有限这个条件,则结论不成立. 例如

$$S = \{所有非零整数\},$$

对于普通乘法运算来说是一个满足消去律的半群,但 S 关于数的乘法不构成群.

习题 2.2

1. 设 $G = \{a + bi \mid a, b \in \mathbf{Z}, i^2 = -1\}$,证明 G 关于数的加法作成群 $(G, +)$.

2. 设 $G = \{a, b\}$,G 的乘法由下面的运算表给出,证明 G 是有左单位元 e_L 的半群,在此左单位元 e_L 下,G 的每一个元素 x 均有右逆元 y,即 $xy = e_L$,但 G 不作成群.

	a	b
a	a	b
b	a	b

3. 证明本节定理 3.

4. 设 S 是一个有单位元的半群,G_S 是 S 中所有可逆元组成的集合,证明 G_S 关于 S 的代数运算作成一个群. 特别地,当 S 为群时,$G_S = S$.

5. 设 $G = \mathbf{R} - \{1\}$,规定 G 的代数运算

$$a \circ b = a + b + ab, \forall a, b \in G,$$

证明:$(G, \circ)$ 是一个群,在 G 中求适合方程 $2 \circ x \circ 3 = 7$ 的元素 x.

6. 设 G 是群,$\forall a, b, c \in G$,证明方程

$$xaxba = xbc$$

在 G 中有且仅有一个解.

7. 设 G 是一个群, $x,y \in G$, 证明

$$(x^{-1}yx)^k = x^{-1}yx \quad \Leftrightarrow \quad y^k = y.$$

8. 设 G 是一个群, $\forall a,b \in G$, 证明

(1) a 与 a^{-1} 是同阶的;

(2) ab 与 ba 是同阶的.

9. 若群 G 中每一个元素都适合方程 $x^2 = e$, 则 G 是交换群.

10. 在有限群里, 阶数大于 2 的元素个数一定是偶数.

11. 分别写出例 6, 例 7 中 $(\mathbf{Z}_3, +)$ 与 $(D_3, \cdot)$ 的运算表.

12. 设 a, b 是群 G 中的两个元素, 并且 $ab = ba$, $|a| = m$, $|b| = n$, $(m,n) = 1$, 证明: $|ab| = mn$.

§2.3 群的同态与子群

一、群的同态

映射是研究集合的重要工具. 由于代数系统是指带有代数运算的集合, 因此, 为研究代数系统, 只有与代数运算紧密联系的映射才能成为有力的工具.

定义 1 设 G 和 G' 都是群, 映射 $f: G \to G'$ 保持运算, 即 $\forall a, b \in G$ 有

$$f(ab) = f(a)f(b),$$

则称 f 是群 G 到 G' 的一个**同态映射**.

如果同态映射 f 是单射, 则说 f 是一个**单同态**; 如果 f 是满射, 则说 f 是一个**满同态**, 这时又称群 G 与 G' 同态, 记为

$$G \overset{f}{\sim} G' \quad (\text{或 } G \sim G'),$$

G' 叫做 G 的**同态象**; 如果 f 是一一映射, 则说 f 是一个**同构映射**,

此时称群 G 与 G' **同构**,记为

$$G \overset{f}{\cong} G' \quad (或 \ G \cong G').$$

如果在上述定义中的"群"改成"半群",那么就是关于半群同态的一个定义.

显然,如果映射 $f: G_1 \to G_2$,$g: G_2 \to G_3$ 都是群的同态映射,那么它们的合成 $g \circ f = gf: G_1 \to G_3$ 也是一个群的同态映射,因为 $\forall a,b \in G_1$,有

$$(gf)(ab) = g[f(ab)] = g[f(a)f(b)]$$
$$= g[f(a)]g[f(b)] = [(gf)(a)][(gf)(b)].$$

如果上述两个映射 f,g 都是单同态,则其合成 gf 也是单同态;如果 f,g 都是满同态,则其合成 gf 也是满同态.

对于同态映射,具有以下性质:

定理 1 设 G,G' 都是群,e,e' 分别是它们的单位元,$f: G \to G'$ 为同态映射,那么

(1) $f(e) = e'$;

(2) $f(a^{-1}) = [f(a)]^{-1}$,$\forall a \in G$.

证明 (1) 由

$$e'f(e) = f(e) = f(ee) = f(e)f(e),$$

因为 G' 是群,两边右消去 $f(e)$ 得 $f(e) = e'$;

(2) 因为

$$f(a^{-1})f(a) = f(a^{-1}a) = f(e) = e',$$

所以 $[f(a)]^{-1} = f(a^{-1}).$ ■

此定理说明,群同态映射是将单位元映射到单位元上,把逆元映射到逆元上,也就是说,在同态映射下,群中单位元的象为象的单位元,逆元的象为象的逆元. 值得注意的是定理 1 对于有单位元的半群来说,其结果不成立. 例如:

设 $A = \{e, a\}, B = \{1, x, y\}$，其乘法运算分别为

·	e	a
e	e	a
a	a	a

·	1	x	y
1	1	x	y
x	x	x	y
y	y	y	y

容易证明 A, B 关于各自的乘法运算均作成有单位元的半群，其单位元分别为 e 和 1. 令

$$f: A \to B, \ e \mapsto x, \ a \mapsto y,$$

则 f 是一个半群的同态映射，但 $f(e) = x \neq 1$.

下面我们来看几个群同态映射的例子.

例 1 设 G, G' 是两个群，e' 是 G' 的单位元，令

$$f: G \to G', \ x \mapsto e', \quad (\forall x \in G)$$

则 f 是 G 到 G' 的一个映射，且对于 $\forall x, y \in G$，有

$$f(xy) = e' = e'e' = f(x)f(y),$$

知 f 是 G 到 G' 的同态映射，称此同态映射为**零同态**，这是任意两个群之间都具有的一个群同态映射.

例 2 设 $G = (\mathbf{Z}, +), G' = (\mathbf{Z}_m, +)$，作映射

$$f: \mathbf{Z} \to \mathbf{Z}_m, \ x \mapsto \bar{x}, (\forall x \in \mathbf{Z})$$

容易验证 f 是加群 $\mathbf{Z}$ 到 $\mathbf{Z}_m$ 的一个满同态.

例 3 设 $G = (\mathbf{R}^+, \times)$，即对一切正实数关于数的乘法作成的群，$G' = (\mathbf{R}, +)$，令

$$f: \mathbf{R}^+ \to \mathbf{R}, \ x \mapsto \lg x, (\forall x \in \mathbf{R}^+)$$

则 f 是 G 到 G' 的一个一一映射，并且 $\forall x, y \in \mathbf{R}^+$，有

$$f(xy) = \lg(xy) = \lg x + \lg y = f(x) + f(y),$$

即 f 是 G 到 G' 的一个同构映射.

在例 3 中,若令

$$g: \mathbf{R} \to \mathbf{R}^+, \; x \mapsto 2^{x-1}, (\forall x \in \mathbf{R})$$

则 g 是 G' 到 G 的一个一一映射,但 g 不保持运算.因为 $g(1)=1$,$g(2)=2$,而

$$g(1+2) = g(3) = 4, \quad g(1)\,g(2) = 1 \cdot 2 = 2,$$

即 $$g(1+2) \neq g(1)\,g(2),$$

故 f 不是 G' 到 G 的一个同构映射.

定义 2 设 f 是群 G 到 G' 的同态映射,若 S 是 G 的一个子集,称

$$f(S) = \{f(a) \mid a \in S\}$$

为 S 在同态映射 f 下的象. $f(G)$ 称为同态映射 f 的象,记为

$$\mathbf{Im}f = f(G) = \{f(a) \mid a \in G\};$$

若 B 是 G' 的一个子集,称

$$f^{-1}(B) = \{a \in G \mid f(a) \in B\}$$

为 B 在同态映射 f 下的完全原象.特别地,当 $B = \{e'\}$ 时,其中 e' 是 G' 的单位元,则称

$$f^{-1}(e') = \{a \in G \mid f(a) = e'\}$$

为同态映射 f 的同态核,记为 $\mathbf{Ker}f$.

定理 2 设 f 是群 G 到 G' 的同态映射,e 是 G 的单位元,则

(1) f 是单同态当且仅当 $\mathbf{Ker}f = \{e\}$;

(2) f 是满同态当且仅当 $\mathbf{Im}f = G'$.

证明 (2)是显然的,只证(1).

若 f 是单同态,$\forall a \in \mathbf{Ker}f$,则 $f(a) = e = f(e)$,由 f 为单射

知 $a = e$，即 $\mathbf{Ker}f = \{e\}$；反之，如果 $\mathbf{Ker}f = \{e\}$，若有 $f(a) = f(b)$，那么

$$e' = f(a)\left[f(b)\right]^{-1} = f(a)f(b^{-1}) = f(ab^{-1}),$$

得 $ab^{-1} \in \mathbf{Ker}f = \{e\}$，有 $ab^{-1} = e$，即 $a = b$，从而证得 f 是单射.

二、子群

子群是群理论中的一个重要概念，因为讨论一个群往往是通过讨论子群来进行的，关于这一点我们在以后的学习中会有体会.

定义 3 设 H 是群 G 的一个非空子集，如果 H 关于群 G 的代数运算也作成一个群，则我们称 H 是 G 的一个**子群**，记为 $H < G$.

设 G 是任意一个群，则 G 必有 G 本身，G 的单位元 e 构成的单元素子集 $\{e\}$ 作为其子群. 这两个子群称为群 G 的**平凡子群**，除平凡子群外的其他子群称为**真子群**.

例如，$(\mathbf{Z}, +)$ 是 $(\mathbf{Q}, +)$ 的子群，而 $(\mathbf{Q}, +)$ 又是 $(\mathbf{R}, +)$ 的子群，当然 $(\mathbf{Z}, +)$ 也是 $(\mathbf{R}, +)$ 的子群. 一般地，容易知道：子群的子群仍是子群，也就是说，如果 H 是 K 的子群，K 又是 G 的子群，则 H 仍是 G 的子群.

但是 $(\mathbf{Q}^*, \cdot)$ 不是 $(\mathbf{Q}, +)$ 的子群，虽然 $\mathbf{Q}^*$ 是 $\mathbf{Q}$ 的子集，而这两个群的运算是不一样的.

定理 3 设 H 是群 G 的一个子群，则 H 的单位元 e_H 就是 G 的单位元 e_G；$a \in H$，a 在 H 中的逆元 a' 就是 a 在 G 中的逆元 a^{-1}.

证明 由于 H 中的代数运算与 G 中的代数运算是一致的，故有

$$e_H e_G = e_H = e_H e_H,$$

两边同时左消去 e_H，即有 $e_G = e_H$；

同样,由

$$a'a = e_H = e_G = a^{-1}a,$$

两边同时右消去 a 得 $a' = a^{-1}$. ■

如果我们直接按定义来判别一个子集 H 是否是 G 的子群,那么需要依据群的定义对 H 进行逐条验证,其实子群中有的条件是不必验证的,例如 H 中的结合律,由于 G 是一个群,是满足结合律的,那么作为 G 的子集 H 结合律自然是成立的. 于是我们有如下的判别定理.

定理 4 设 G 是一个群,那么 G 的非空子集 H 作成 G 的子群的充分必要条件是:

(1) $\forall a, b \in H$,有 $ab \in H$;

(2) $\forall a \in H$,有 $a^{-1} \in H$.

证明 先证充分性.

由(1)知 H 关于 G 的代数运算是封闭的,由于结合律在 G 中成立,在 H 中也自然成立;

由于 $H \neq \varnothing$,取 $a \in H$,由(2)知 $a^{-1} \in H$,故 $a^{-1}a = e_G \in H$,即 H 中包含 G 的单位元 e_G,而这个单位元 e_G 自然也是 H 的单位元 e_H;

由于 H 中的任意一个元素 a 在 G 中的逆元 a^{-1} 也在 H 中,即 $a^{-1}a = e_G = e_H \in H$,得 a 在 H 中存在逆元 a^{-1}.

所以,H 关于 G 的代数运算作成群.

再证必要性. 假如 H 是一个群,(1)显然成立;至于(2),可由定理 3 知. ■

推论 群 G 的非空子集 H 作成 G 的一个子群的充分必要条件是:

(3) $\forall a, b \in H$,有 $ab^{-1} \in H$.

证明 只要证明条件(1),(2)与条件(3)等价即可.

由(1)和(2)容易得到(3).

反之,$\forall a \in H$,由于 $aa^{-1} = e \in H$,得 $ea^{-1} = a^{-1} \in H$,即(2)成立;

$\forall a, b \in H$,由(2)知 $b^{-1} \in H$,故

$$ab = a(b^{-1})^{-1} \in H,$$

得(1)成立.

例 4 设 k 为任一固定的整数,则

$$k\mathbf{Z} = \{kn \mid n \in \mathbf{Z}\}$$

是加群 $(\mathbf{Z}, +)$ 的一个子群.

因为 $\forall x, y \in k\mathbf{Z}$,即存在 $n_1, n_2 \in \mathbf{Z}$,使得

$$x = kn_1, \quad y = kn_2,$$

有 $\qquad x - y = kn_1 - kn_2 = k(n_1 - n_2) \in k\mathbf{Z}.$

特别地,当 k 取 0 和 ±1 时,$k\mathbf{Z}$ 分别为 $\{0\}$ 和 $\mathbf{Z}$ 这两个平凡子群.对于其余的整数 k,$k\mathbf{Z}$ 都是 $\mathbf{Z}$ 的真子群.

例 5 在加群 $\mathbf{Z}_6$ 中,子集 $\{\bar{0}, \bar{3}\}$,$\{\bar{0}, \bar{2}, \bar{4}\}$ 都作成 $\mathbf{Z}_6$ 的真子群.

定理 5 设 $f : G \to G'$ 是一个群的同态映射,且 $H < G, H' < G'$,那么

(1) $f(H) < G'$;

(2) $f^{-1}(H') < G$.

特别地,$\mathbf{Ker}\, f = f^{-1}(e') < G$.

证明 (1) 由 $H \neq \varnothing$,得 $f(H) \neq \varnothing$. $\forall x, y \in f(H)$,则存在 $a, b \in H$,使 $x = f(a), y = f(b)$,而

$$xy^{-1} = f(a)[f(b)]^{-1} = f(ab^{-1}),$$

因为 $H < G$,故 $ab^{-1} \in H$,即 $xy^{-1} \in f(H)$,根据子群的判别定理得 $f(H) < G'$.

(2) 因为 $f(e) = e' \in H'$，即 $e \in f^{-1}(H')$，故 $f^{-1}(H') \neq \varnothing$. $\forall a, b \in f^{-1}(H')$，即 $f(a), f(b) \in H'$，而

$$f(ab^{-1}) = f(a)[f(b^{-1})] = f(a)[f(b)]^{-1} \in H',$$

故 $ab^{-1} \in f^{-1}(H')$，根据子群的判别定理得 $f^{-1}(H') < G$. ∎

以上定理说明在同态映射下，子群的象为象的子群，象的子群的完全原象也为原象的子群. 即子群这一特性在同态映射下保持不变.

设 $H_1, H_2 < G$，令 $H = H_1 \cap H_2$，我们有 $e \in H_1$ 且 $e \in H_2$，故 $e \in H_1 \cap H_2$，即 $H \neq \varnothing$. 其次，$\forall a, b \in H$，则 $a, b \in H_1$ 且 $a, b \in H_2$，由于 $H_1 < G, H_2 < G$，得 $ab^{-1} \in H_1$ 且 $ab^{-1} \in H_2$，即 $ab^{-1} \in H$. 所以 H 是 G 的一个子群，也就是说，群 G 的任意两个子群的交仍是 G 的一个子群. 更一般地有

定理 6 设 $\{H_i \mid i \in I\}$ 是群 G 的子群族（I 为某一指标集），则

$$\bigcap_{i \in I} H_i = H$$

是 G 的一个子群.

证明留作习题.

下面介绍另一个有关子群的概念——由群的子集生成的子群.

定义 4 设 X 是群 G 的一个子集，H 是 G 的子群，且满足

(1) $X \subseteq H$；

(2) 若有 G 的子群 H' 也包含 X，那么 $H \subseteq H'$，

则称 H 为**由子集 X 生成的子群**，记为 $H = (X)$，其中 X 称为 (X) 的**生成集**.

换句话说，(X) 是包含 X 的最小子群. 容易证明

$$H = \bigcap_{i \in I} H_i,$$

其中子群族 $\{H_i \mid i \in I\}$ 是由 G 的所有包含 X 的子群构成的. 因为

$X \subseteq G$, 故 $I \neq \varnothing$. 对于 $\bigcap_{i \in I} H_i$, 定义中的(1)和(2)显然满足.

特别地, 当 H 是 G 的子群时, 则有 $(H) = H$. 但是, 对于一般集合 X 来说, (X) 是由哪些元素生成的呢?

设 K 是包含 X 的任一子群, 那么, 对于任何

$$x_1, x_2, \cdots, x_t \in X \subseteq K,$$

则下述形式的元素

$$x_1^{n_1} x_2^{n_2} \cdots x_t^{n_t}, \; n_i \in \mathbf{Z},$$

也必然在 K 中, 记

$$H = \{ x_1^{n_1} x_2^{n_2} \cdots x_t^{n_t} \mid x_i \in X, n_i \in \mathbf{Z}, t \in \mathbf{N} \},$$

则有 $X \subseteq H \subseteq K$. 若能证明 H 为 G 的一个子群, 那么 H 必是包含 X 的最小子群, 即 $H = (X)$. $\forall x, y \in H$, 即

$$x = a_1^{n_1} a_2^{n_2} \cdots a_t^{n_t}, \; y = b_1^{m_1} b_2^{m_2} \cdots b_s^{m_s},$$

其中

$$a_i, b_j \in X, n_i, m_j \in \mathbf{Z}, \; i = 1, 2, \cdots, t; j = 1, 2, \cdots, s.$$

而

$$xy = a_1^{n_1} a_2^{n_2} \cdots a_t^{n_t} b_1^{m_1} b_2^{m_2} \cdots b_s^{m_s} \in H,$$

$$x^{-1} = a_t^{-n_t} \cdots a_2^{-n_2} a_1^{-n_1} \in H.$$

综上所述, 我们有

$$(X) = \{ x_1^{n_1} x_2^{m_2} \cdots x_t^{n_t} \mid x_i \in X, n_i \in \mathbf{Z}, t \in \mathbf{N} \}.$$

特别地, 当 $X = \{a\}$ 时, $(a) = \{ a^n \mid n \in \mathbf{Z} \}$.

例6 $D_3 = \{ e = \sigma^3, \sigma, \sigma^2, \tau, \varpi, \varpi^2 \}$ (见 §2.2 例7)是由子集 $\{\sigma, \tau\}$ 生成的. D_3 还可由子集 $\{\sigma^2, \tau\sigma\}$ 生成, 因为 $\sigma = \sigma^2 \sigma^2$, $\tau = (\tau\varpi)\sigma^2$. 由此可以得到:

(1) 同一子群可由不同子集生成;

(2) 若子集 X 中的任何元素 x 均可由子集 Y 中的元素所生成, 则必有 $(X) \subseteq (Y)$. 进一步, 若有 X, Y 中元素可相互生成, 则

$(X)=(Y)$.

习题2.3

1. 设 G 是一个交换群,那么 G 到自身的映射
$$f: a \mapsto a^{-1}$$
是 G 到 G 的一个同构映射.

2. 设 $f: G \rightarrow G'$ 为群同态映射,$a \in G$,如果 a 是有限阶元,那么,$f(a)$ 的阶整除 a 的阶.

3. 设群 $G \stackrel{f}{\cong} G'$,那么 $\forall a \in G$,有 $|a| = |f(a)|$.

4. 找出 D_3 中的所有子群.

5. 设 G 为交换群,$H = \{G$ 中所有有限阶的元素$\}$,证明:H 是 G 的子群.

6. (1) 证明本节定理6;

(2) 若 $H_1, H_2 < G$,问 $H_1 \cup H_2$ 是否为 G 的子群?请说明你的理由.

7. 设 S 是群 G 的任意非空集,证明:

(1) $H_S = \{x \in G \mid xs = sx, \forall s \in S\}$ 是 G 的子群;

(2) G 的中心
$$C = H_G = \{x \in G \mid xg = gx, \forall g \in G\}$$
是 G 的子群,且 C 为交换群.

8. 设 $H_i (i=1,2,3,\cdots)$ 是 G 的子群,并且
$$H_1 \subseteq H_2 \subseteq \cdots \subseteq H_n \subseteq \cdots$$

证明:$H = \bigcup_{i=1}^{\infty} H_i$ 是 G 的一个子群.

9. 设 H 是群 G 的非空子集,并且 H 的每一个元素的阶都有限,证明:H 为 G 的子群的充分必要条件为:对于 $\forall a, b \in H$ 有 $ab \in H$.

§2.4 循 环 群

一、循环群的概念

在上一节中我们知道,如果 G 是一个群,$a \in G$,那么

$$(a) = \{a^n \mid n \in \mathbf{Z}\}$$

是 G 的一个子群,我们称 (a) 为 G 的由元素 a 生成的子群,如果在 G 中存在某个元素 a,使得 (a) 恰好是群 G,则称 G 是一个 **循环群**,也就是说,对于群 G,如果存在 $a \in G$,使得 $(a) = G$. 元素 a 叫做循环群 G 的 **生成元**.

下面我们看几个循环群的例子.

例 1 整数加群 $(\mathbf{Z}, +)$ 是一个循环群.

因为对于 $\forall n \in \mathbf{Z}$,当 $n \geqslant 0$ 时,有

$$n = \underbrace{1 + 1 + \cdots + 1}_{n \text{个} 1} = n \cdot 1,$$

当 $n < 0$ 时,

$$n = -(-n) = -\underbrace{(1 + 1 + \cdots + 1)}_{-n \text{个} 1} = n \cdot 1,$$

即整数 n 是 n 个 1 运算所得,故 1 生成所有整数 $\mathbf{Z}$,得 $(\mathbf{Z}, +) = (1)$. 同样 -1 也是 $\mathbf{Z}$ 的生成元,即 $(\mathbf{Z}, +) = (-1)$.

进一步,可以证明整数加群 $(\mathbf{Z}, +)$ 有且仅有 ± 1 这两个元素作为其生成元. 因为对于 $h \in \mathbf{Z}$,如果 h 是 $\mathbf{Z}$ 的生成元,即 $(h) = (\mathbf{Z}, +)$,那么

$$\mathbf{Z} = (h) = \{hn \mid n \in \mathbf{Z}\} = h\mathbf{Z},$$

而 $1 \in \mathbf{Z} = h\mathbf{Z}$,即存在 $k \in \mathbf{Z}$,使得 $hk = 1$,由此可知 $h = \pm 1$.

例2 以 m 为模的剩余类加群 $(\mathbf{Z}_m, +)$ 是一个循环群.

因为 $\qquad \mathbf{Z}_m = \{\bar{0}, \bar{1}, \bar{2}\cdots, \overline{m-1}\}$,

对于任意 $\bar{k} \in \mathbf{Z}_m$,有

$$\bar{k} = \underbrace{\bar{1} + \bar{1} \cdots + \bar{1}}_{k个\bar{1}} = k \cdot \bar{1},$$

故 $\bar{1}$ 是 $\mathbf{Z}_m$ 的一个生成元,即 $(\bar{1}) = \mathbf{Z}_m$.

例3 $D_3 = \{e, \sigma, \sigma^2, \tau, \tau\sigma, \tau\sigma^2\}$ 不是循环群.因为对于有限群 G 来说,如果 G 是由 a 生成的循环群,那么必有 $|G| = |a|$,而 D_3 中不存在 6 阶的元素,所以 D_3 不是循环群.

二、循环群的性质

定理1 循环群是交换群.

证明 设循环群 $G = (a)$,$\forall x, y \in G$,则存在整数 n_1, n_2,使得 $x = a^{n_1}, y = a^{n_2}$,故

$$xy = a^{n_1} a^{n_2} = a^{n_1+n_2} = a^{n_2+n_1} = a^{n_2} a^{n_1} = yx.$$

所以 G 是交换群. ∎

此定理的逆命题不成立,即交换群未必是循环群.其反例可参见本节习题 1.

引理 设 H 是 $(\mathbf{Z}, +)$ 的子群,则 $H = \{0\}$ 或 $H = (m)$(此时 m 为 H 中的最小正整数).

证明 如果 $H = \{0\}$,则结论成立.

如果 $H \neq \{0\}$,则 H 中含有非零数 k,由于 H 是 $\mathbf{Z}$ 的子群,则有 $-k \in H$.由此可以看出不论 k 是正是负,H 中总存在正整数,我们取 m 为 H 中的最小正整数.

下面证明:$H = (m) = \{mk \mid k \in \mathbf{Z}\}$.

因为 (m) 是包含 m 的最小子群,而子群 H 中含有 m,所以,

$(m) \subseteq H$. 反之, $\forall h \in H$, 那么由整数的带余除法知,

$$h = qm + r, \ \text{其中} \ q, r \in \mathbf{Z}, 0 \leqslant r < m,$$

因为 $r = h - qm \in H$, 由 m 的最小性得 $r = 0$, 因此 $h = qm \in (m)$, 从而得 $H \subseteq (m)$. 所以 $H = (m)$. ■

定理 2　每一个无限循环群与整数加群 $(\mathbf{Z}, +)$ 同构; 而每一个 m 阶有限循环群与以 m 为模的剩余类加群 $(\mathbf{Z}_m, +)$ 同构.

证明　设 $G = (a)$ 是循环群, 令

$$f : \mathbf{Z} \to G, \quad k \mapsto a^k,$$

则 f 是一个满射, 并且

$$f(m + n) = a^{m+n} = a^m a^n = f(m) f(n),$$

知 f 保持运算, 所以 f 是一个同态满射. 根据上节定理 5 知 $\mathbf{Ker} f$ 是 $\mathbf{Z}$ 的一个子群, 再由引理知 $\mathbf{Ker} f$ 只有两种情况:

(1) 当 $\mathbf{Ker} f = \{0\}$ 时, 由上节定理 2 知的 (1) 知, f 是单射, 即 f 为一一映射, 由 $\mathbf{Z}$ 为无限循环群知, G 也为无限循环群, 得 f 是同构映射, 即 $\mathbf{Z} \stackrel{f}{\cong} G$, 而且, 当 G 为无限循环群时, 由 $k \neq h$ 可得 $a^k \neq a^h$, 故 $\mathbf{Ker} f = \{0\}$.

(2) 当 $\mathbf{Ker} f = (m)$ 时, m 是使得 $a^m = e$ 成立的最小正整数, 设 $G = \{a, a^2, \cdots, a^{m-1}, a^m = e\}$ 是 m 阶循环群, 由 f 导出映射

$$g : \mathbf{Z}_m \to G, \quad \bar{k} \mapsto a^k,$$

显然 g 为满射, 因

$$\bar{k} = \bar{k} \iff k - h \in (m) \iff a^{k-h} = e \iff a^k = a^h,$$

由上式和自左向右推知 g 的映射是合理的, 而自右向左推即说明 g 是单射.

又有

$$g(\bar{h} + \bar{k}) = g(\overline{h + k}) = a^{h+k} = a^h a^k = g(\bar{h}) g(\bar{k}),$$

所以 g 是同构映射,即

$$\mathbf{Z}_m \stackrel{g}{\cong} G.$$

此定理说明:在同构意义下,即将两个同构的群看作是同一个群时,那么循环群只能是 $\mathbf{Z}$ 与 $\mathbf{Z}_m$ 这两种形式,这对我们以后讨论循环群会带来很大方便.

推论 1 若 $G=(a)$ 是无限循环群,那么

(1) $a^k = e \iff k = 0$;

(2) $a^h = a^k \iff h = k$.

若 $G=(a)$ 是 m 阶循环群,那么

(3) $a^r = a^s \iff r \equiv s \pmod m$;

(4) 对于 m 的每一个正因数 k,有 $|a^k| = \dfrac{m}{k}$.

证明 当 G 为无限循环群时,定理 2 中的 f 为单射,故有

$$h = k \iff f(h) = f(k),$$

即 $a^h = a^k$,(2)成立,而(1)是(2)取 $h=0$ 时的特例.

当 G 为 m 阶循环群时,g 为单射,故有

$$r \equiv s \pmod m \iff \bar{r} = \bar{s} \iff g(\bar{r}) = g(\bar{s}) \iff a^r = a^s,$$

即(3)成立.

(4) 设 $|a^k| = n$,由于 $(a^k)^{\frac{m}{k}} = a^m = e$,有 $n \mid \dfrac{m}{k}$;反之,因 $(a^k)^n = e$,有 $m \mid kn$,即存在整数 t,使 $kn = mt$,得 $n = \dfrac{m}{k} \cdot t$,即 $\dfrac{m}{k} \mid n$,所以 $|a^k| = \dfrac{m}{k}$.

推论 2 设 $G=(a)$ 是循环群,如果 G 是无限群,那么仅有 a 和 a^{-1} 两个生成元;如果 G 是 m 阶群,则 a^k 是 G 的生成元当且仅当 $(k,m)=1$.

证明 当 G 为无限循环群时, $\mathbf{Z} \overset{f}{\cong} G$, 而由例 1 知 $\mathbf{Z}$ 仅有 ± 1 两个生成元, 故 G 也仅有两个生成元 $f(\pm 1)$, 即 G 仅有的两个生成元为 a 与 a^{-1}.

当 $|G| = m$ 时, 若 $(k, n) = 1$, 即存在 $s, t \in \mathbf{Z}$, 使得
$$sk + tn = 1,$$
因而
$$a = a^{sk+tn} = (a^k)^s \in (a^k),$$
故 a^k 是 G 的生成元.

若 $(k, m) = r > 1$, 取 $n = \dfrac{m}{r} < m$, 得 $a^{nk} = (a^m)^{\frac{k}{r}} = e$, 即 $|a^k| \leqslant n < m$, 故 a^k 不可能生成 G. ■

例如, 当 p 为素数时, $(\mathbf{Z}_p, +)$ 中的任何非零元素都是生成元. 又如 $\mathbf{Z}_6$ 中, 只有 $\bar{1}, \bar{5}$ 是生成元.

定理 3 循环群的子群仍是循环群, 循环群的同态象也是循环群.

证明 定理 3 的前半部分的证明留作习题.

如果群 G' 是群 G 的同态象, 即存在同态满射 $f: G \to G'$, $\forall b \in G'$, 则存在 $x \in G$, 使得 $f(x) = b$. 由于 G 为循环群, 设 $G = (a)$, 那么有 $x = a^n$, $n \in \mathbf{Z}$, 由 f 为同态, 得
$$b = f(x) = f(a^n) = [f(a)]^n,$$
所以得 $G' = (f(a))$ 为循环群, 其生成元为 $f(a)$. ■

例 3 找出 $(\mathbf{Z}_{12}, +)$ 的所有子群.

因为 $\mathbf{Z}_{12}$ 为循环群, 由定理 3 知, 其子群的形式只能是
$$(\bar{k}), \quad \bar{k} = \bar{0}, \bar{1}, \bar{2}, \cdots, \overline{11}.$$
由推论 2 得 $\mathbf{Z}_{12}$ 的生成元有 $\bar{1}, \bar{5}, \bar{7}, \overline{11}$ 四个, 而
$$(\bar{2}) = (\overline{10}) = \{\bar{0}, \bar{2}, \bar{4}, \bar{6}, \bar{8}, \overline{10}\},$$
$$(\bar{3}) = (\bar{9}) = \{\bar{0}, \bar{3}, \bar{6}, \bar{9}\},$$

$$(\overline{4}) = (\overline{8}) = \{\overline{0}, \overline{4}, \overline{8}\},$$
$$(\overline{6}) = \{\overline{0}, \overline{6}\},$$
$$(\overline{0}) = \{\overline{0}\}.$$

故 $\mathbf{Z}_{12}$ 的所有子群有 6 个，它们分别是

$$\mathbf{Z}_{12}, (\overline{2}), (\overline{3}), (\overline{4}), (\overline{6}), (\overline{0}).$$

习题 2.4

1. 设 $U_n = \{x \in \mathbf{C} \mid x^n = 1\}$，证明：$U_n$ 关于数的乘法作成一个 n 阶循环群；设 $U = \bigcup\limits_{n=1}^{\infty} U_n$，则 U 关于数的乘法作成交换群，但 U 不是循环群.

2. 证明：n 阶群 G 是循环群当且仅当 G 中存在 n 阶的元素.

3. 证明：循环群的子群仍是循环群.

4. 设 G, G' 是有限循环群，$|G| = m$，$|G'| = n$，那么，G' 是 G 的同态象的充分必要条件是 $n \mid m$.

5. 找出 $(\mathbf{Z}_{15}, +)$ 的一切生成元和 $\mathbf{Z}_{15}$ 的所有子群.

6. 设群 G 中的元素 a 的阶为 n，证明：对于任意 $r \in \mathbf{Z}^+$，a^r 的阶是 $\dfrac{n}{(r,n)}$，其中 (r,n) 为 r 与 n 的最大公因数.

7. 设 G 为 pq 阶交换群，$(p,q) = 1$，如果存在 $a, b \in G$，使得 $|a| = p$，$|b| = q$，证明：G 是循环群.

§2.5　变换群　置换群

我们知道，给定一个集合 A，A 到自身的所有映射（即 A 的所有变换）S_A 关于映射的合成"。"作成一个有单位元的半群 $(S_A, \circ)$.由 §2.2 习题 4 知，这个半群的一切可逆元组成的集合 $E(A)$ 关于

映射的合成作成一个群,再由 §1.2 习题 5 知,$E(A)$ 中的元素正好是由 A 的所有一一变换构成的.

一、变换群

定义 1 集合 A 的所有一一变换 $E(A)$ 关于变换的合成作成的群,叫做 A 的 **一一变换群**,$E(A)$ 的一个子群叫做 A 的一个 **变换群**.

设 G 是 A 的一些一一变换组成的非空集合,那么由子群的判别定理可知,G 作成群的充分必要条件是:$\forall \sigma, \tau \in G$,有 $\sigma\tau^{-1} \in G$.

例 1 设 $A = \mathbf{R}^2$,即 A 为平面上的所有点 (x, y).

G_1 是 $\mathbf{R}^2$ 的所有平移变换作成的集合,记

$$G_1 = \{\sigma_{(a,b)} \mid a, b \in \mathbf{R}\},$$

其中

$$\sigma_{(a,b)}: (x, y) \mapsto (x + a, y + b).$$

显然 $\sigma_{(a,b)}$ 是 $\mathbf{R}^2$ 的一个一一变换.

$\forall \sigma_{(a,b)}, \sigma_{(c,d)} \in G_1$,则有

$$\sigma_{(c,d)}^{-1} = \sigma_{(-c,-d)} \in G_1,$$

$$\sigma_{(a,b)}\sigma_{(c,d)} = \sigma_{(a+c,b+d)} \in G_1,$$

故 G_1 是 $\mathbf{R}^2$ 的一个变换群.

若取 G_2 为 $\mathbf{R}^2$ 的所有绕原点 O 逆时针旋转的变换作成的集合,即

$$G_2 = \{\sigma_\theta \mid \theta \in \mathbf{R}\},$$

其中

$$\sigma_\theta: (x, y) \mapsto (x\cos\theta - y\sin\theta, x\sin\theta + y\cos\theta),$$

而 θ 表示旋转的角度.易知 σ_θ 是 $\mathbf{R}^2$ 的一个一一变换.由于

$$\sigma_\theta^{-1} = \sigma_{-\theta} \in G_2 , \ \sigma_{\theta_1}\sigma_{\theta_2} = \sigma_{\theta_1+\theta_2} \in G_2 ,$$

知 G_2 也是 $\mathbf{R}^2$ 的一个变换群.

例 2 数域 P 上的 n 维向量空间 P^n 的所有可逆的线性变换 G 作成 P^n 的一个变换群.

变换群在群的理论中占有相当特殊的地位,因为就同构意义来讲,每一个抽象的群都可以看作一个变换群,即

定理 1 (Cayley 定理)任意一个群与一个变换群同构.

证明 设 G 为群,任取 $a \in G$,作集合 G 的左乘变换

$$\sigma_a : G \to G, \quad x \mapsto ax, \forall x \in G,$$

这样我们由群 G 得到一个集合 G 上的一些变换所作成的集合

$$G' = \{\sigma_a \mid a \in G\}.$$

下面我们分两步来证明定理.

首先,G' 中的任一元素 σ_a 是 G 的一一变换.

对于 $\forall b \in G$,方程 $ax = b$ 在 G 中有解 c,即 $\sigma_a(c) = ac = b$,c 即为 b 在 σ_a 下的原象,得 σ_a 为满射.

又由 $x_1 \neq x_2$ 可知 $ax_1 \neq ax_2$,即 $\sigma_a(x_1) \neq \sigma_a(x_2)$,故 σ_a 为单射.

从而,σ_a 是 G 的一一变换. 即 G' 确实是由一些 G 的一一变换作成的集合.

其次,证明 G 与 G' 同构. 作

$$f : G \to G', \ a \mapsto \sigma_a, \forall a \in G,$$

由 G' 的作法可知 f 为满射. 若 $a \neq b$,则任意取 $x \in G$ 都有 $ax \neq bx$,即 $\sigma_a(x) \neq \sigma_b(x)$,从而 $\sigma_a \neq \sigma_b$,即得 $f(a) \neq f(b)$,知 f 为单射. 所以 f 是 G 到 G' 的一个一一映射.

又 $\forall \sigma_a, \sigma_b \in G', \forall x \in G$,有

$$(\sigma_a \circ \sigma_b)(x) = \sigma_a(\sigma_b(x))$$

$$= \sigma_a(bx) = a(bx) = (ab)x = \sigma_{ab}(x),$$

即有 $\sigma_a \circ \sigma_b = \sigma_{ab}$，所以

$$f(ab) = \sigma_{ab} = \sigma_a \circ \sigma_b = f(a) \circ f(b),$$

得映射 f 保持运算.

通过 f 是一一映射和 f 的保持运算我们可以证明 G' 关于映射合成的运算作成一个群（为什么?），即 G' 是一个集合 G 上的变换群. 当然也可以直接验证 G' 作成群.

综上所述，我们已证得：$G \stackrel{f}{\cong} G'$.

二、置换群

置换群是变换群的一个特例. 即当集合 A 为有限集

$$A = \{a_1, a_2, \cdots, a_n\}$$

时，考虑 A 的变换群.

定义 2 有限集合 A 上的一个一一变换叫做 A 的一个**置换**. 有限集 A 上由若干置换作成的群叫做**置换群**. 当 A 包含 n 个元素时，A 的全体置换作成的一一变换群 $E(A)$ 叫做 n **次对称群**，记为 S_n. S_n 中的元素叫做 n **次置换**.

因为置换群是变换群的特例，所以 **Cayley** 定理对于置换群来说也成立，因此有

定理 1′ 每一个有限群都与一个置换群同构. 或者说，任一个 n 阶群 G 与 S_n 的某个子群同构.

由于我们所考虑的集合 A 的置换仅对元素的对应关系有兴趣，而元素本身的特性并不重要，因此，通常记

$$A = \{1, 2, \cdots, n\}.$$

设 σ 为 A 的一个一一变换，如果

$$\sigma: i \mapsto k_i, \quad (i = 1, 2, \cdots, n)$$

可见 σ 完全由 $(1, k_1), (2, k_2), \cdots, (n, k_n)$ 这 n 个数对确定, 我们将 σ 表示为

$$\sigma = \begin{pmatrix} 1 & 2 & \cdots & n \\ k_1 & k_2 & \cdots & k_n \end{pmatrix},$$

其中上面一行元素表示映射 σ 的原象, 下面一行元素表示映射 σ 的象. 在这种表示法里, 至于将哪个数对放在什么位置显然是没有关系的, 因此上述置换也可以表示为多种形式, 如

$$\begin{pmatrix} 2 & 1 & \cdots & n \\ k_2 & k_1 & \cdots & k_n \end{pmatrix},$$

不过我们最多的还是将第一行依自然次序排列. 当第一行排成自然顺序后, n 次置换 σ 完全由 $1, 2, \cdots, n$ 的一个全排列 $k_1 k_2 \cdots k_n$ 唯一确定, 而 n 个数码的全排列共有 $n!$ 个, 故有

定理 2 n 次对称群 S_n 的阶为 $n!$.

例 3 S_3 中有 6 个元素, 可表示为

$$\begin{pmatrix} 1 & 2 & 3 \\ 1 & 2 & 3 \end{pmatrix}, \begin{pmatrix} 1 & 2 & 3 \\ 1 & 3 & 2 \end{pmatrix}, \begin{pmatrix} 1 & 2 & 3 \\ 2 & 1 & 3 \end{pmatrix},$$

$$\begin{pmatrix} 1 & 2 & 3 \\ 2 & 3 & 1 \end{pmatrix}, \begin{pmatrix} 1 & 2 & 3 \\ 3 & 1 & 2 \end{pmatrix}, \begin{pmatrix} 1 & 2 & 3 \\ 3 & 2 & 1 \end{pmatrix}.$$

根据两个变换合成的定义, 其置换乘积 $\sigma\tau$ 为先施行 τ 再施行 σ 所得的结果, 例如

$$\begin{pmatrix} 1 & 2 & 3 \\ 1 & 3 & 2 \end{pmatrix} \begin{pmatrix} 1 & 2 & 3 \\ 2 & 3 & 1 \end{pmatrix} = \begin{pmatrix} 1 & 2 & 3 \\ 3 & 2 & 1 \end{pmatrix}.$$

一般的有

$$\begin{pmatrix} 1 & 2 & \cdots & n \\ i_1 & i_2 & \cdots & i_n \end{pmatrix} \begin{pmatrix} 1 & 2 & \cdots & n \\ j_1 & j_2 & \cdots & i_n \end{pmatrix} = \begin{pmatrix} 1 & 2 & \cdots & n \\ i_{j_1} & i_{j_2} & \cdots & i_{j_n} \end{pmatrix}.$$

　　为了进一步讨论置换群的性质,我们来介绍置换的另一种更为方便的表示法.

　　定义 3　设 $i_1, i_2, \cdots, i_r (r \leqslant n)$ 是集合 $A = \{1, 2, \cdots, n\}$ 中不同的元素,如果置换 σ 使

$$i_1 \overset{\sigma}{\mapsto} i_2 \overset{\sigma}{\mapsto} i_3 \overset{\sigma}{\mapsto} \cdots \overset{\sigma}{\mapsto} i_r \overset{\sigma}{\mapsto} i_1,$$

而将 A 的其余元素映射到自身,那么将这个置换 σ 叫做 r -**循环置换**,记为 $\sigma = (i_1 i_2 \cdots i_r)$. 2 -循环置换叫做**对换**.特别将恒等变换记为 $\varepsilon = (1) = (2) = \cdots = (n)$.

　　例如,在 S_5 中,

$$\begin{pmatrix} 1 & 2 & 3 & 4 & 5 \\ 2 & 3 & 1 & 4 & 5 \end{pmatrix} = (123) = (231) = (312),$$

$$\begin{pmatrix} 1 & 2 & 3 & 4 & 5 \\ 2 & 3 & 4 & 5 & 1 \end{pmatrix} = (12345).$$

从循环置换的表示法可以看出一个 r -循环置换的表示形式不是唯一的.当然,不是每一个置换都是循环置换,例如

$$\begin{pmatrix} 1 & 2 & 3 & 4 & 5 \\ 2 & 3 & 1 & 5 & 4 \end{pmatrix}$$

就不是一个循环置换.对于一般的置换我们有

　　定理 3　任意一个 n 次置换 σ 都可以分解为有限个互不相交(即无公共元素)的循环置换的乘积.

　　证明　我们用数学归纳法来证明.当 σ 为恒等变换时,即 σ 不变动任何元素时,定理是对的.

　　假设对于最多变动 $r-1$ 个元素的置换定理成立,现在我们来看变动 r 个元素的置换 σ.

　　我们任取一个被 σ 变动的元素 i_1,从 i_1 出发可以找到一列元素:

$$i_1 \overset{\sigma}{\mapsto} i_2 \overset{\sigma}{\mapsto} i_3 \overset{\sigma}{\mapsto} \cdots$$

由于 n 为有限数,因此总有某个 i_{k+1} 已重复前面出现过的元素,不妨设 i_{k+1} 是第一个重复前面元素的,那么 i_{k+1} 不可能是 $i_t\,(2 \leqslant t \leqslant k)$,因为 $i_1, i_2, \cdots, i_k$ 互不相同,若 $i_{k+1} = i_t\,(2 \leqslant t \leqslant k)$,那么 i_t 在 σ 下就有两个不同的原象 i_k 和 i_{t-1},这与 σ 为一一变换矛盾,故只有 $i_{k+1} = i_1$. 因此,我们有

$$i_1 \overset{\sigma}{\mapsto} i_2 \overset{\sigma}{\mapsto} i_3 \overset{\sigma}{\mapsto} \cdots \overset{\sigma}{\mapsto} i_k \overset{\sigma}{\mapsto} i_1,$$

因为 σ 只变动 r 个元素,即 $r \geqslant k$. 若 $r = k$,则本身已是一个循环置换了,结论成立. 若 $r > k$,那么

$$\sigma = \begin{pmatrix} i_1 & i_2 & \cdots & i_k & i_{k+1} & \cdots & i_r & i_{r+1} & \cdots & i_n \\ i_2 & i_3 & \cdots & i_1 & i'_{k+1} & \cdots & i'_r & i_{r+1} & \cdots & i_n \end{pmatrix}$$

$$= \begin{pmatrix} i_1 & i_2 & \cdots & i_k & i_{k+1} & \cdots & i_r & i_{r+1} & \cdots & i_n \\ i_2 & i_3 & \cdots & i_1 & i_{k+1} & \cdots & i_r & i_{r+1} & \cdots & i_n \end{pmatrix}$$

$$\circ \begin{pmatrix} i_1 & i_2 & \cdots & i_k & i_{k+1} & \cdots & i_r & i_{r+1} & \cdots & i_n \\ i_1 & i_2 & \cdots & i_k & i'_{k+1} & \cdots & i'_r & i_{r+1} & \cdots & i_n \end{pmatrix}$$

$$= (i_1 i_2 \cdots i_k)\sigma_1.$$

其中 σ_1 只变动 $r - k < r$ 个元素,且 σ_1 中所变动的元素与 k-循环置换 $(i_1 i_2 \cdots i_k)$ 所变动的元素互不相同. 由归纳假设,σ_1 可以写成若干个互不相交的循环置换的乘积

$$\sigma_1 = \eta_1 \eta_2 \cdots \eta_s,$$

在这些循环置换中 $i_1, i_2, \cdots, i_k$ 全不出现. 所以可以表示成互不相交的循环置换之积

$$\sigma = (i_1 i_2 \cdots i_k)\eta_1 \eta_2 \cdots \eta_s.$$

例 4 将 S_4 中的全体元素用循环置的方法写出来为

(1),

(12),(13),(14),(23),(24),(34),

— 68 —

(123),(132),(124),(142),(134),(143),(234),(243)

(1234),(1243),(1324),(1342),(1423),(1432),

(12)(34),(13)(24),(14)(23).

推论 S_n 中的每一个置换都可以表示成若干个对换之积.

证明 利用定理3,只需证明每一个 k-循环置换都可以表示成若干个对换之积即可.事实上,当 $k>1$ 时,

$$(i_1i_2\cdots i_k) = (i_1i_k)(i_1i_{k-1})\cdots(i_1i_3)(i_1i_2),$$

若 $k=1$,有 $(i_1) = (i_1i_2)(i_1i_2)$.

我们注意到:同一个置换表示成若干个对换之积的方法可以是多种的,同时也没有要求这些对换互不相交.进一步,我们可以证明每一个置换,虽然可以用不同的方法表示成若干个对换之积,但每一种表示的对换个数的奇偶性是不变的.

定义4 一个置换 σ 如果可以表示成偶数个对换之积,则称 σ 为**偶置换**;一个置换 σ 如果可以表示成奇数个对换之积,则称 σ 为**奇置换**.

由于 S_n 中两个偶置换的积仍是偶置换,所以 S_n 中所有偶置换构成的集合作成 S_n 的一个子群,我们称这个子群为 n 次**交代群**,记为 A_n.

例如:$A_3 = \{(1),(123),(132)\}$.

习题 2.5

1. (1) 证明两个不相交的循环置换的乘积可以交换;

(2) $(i_1i_2\cdots i_k)^{-1} = (i_k\cdots i_2i_1)$;

(3) k-循环置换 $(i_1i_2\cdots i_k)$ 的阶是 k.

2. 设 $\sigma = (134562), \tau = (1243)(56), \mu = (15)(34)$,计算:$\varpi, \tau^2\sigma, \sigma^{-2}\tau\mu, \sigma^{-1}\varpi$.

3. 写出 A_4 的所有元素.

4. 设 $B_4 = \{e,a,b,ab\}$,由乘法表

	e	a	b	ab
e	e	a	b	ab
a	a	e	ab	b
b	b	ab	e	a
ab	ab	b	a	e

所定义的群叫做 **Klein 四元群**,或简称**四元群**.

(1) 找出 B_4 的所有子群;

(2) 找出 S_4 中与 B_4 同构的子群.

5. 找出 S_4 中由(1234)生成的子群.

6. 证明 S_n 可以由集合 $\{(12),(13),\cdots,(1n)\}$ 生成,即任意一个 n 次置换 σ 都可用若干个上述集合中的对换来表示.

§2.6　子群的陪集

在这一节中,我们要利用群 G 的子群 H 来作 G 的分类,然后,由这个分类推出几个重要的定理.

设 G 是一个群,H 是 G 的一个子群,利用子群 H 在 G 中的元素之间规定一个二元关系 E_L:

$$aE_Lb \quad \Leftrightarrow \quad a^{-1}b \in H.$$

因为:

(1) $\forall a \in G, a^{-1}a = e \in H$,所以 aE_La;

(2) 若 aE_Lb,即 $a^{-1}b \in H$,由于 H 是 G 的子群,因此

$$(a^{-1}b)^{-1} = b^{-1}a \in H,$$

得 bE_La;

(3) 若 aE_Lb,bE_Lc，于是 $a^{-1}b\in H.b^{-1}c\in H$，从而

$$(a^{-1}b)(b^{-1}c) = a^{-1}c \in H,$$

所以 aE_Lc.

这样我们得到的二元关系 E_L 是一个等价关系. 根据等价关系 E_L，我们可以得到一个 G 的分类

$$S = \{\bar{a} \mid a \in G\},$$

其中 $\bar{a} = \{x \mid x \in G, aE_Lx\}$. 对于等价类 $\bar{a}$，我们有如下的

定理 1 设 H 是群 G 的子群，那么

(1) $\forall a\in G, \bar{a}=aH=\{ah|h\in H\}$；

(2) $|aH| = |H|$，即 aH 与 H 之间存在一个一一映射.

证明 (1) 由于

$$x\in\bar{a} \quad \Leftrightarrow \quad aE_Lx \quad \Leftrightarrow \quad a^{-1}x\in H,$$

即存在 $h\in H$，使 $a^{-1}x = h$，即

$$x = ah \quad \Leftrightarrow \quad x \in aH,$$

所以，$\bar{a}=aH$.

(2) 作映射

$$f: aH\to H, \ ah\mapsto h,$$

显然 f 为满射，若 $ah_1 \neq ah_2$，则有 $h_1 \neq h_2$，即 f 为单射. 故有

$$|aH| = |H|.$$ ▮

由上述定理知，由等价关系 E_L 所确定的等价类 $\bar{a}$ 其实可以明确地表示为 $\bar{a}=aH$. 我们称 aH 为元素 a 关于子群 H 的**左陪集**；当 H 为有限子群时，$|aH| = |H|$ 就意味着任意两个子群 H 的左陪集 aH 与 bH 含有相同的元素个数.

推论 设 H 是 G 的子群，那么

(1) $G = \bigcup_{a\in G} aH$；

(2) 对于 $\forall aH, bH$, 有 $aH \bigcap bH = \varnothing$ 或 $aH = bH$;

(3) $aH = bH \iff a^{-1}b \in H$;

(4) $aH = H \iff a \in H$.

证明 根据等价类的定义和性质(即 §1.4 的引理),再根据定理 1,可知(1),(2),(3)成立.至于(4),其实是(3)的特殊情形,即取 $b = e$ 时的特例. ■

由推论(1),(2)知,群 G 可以表示成一些互不相交的左陪集 aH 的并,这种表示叫做群 G 关于子群 H 的**左陪集分解**.

例 1 设 $G = S_3 = \{(1),(12),(13),(23),(123),(132)\}$, $H = \{(1),(12)\}$, 则 H 是 G 的一个子群, 那么, G 关于 H 的所有左陪集为

$(1)H = (12)H = H$,

$(13)H = \{(13),(123)\} = (123)H$,

$(23)H = \{(23),(132)\} = (132)H$.

因而, G 关于 H 的左陪集分解为

$$G = H \bigcup (13)H \bigcup (23)H.$$

例 2 设 $G = (\mathbf{Q}, +)$, $H = (\mathbf{Z}, +)$, 求 G 关于 H 的左陪集分解.

因为

$$a + H = b + H \iff b - a \in H \iff b - a = n \in \mathbf{Z},$$

即两个有理数在同一个左陪集中当且仅当它们具有相同的小数部分.故当 $a, b \in \mathbf{Q}$, 且 $0 \leqslant a < b < 1$ 时,

$$(a + H) \bigcap (b + H) = \varnothing,$$

而任意一个有理数 b 总可以表示成

$$b = a + n, \text{其中} n \in \mathbf{Z}, 0 \leqslant a < 1, a \in \mathbf{Q}.$$

记 $a = \dfrac{q}{p}$, 且 $(p, q) = 1, 0 \leqslant q < p$, 则 $b + H = \dfrac{q}{p} + H$, 所以

$$G = \cup \left(\frac{q}{p} + H \right),$$

其中 $p,q \in \mathbf{Z}, (p,q) = 1, 0 \leqslant q < p$.

　　与左关系和左陪集相似,我们可以定义群 G 关于子群 H 的右关系和右陪集的概念.

　　设 H 是 G 的子群,利用子群 H 定义群 G 的二元关系 E_R:

$$aE_Rb \quad \Leftrightarrow \quad ab^{-1} \in H.$$

同样可以验证 E_R 是 G 上的一个等价关系,由此可得 G 的一个分类,a 所在的等价类记为 $[a]$,则有 $[a] = Ha$,称 Ha 为元素 a 关于子群 H 的**右陪集**.关于右陪集同样有类似于左陪集的相应性质,在此不再赘述.同样,将 G 表示成一些不相交的右陪集 Ha 的并,叫做群 G 关于子群 H 的**右陪集分解**.如例 1 中,H 的右陪集为

$$H(1) = H(12) = \{(1),(12)\},$$
$$H(13) = H(132) = \{(13),(132)\},$$
$$H(23) = H(123) = \{(23),(123)\}.$$

因而,G 关于子群 H 的右陪集分解为

$$G = S_3 = H \bigcup H(13) \bigcup H(23).$$

　　当群 G 不是交换群时,对于 G 中的元素 a 来说,子群 H 的左陪集 aH 未必等于右陪集 Ha,如前面例子中的 S_3 与 H 就有

$$H(13) = \{(13),(132)\} \neq (13)H = \{(13),(123)\}.$$

尽管如此,但一个群 G 关于子群 H 的左、右陪集的个数是相同的,于是我们有

　　定理 2　设 H 是群 G 的子群,记

$$S_L = \{aH \mid a \in G\}, \quad S_R = \{Ha \mid a \in G\},$$

则存在集合 S_L 到 S_R 的一个一一映射.

证明　作映射

$$f: S_L \to S_R, \quad aH \mapsto Ha^{-1},$$

由于

$$aH = bH \quad \Leftrightarrow \quad a^{-1}b \in H$$
$$\Leftrightarrow \quad a^{-1}(b^{-1})^{-1} \in H \quad \Leftrightarrow \quad Ha^{-1} = Hb^{-1},$$

也就是说,由 $aH = bH$ 可得

$$f(aH) = Ha^{-1} = Hb^{-1} = f(bH),$$

所以上述所定义的映射是合理的.

将上述推导过程反过来,即可知 f 是单射.

另外,$\forall \, Hb \in S_R$,有 $b^{-1}H \in S_L$,使得

$$f(b^{-1}H) = H(b^{-1})^{-1} = Hb,$$

得 f 为满射.

综上所述,f 为 S_L 到 S_R 的一个一一映射. ∎

由定理 2,我们可以看到群 G 关于其子群 H 的左陪集个数和右陪集个数是相等的.因此,我们可以给出

定义 1　设 H 是群 G 的一个子群,H 在 G 中的全体左(右)陪集组成的集合的基数,叫做 H 在 G 中的**指数**,记作 $[G:H]$.

例如,在例 1 中,$[G:H] = 3$;在例 2 中,$[G:H]$ 为无限.这里我们主要讨论为有限的情形.关于有限群的阶与其子群的阶之间的关系,我们有以下重要结果:

定理 3　(**Lagrange** 定理)设 G 是有限群,H 是 G 的子群,则

$$|G| = [G:H] \cdot |H|.$$

证明　因 G 是有限群,H 在 G 中的左陪集个数必有限,假设 G 关于 H 的左陪集分解为

$$G=a_1H\bigcup a_2H\bigcup\cdots\bigcup a_kH,$$

其中 $k=[G:H]$. 由定理 1 的(2)得

$$|a_iH|=|H|,\quad i=1,2,\cdots,k,$$

又因为左陪集分解中的各个左陪集两两不相交,因此

$$|G|=k\cdot|H|=[G:H]\cdot|H|.$$ ■

推论 有限群 G 的每一个元素 a 的阶是 $|G|$ 的因数.

证明 $\forall a\in G$,作子群 $H=(a)$,则有 $|H|=|a|$,根据 **Lagrange** 定理,有

$$|G|=[G:H]\cdot|H|=[G:H]\cdot|a|.$$ ■

Lagrange 定理及其推论在讨论有限群时有着重要的作用.在下面的例子中就可见一斑.

例 3 设群 G 的阶为 4,则 G 在同构意义下或为循环群 $\mathbf{Z}_4$,或为 **Klein** 四元群 B_4(见 §2.5,习题 4).

由于 G 为 4 阶群,那么由推论知 G 中元素的阶只可能是 4 的因数,即为 1,2,4.

若 G 中包含 4 阶元 a,则 (a) 是 G 的 4 阶子群,而 G 中仅有 4 个元素,故 $G=(a)$ 为 4 阶循环群,再根据 §2.4 定理 2 知,$G\cong\mathbf{Z}_4$.

若 G 中不包含 4 阶的元素,则 G 中除单位元 e 外,还有三个元素 a,b,c,它们的阶都为 2.由 §2.2 习题 9 得 G 为交换群.记

$$G=\{e,a,b,c\},$$

由于 G 中消去律成立,故 ab 不能是 a(若 $ab=a$,则有 $b=e$),ab 也不能是 b(若 $ab=b$,则有 $a=e$),ab 也不能是 e(若 $ab=e=aa$,则有 $a=b$),只有

$$ab = ba = c.$$

同样可证

$$ac = ca = b, bc = cb = a.$$

由上面讨论我们得到 G 的运算表：

·	e	a	b	c
e	e	a	b	c
a	a	e	c	b
b	b	c	e	a
c	c	b	a	e

从运算表中可以看出 G 同构于 B_4.

例 4 设 G 是 6 阶群，则 G 中至少含有一个 3 阶子群 H.

要证 G 中含有 3 阶子群，其实只需证明 G 中含有 3 阶元素即可。由于 G 为 6 阶群，那么 G 中元素的阶只能是 1,2,3,6.

假设 G 中没有 3 阶元，那么 G 中也不能有 6 阶元，如果 G 中的元素 a 为 6 阶元，那么 a^2 即为 3 阶元，与 G 中没有 3 阶元矛盾。也就是说，当 G 中没有 3 阶时，G 中的元素只能是 1 阶元与 2 阶元，即 G 中除单位元 e 外的五个元素都是 2 阶元。从而知 G 是交换群。

在 G 中取两个 2 阶元 a, b，则有 $ab \in G$，易知

$$ab \neq e, \quad ab \neq a, \quad ab \neq b,$$

这样我们在 G 中得到一个含有 4 个元素的子集

$$K = \{e, a, b, ab\},$$

且满足：

$$a^2 = e, \ b^2 = e, \ (ab)^2 = e.$$

根据上面的讨论可得运算表：

·	e	a	b	ab
e	e	a	b	ab
a	a	e	ab	b
b	b	ab	e	a
ab	ab	b	a	e

则 $K \cong B_4$ 是 G 的一个子群,由 **Lagrange** 定理知 G 的子群 K 的阶整除 G 的阶,即 4 整除 6,矛盾.因此,G 中必存在 3 阶元 g,则 $H=(g)$ 即为 G 的 3 阶子群.

习题 2.6

1. 设 H 是 G 的子群,$a,b \in G$,证明以下六个条件是等价的:

(1) $b^{-1}a \in H$;   (2) $a^{-1}b \in H$;

(3) $b \in aH$;   (4) $a \in bH$;

(5) $aH=bH$;   (6) $aH \bigcap bH \neq \varnothing$.

2. 写出 A_4 关于 $H=\{(1),(12)(34),(13)(24),(14)(23)\}$ 的左陪集分解以及右陪集分解.

3. 证明素数阶群一定是循环群.

4. 证明 p^m(p 为素数,$m \geq 1$)阶群一定有一个 p 阶子群.

5. 证明:若 G 为非交换群,则 G 中至少含有 6 个元素,从而说明 S_3 是含有元素个数最少的不可交换群.

6. 找出 A_4 的所有子群,由此证明 **Lagrange** 定理的逆命题不成立.也就是说,对于群 G 的阶 $|G|$ 的某一个因数 k 来说,未必存在 G 的 k 阶子群.

7. 设 H,K 是 G 的子群,那么,
$$HK = \{hk \mid h \in H, k \in K\},$$
$$KH = \{kh \mid k \in K, h \in H\},$$

都是 G 的子群的充分必要条件是 $HK = KH$.

8. 证明 10 阶交换群必为循环群.

§2.7 不变子群与商群

在上节中我们知道,对于群 G 的子群 H 来说,G 中元素 a 的左陪集 aH 与右陪集 Ha 未必相等.但对于某些特殊的子群,有可能对于任意的左陪集都与其右陪集相等,这样的子群在群理论的讨论中占有重要的地位,下面我们进行具体的讨论.

一、不变子群

定义 1 设 H 是 G 的一个子群,如果
$$\forall a \in G, \quad aH = Ha,$$
那么,称 H 是 G 的一个**不变子群**(或称**正规子群**),记作 $H \lhd G$.

对于不变子群 H 来说,因为其左陪集 aH 和右陪集 Ha 都相等,我们就不必区分左、右陪集,通常称为 H 的陪集.

任意一个群 G,单位元子群 $\{e\}$ 与 G 本身都是 G 的不变子群.因为 $\forall a \in G$,有
$$aG = G = Ga,$$
$$a\{e\} = \{ae\} = \{a\} = \{ea\} = \{e\}a.$$
我们称这两个不变子群为群 G 的平凡不变子群.在利用不变子群讨论问题时,重要的是那些除平凡不变子群外的非平凡不变子群.

例 1 设 $G = S_3$,$H = \{(1), (123), (132)\}$,这时,由子群的陪集性质可知,当 $a \in H$ 时,即 $a = (1)$ 或 (123) 或 (132) 时,有
$$aH = H = Ha.$$
下面只需看 S_3 中另外三个元素 $(12), (13), (23)$ 的左、右陪集.然而,我们由计算可得

$$(12)H = \{(12),(13),(23)\} = (13)H = (23)H;$$
$$H(12) = \{(12),(13),(23)\} = H(13) = H(23).$$

即对于 $\forall a \in S_3$，都有 $aH = Ha$. 故 H 是 G 的一个不变子群.

例 2　交换群 G 的任意子群 H 都是 G 的不变子群. 因为 $\forall a \in G$，有

$$aH = \{ah \mid h \in H\} = \{ha \mid h \in H\} = Ha.$$

由于不变子群仅要求 G 的两个形如 aH 与 Ha 的子集相等，这与 G 中任何两个元素 a, b 可交换，即 $ab = ba$，是有区别的. 关于这一点，在以后的学习中应引起注意.

例 3　设 G 为群，G 的中心

$$C = \{x \mid xa = ax, \forall a \in G\},$$

那么 C 是 G 的不变子群.

例 4　设 H 是 G 的一个子群，且 $[G:H] = 2$，则 H 是 G 的不变子群.

$\forall a \in G$，若 $a \in H$，那么，根据 §2.6 定理 1 之推论(4)有

$$aH = H = Ha.$$

若 $a \notin H$，则 $aH \bigcap H = \varnothing$，由题设 $[G:H] = 2$，故 $G = H \bigcup aH$，同样有 $G = H \bigcup Ha$，$H \bigcap Ha = \varnothing$. 也就是说，由

$$H \bigcup aH = H \bigcup Ha \quad 和 \quad H \bigcap aH = H \bigcap Ha = \varnothing,$$

得
$$aH = G - H = Ha,$$

即对于 $\forall a \in G$，均有 $aH = Ha$. 得 H 是 G 的不变子群.

为了方便以下讨论，我们先介绍 G 的两个非空子集乘积的概念.

设 A, B 是群 G 的两个非空子集，那么 G 的子集

$$AB = \{ab \mid a \in A, b \in B\},$$

叫做**子集** A **与** B **的积.**

设 A,B,C 为群 G 的非空子集,由 G 满足结合律,我们容易验证

$$(AB)C = A(BC).$$

因为 $\forall x \in (AB)C$,则存在 $a \in A, b \in B, c \in C$,使

$$x = (ab)c = a(bc) \in A(BC),$$

故 $\qquad\qquad (AB)C \subseteq A(BC).$

另一方面,$\forall x \in A(BC)$,则存在 $a \in A, b \in B, c \in C$,使

$$x = a(bc) = (ab)c \in A(BC),$$

故 $\qquad\qquad A(BC) \subseteq (AB)C.$

所以, $\qquad\qquad (AB)C = A(BC).$

前面讨论的左、右陪集 aH、Ha 都可以看作是两个非空子集的乘积之特例,即取其中一个子集为单元素集 $\{a\}$,例如

$$aH = \{ah \mid h \in H\} = \{xh \mid x \in \{a\}, h \in H\} = \{a\}H,$$

一个单元素集 $\{x\}$ 与任一集合 A 之积,我们记作 xA 或 Ax.

判别一个子群是否为不变子群,除直接按定义验证外,我们还用下列等价条件:

定理1 设 H 是 G 的子群,则下面四个条件等价:

(1) H 是 G 的不变子群;

(2) $\forall a \in G$,有 $aHa^{-1} = H$;

(3) $\forall a \in G$,有 $aHa^{-1} \subseteq H$;

(4) $\forall a \in G, \forall h \in H$,有 $aha^{-1} \in H$.

证明 我们按照如下途径证明:

$$(1) \Rightarrow (2) \Rightarrow (3) \Rightarrow (4) \Rightarrow (1).$$

$(1) \Rightarrow (2)$ 因 H 是 G 的不变子群,故对于 $\forall a \in G$ 有 $aH =$

Ha，于是

$$aHa^{-1} = (aH)a^{-1} = (Ha)a^{-1} = H(aa^{-1}) = He = H.$$

(2) $\Rightarrow$ (3)   显然.

(3) $\Rightarrow$ (4)   由于 $aHa^{-1} \subseteq H$，故 $\forall a \in G, \forall h \in H$，有

$$aha^{-1} \in H.$$

(4) $\Rightarrow$ (1)   任意取定 $a \in G$，要证 $aH = Ha$.

对于 $\forall ah \in aH$，由于 $aha^{-1} \in H$，则存在 $h_1 \in H$，使

$$aha^{-1} = h_1 \quad \Rightarrow \quad ah = h_1 a \in Ha \quad \Rightarrow \quad aH \subseteq Ha;$$

另一方面，$\forall ha \in Ha$，由于

$$a^{-1}ha = a^{-1}h(a^{-1})^{-1} \in H,$$

故存在 $h_2 \in H$，使

$$a^{-1}ha = h_2 \quad \Rightarrow \quad ha = ah_2 \in aH \quad \Rightarrow \quad Ha \subseteq aH.$$

所以，对于 $\forall a \in G$，有 $aH = Ha$. 从而证得 H 是 G 的不变子群.

由定理 1 知，我们判断一个子群是不是不变子群，除了运用不变子群的定义外，也可以用 (2)、(3)、(4) 中的任何一种. 一般来说，(4) 使用起来比较方便，因为这个条件只涉及到元素 aha^{-1} 是不是在 H 中，而不必去判断两个子集是否相等.

例 5 设

$$G = \left\{ \begin{pmatrix} r & s \\ 0 & 1 \end{pmatrix} \middle| r,s \in \mathbf{Q}, r \neq 0 \right\}.$$

则 G 对于矩阵的乘法运算作成一个群，且

$$\begin{pmatrix} r & s \\ 0 & 1 \end{pmatrix}^{-1} = \begin{pmatrix} r^{-1} & -r^{-1}s \\ 0 & 1 \end{pmatrix},$$

令 $H = \left\{ \begin{pmatrix} 1 & t \\ 0 & 1 \end{pmatrix} \middle| t \in \mathbf{Q} \right\}$，容易验证 H 是 G 的一个子群.

因为 $\forall \begin{pmatrix} r & s \\ 0 & 1 \end{pmatrix} \in G, \begin{pmatrix} 1 & t \\ 0 & 1 \end{pmatrix} \in H$，有

$$\begin{pmatrix} r & s \\ 0 & 1 \end{pmatrix} \begin{pmatrix} 1 & t \\ 0 & 1 \end{pmatrix} \begin{pmatrix} r & s \\ 0 & 1 \end{pmatrix}^{-1}$$

$$= \begin{pmatrix} r & rt+s \\ 0 & 1 \end{pmatrix} \begin{pmatrix} r^{-1} & -r^{-1}s \\ 0 & 1 \end{pmatrix} = \begin{pmatrix} 1 & rt \\ 0 & 1 \end{pmatrix} \in H.$$

得 H 是 G 的不变子群(这样验证不变子群要比利用其他条件方便些,请读者自行比较).

对于子群我们有：如果 H 是 G 的子群, K 又是 H 的子群,那么 K 必是 G 的子群.但对于不变子群来说就没有相应的结果,即 G 的不变子群 H 的不变子群 K 未必是 G 的不变子群.请看下面的反例.

在例 5 中,我们有 H 是 G 的不变子群.令

$$K = \left\{ \begin{pmatrix} 1 & n \\ 0 & 1 \end{pmatrix} \middle| n \in \mathbf{Z} \right\},$$

容易验证 K 是 H 的一个子群.

由于 $\forall \begin{pmatrix} 1 & s \\ 0 & 1 \end{pmatrix}, \begin{pmatrix} 1 & t \\ 0 & 1 \end{pmatrix} \in H$，有

$$\begin{pmatrix} 1 & s \\ 0 & 1 \end{pmatrix} \begin{pmatrix} 1 & t \\ 0 & 1 \end{pmatrix} = \begin{pmatrix} 1 & s+t \\ 0 & 1 \end{pmatrix} = \begin{pmatrix} 1 & t \\ 0 & 1 \end{pmatrix} \begin{pmatrix} 1 & s \\ 0 & 1 \end{pmatrix},$$

所以 H 是一个交换群,从而得 H 的任意子群必是不变子群,所以 K 也是 H 的不变子群.但是, K 不是 G 的不变子群.例如,我们取 $\begin{pmatrix} 1 & 1 \\ 0 & 1 \end{pmatrix} \in K, \begin{pmatrix} 0.5 & 1 \\ 0 & 1 \end{pmatrix} \in G$，则

$$\begin{pmatrix} 0.5 & 1 \\ 0 & 1 \end{pmatrix} \begin{pmatrix} 1 & 1 \\ 0 & 1 \end{pmatrix} \begin{pmatrix} 0.5 & 1 \\ 0 & 1 \end{pmatrix}^{-1} = \begin{pmatrix} 1 & 0.5 \\ 0 & 1 \end{pmatrix} \notin K.$$

二、商群

如果 H 仅是 G 的一个子群,那么 H 的两个左陪集之积未必仍是 H 的左陪集,例如,当 $G = S_3$,$H = \{(1),(12)\}$ 时,

$$[(1)H] \cdot [(13)H] = \{(1),(12)\} \cdot \{(13),(123)\}$$
$$= \{(1)(13),(1)(123),(12)(13),(12)(123)\}$$
$$= \{(13),(123),(132),(23)\},$$

也就是说,商集合 $G/H = \{aH \mid a \in G\}$ 对于集合乘积这个二元运算未必封闭.但是,对于不变子群来说,我们有

定理 2 设 H 是 G 的一个不变子群,G/H 表示 H 的所有左陪集作成的集合,即

$$G/H = \{aH \mid a \in G\},$$

则 G/H 关于运算:

$$\forall aH, bH \in G/H, \quad (aH)(bH) = (ab)H$$

作成一个群.

证明 事实上,这里所定义的运算与两个子集的乘积是一致的.因为,根据子集的乘积运算满足结合律,有

$$(aH)(bH) = a(Hb)H = a(bH)H = (ab)(HH),$$

由于 H 是 G 的子群,则有 $HH = H$,所以,

$$(aH)(bH) = (ab)H.$$

首先我们来证明运算的定义是合理的.

如果 $aH = a'H, bH = b'H$,即 $a \in aH = a'H, b \in bH = b'H$,那么,存在 $h_1, h_2 \in H$,使得

$$a = a'h_1, \ b = b'h_2,$$

从而有

$$ab = (a'h_1)(b'h_2) = a'(h_1 b')h_2,$$

由于 H 是 G 的不变子群,则

$$h_1 b' \in Hb' = b'H,$$

所以,存在 $h_3 \in H$,使得 $h_1 b' = b'h_3$,得

$$ab = a'(h_1 b')h_2 = a'(b'h_3)h_2 = (a'b')(h_3 h_2) \in (a'b')H,$$

由此我们得到 $(ab)H = (a'b')H$,即其运算结果与代表元的取法无关.

其次,再来证明 G/H 作成一个群. 由于集合的乘积满足结合律,故 G/H 关于上述代数运算满足结合律,

又 $\forall aH \in G/H$,有

$$(eH)(aH) = (ea)H = aH = (ae)H = (aH)(eH),$$

故 $eH = H$ 是 G/H 的单位元;且

$$(aH)(a^{-1}H) = (aa^{-1})H = eH = H,$$
$$(a^{-1}H)(aH) = (a^{-1}a)H = eH = H,$$

即 aH 的逆元为 $(aH)^{-1} = a^{-1}H$. 从而证明了 G/H 关于陪集的乘法运算作成一个群.

定义 2　由群 G 的不变子群 H 的所有陪集作成的商集合 G/H 作成的群,叫做 G 关于不变子群 H 的**商群**,其代数运算为

$$(aH)(bH) = (ab)H, \quad \forall aH, \ bH \in G/H.$$

因为子群 H 在 G 中的指数 $[G:H]$ 就是 H 的陪集个数,即 G/H 中所含元素个数就是 H 在 G 中的指数,也就是说

$$|G/H| = [G:H].$$

当 G 为有限群时,根据 **Lagrange** 定理有

$$|G| = |G/H| \cdot |H|.$$

例 6 设 $G = (\mathbf{Z}, +), H = (m) = \{km \mid k \in \mathbf{Z}\}$，则 H 是 $\mathbf{Z}$ 的一个不变子群，H 在 $\mathbf{Z}$ 中的陪集恰有 m 个，即商群 G/H 有 m 个元素：

$$H, 1 + H, 2 + H, \cdots, (m-1) + H,$$

其中 $h + H = \{h + km \mid k \in \mathbf{Z}\}$，恰好是 h 所在的以 m 为模的剩余类 $\bar{h}$，即 $h + H = \bar{h}$. 所以作为集合，我们有

$$\mathbf{Z}_m = \mathbf{Z}/H = \mathbf{Z}/(m).$$

而且以 m 为模的剩余类的运算与陪集的运算是一致的，所以，作为加群仍有 $\mathbf{Z}_m = \mathbf{Z}/H = \mathbf{Z}/(m)$.

例 7 设 $G = S_3, A_3 = \{(1), (123), (132)\}$，则 S_3/A_3 含有两个元素，$S_3/A_3 = \{A_3, (12)A_3\}$，它的乘法运算表为：

$\cdot$	A_3	$(12)A_3$
A_3	A_3	$(12)A_3$
$(12)A_3$	$(12)A_3$	A_3

定理 3 设 $f: G \to G'$ 是一个群同态映射，且 $H \lhd G, H' \lhd G'$，那么

(1) $f^{-1}(H') \lhd G$；

(2) f 为满同态时，$f(H) \lhd G'$.

此定理的证明留作习题.

习题 2.7

1. 设 G 是交换群，那么 G 的商群仍是交换群.

2. 设 H, K 是 G 的两个不变子群，证明 HK 和 $H \cap K$ 都是 G 的不变子群.

3. 证明循环群的商群仍是循环群.

4. 证明 $B_4 = \{(1),(12)(34),(13)(24),(14)(23)\}$ 是 A_4 的不变子群. 进一步在 S_4 中举出一个不变子群的不变子群不是不变子群的例子.

5. 设 G 含有 8 个元素:

$$\pm\begin{pmatrix} 1 & 0 \\ 0 & 1 \end{pmatrix}, \pm\begin{pmatrix} i & 0 \\ 0 & -i \end{pmatrix}, \pm\begin{pmatrix} 0 & 1 \\ -1 & 0 \end{pmatrix}, \pm\begin{pmatrix} 0 & i \\ i & 0 \end{pmatrix},$$

(其中 $i^2 = -1$),证明:G 关于矩阵乘法作成一个群,并且 G 的每一个子群都是不变子群.

6. 证明本节定理 3.

7. 设 H 是群 G 的一个子群,证明:

(1) 对于每一个 $a \in G$,集合 aHa^{-1} 是一个 G 的子群(称它为 H 的**共轭子群**),并且 $H \cong aHa^{-1}$;

(2) 对于群 G 的两个子群 H_1, H_2,如果存在 $a \in G$,使得 $aH_1a^{-1} = H_2$,则称子群 H_1 与 H_2 **共轭**. 在 S_4 中,求出所有与 $H = \{(1),(123),(132)\}$ 共轭的子群.

8. 设 G 是有限群,H 是 G 的 n 阶子群,如果 H 是 G 仅有的一个 n 阶子群,则 H 是 G 的不变子群.

9. 设

$$G = \overline{M_n(\mathbf{Q})} = \{\text{有理数域上所有 } n \text{ 阶可逆矩阵}\},$$
$$H = \{A \mid A \in G, \mid A \mid = 1\},$$

证明:H 是 G 的不变子群.

10. 设 A, B 是 G 的子群,C 是由 G 的子集 $A \cup B$ 生成的子群,若 B 是 C 的不变子群,则 $C = AB$.

§2.8 同态基本定理

本节讨论不变子群、商群和同态映射三者之间的关系,由此将得到几个重要的定理.

定理 1 设 $f: G \rightarrow G'$ 是一个群同态,则 $\mathbf{Ker} f \lhd G$;反之,设 N 是 G 的不变子群,则映射

$$\psi: G \rightarrow G/N, \quad a \mapsto aN,$$

是核为 N 的一个满同态.

证明 由于 $\{e'\}$ 是 G' 不变子群,且 $\mathbf{Ker} f = f^{-1}(e')$,根据 §2.7定理 3 知,$\mathbf{Ker} f \lhd G$.

反之,$\psi: G \rightarrow G/N, a \mapsto aN$,显然是 G 到 G/N 的满射.而且

$$\psi(ab) = (ab)N = (aN)(bN) = \psi(a)\psi(b),$$

故 ψ 是满同态.又

$$\mathbf{Ker}\psi = \{a \in G \mid \psi(a) = N\} = \{a \in G \mid aN = N\} = N.$$

所以,ψ 是核为 N 的一个同态满射. ■

定理中的满同态

$$\psi: G \rightarrow G/N, \quad a \mapsto aN$$

称为 G 到其商群 G/N 的**自然同态**.以后对同态满射 $\psi: G \rightarrow G/N$ ($N \lhd G$)总是指自然同态,除非作特殊说明.

我们根据定理 1 来作如下分析:设 f 是 G 到 G' 的一个同态满射,由 f 可以得到一个同态象 $\mathbf{Im} f \lhd G'$ 和 $\mathbf{Ker} f \lhd G$,并且由不变子群 $N = \mathbf{Ker} f$ 又得到自然同态 $\psi: G \rightarrow G/N$ 及同态象 $\mathbf{Im}\psi = G/N$. 由于 $\mathbf{Im} f, \mathbf{Ker} f, \mathbf{Im}\psi$ 都是由同态满射 f 导出的,那么它们之间必定有某些必然的联系.下面的定理就是来具体揭示它们之间的联系的.

定理 2 (同态基本定理)设 f 是群 G 到 G' 的一个同态映射,令 $N = \mathbf{Ker} f$,则存在 G/N 到 G' 的唯一的单同态 f_*,使得 $f = f_* \circ \psi$,其中 ψ 是 G 到 G/N 的自然同态.

证明 令

$$f_*: G/N \rightarrow G', aN \mapsto f(a), \forall a \in G,$$

下面来证明 f_* 满足定理要求.

首先来证明 f_* 与代表元素的选取无关. 设 $aN = bN$, 那么 $b \in aN$, 即存在 $n \in N$, 使得 $b = an$, 则

$$f_*(bN) = f(b) = f(an) = f(a)\, f(n) = f(a)e' = f(a) = f_*(aN),$$

所以由 f_* 所定义映射是合理的.

其次, 由于 $\forall\, aN, bN \in G/N$, 有

$$f_*[(aN)(bN)] = f_*[(ab)N] = f(ab) = f(a)\, f(b)$$
$$= f_*(aN)\, f_*(bN),$$

得 f_* 保持运算, 即 f_* 是一个同态映射, 而且

$$\begin{aligned}
\mathbf{Ker} f_* &= \{aN \in G/N \mid f_*(aN) = e'\} \\
&= \{aN \in G/N \mid f(a) = e'\} \\
&= \{aN \in G/N \mid a \in \mathbf{Ker} f = N\} \\
&= N.
\end{aligned}$$

因为 N 为 G/N 的单位元, 根据 §2.3 定理 2 知, f_* 为单同态. 再根据 f_* 的定义, 对于 $\forall\, a \in G$,

$$(f_* \circ \varphi)(a) = f_*(\varphi(a)) = f_*(aN) = f(a),$$

所以 $f_* \circ \varphi = f$.

最后证明唯一性. 若有 $g_* : G/N \to G'$, 也有 $g_* \circ \varphi = f$, 那么, 我们有

$$f_* \circ \varphi = g_* \circ \varphi,$$

而 φ 满射, 由 §1.2 习题 5 知, 存在 $h : G/N \to G$, 使得

$$\varphi \circ h = I_{G/N},$$

即有 $\qquad (f_* \circ \varphi) \circ h = (g_* \circ \varphi) \circ h,$

得 $\qquad\qquad\qquad f_* = g_*.$

这个定理可以由下图表示:

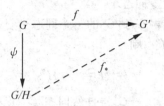

即 G 到 G' 的同态映射 f 还可以经过另一条途径来实现,即存在唯一的单同态 f_* 使上图可换.

由定理 2 容易得到

定理 3 设 G 是一个群,则 G 的任意一个商群都是 G 的同态象;反之,若 G' 是 G 的同态象,即 $G' = f(G)$,则

$$G/\mathbf{Ker}f \overset{f_*}{\cong} G',$$

也就是说,G 的同态象必与 G 的某个商群同构.

证明 此定理的前半部分即是定理 1 的后半部分.而此定理的后半部分即是定理 2 的直接结果,由于 f 为满射,而由 $f_* \circ \psi = f$ 知 f_* 必为满射,再根据定理 2 得 f_* 是同构映射,所以

$$G/\mathbf{Ker}f \overset{f_*}{\cong} G'. \quad ■$$

这个定理告诉我们,一个群 G 的同态象 **Im** f 与 G 的商群 $G/\mathbf{Ker}f$ 在同构意义下是同一个群.而商群与不变子群是可以相互确定的,因此对于一个群 G 来说,找出群 G 的所有不变子群,就可以作出 G 所有商群,从而可得在同构意义下 G 的所有同态象.

例 1 如果一个群 G 只有平凡的不变子群 $\{e\}$ 与 G,那么称 G 为·单·群.设 f 是群 G 到 G' 的一个同态映射,若 G 是单群,则 f 是单同态,或者是零同态.

因为 $\mathbf{Ker}f$ 是群 G 的不变子群,而 G 的不变子群只有 $\{e\}$ 或 G,故 $\mathbf{Ker}f = \{e\}$ 或 $\mathbf{Ker}f = G$.当 $\mathbf{Ker}f = \{e\}$ 时,f 为单同态;当

$\mathbf{Ker}f = G$ 时，f 为零同态.

例 2 设 f 是群 G 到 G' 的一个同态满射，H' 是 G' 的不变子群，设 $H = f^{-1}(H')$，则

$$G/H \cong G'/H'.$$

将同态满射 $f: G \to G'$ 与自然同态 $\psi: G' \to G'/H'$ 合成，得到同态满射

$$\psi \circ f: G \to G'/H',$$
$$x \mapsto (\psi \circ f)(x) = \psi(f(x)) = f(x)H', \ \forall\, x \in G,$$

如果能够证明 $\mathbf{Ker}(\psi \circ f) = H$，则由定理 3 可得

$$G/H = G/\mathbf{Ker}(\psi \circ f) \cong G'/H'.$$

事实上，$\forall\, x \in \mathbf{Ker}(\psi \circ f)$，有

$$H' = (\psi \circ f)(x) = \psi(f(x)) = f(x)H',$$

得到 $f(x) \in H'$，即 $x \in H$，从而有 $\mathbf{Ker}(\psi \circ f) \subseteq H$.

反过来，$\forall\, x \in H$，有 $f(x) \in H'$，

$$(\psi \circ f)(x) = \psi(f(x)) = f(x)H' = H',$$

即 $x \in \mathbf{Ker}(\psi \circ f)$，得 $H \subseteq \mathbf{Ker}(\psi \circ f)$.

所以，$\qquad\qquad H = \mathbf{Ker}(\psi \circ f)$.

例 3 设 G, G' 分别为 m, n 阶的循环群，证明当且仅当 $n \mid m$ 时，$G \sim G'$.

设 f 是群 G 到 G' 的同态满射，由定理 3 知 $G' \cong G/\mathbf{Ker}f$. 由于 G' 的阶为 n，故 $G/\mathbf{Ker}f$ 的阶数也是 n，即 G 中含有子群 $\mathbf{Ker}f$，使 $[G:\mathbf{Ker}f] = n$，而

$$m = |G| = [G:\mathbf{Ker}f] \cdot |\mathbf{Ker}f| = n \cdot |\mathbf{Ker}f|,$$

得 $n \mid m$.

反之，如果 $n \mid m$，由于 G 与 G' 都是循环群，我们可设 $G = (a)$，

$G' = (b)$,令

$$f: G \to G',\ a^k \mapsto b^k,$$

则 f 是 G 到 G' 的映射,因为

$$a^k = a^l \ \Rightarrow \ a^{k-l} = e \ \Rightarrow \ m \mid (k - l)$$
$$\Rightarrow \ n \mid (k - l) \ \Rightarrow \ b^{k-l} = e \ \Rightarrow \ b^k = b^l,$$

也就是说,对于 G 中的每一个元素,不论其表示法如何,在 f 下的象总是唯一的,故 f 是 G 到 G' 的映射,显然 f 为满射,且 f 保持运算. 从而得 $G \sim G'$.

从例 3 前半部分的证明可以看到:其证明过程中并没有用到循环群这个条件,因此,我们可以得到如下结果:

若 G 与 G' 都是有限群,且 $G \sim G'$,那么,G' 的阶整除 G 的阶.

例 4 设 $G \overset{f}{\sim} G'$,H, H' 分别为 G, G' 的不变子群,且 $f(H) \subseteq H'$,则存在 G/H 到 G'/H' 的满同态 f_* 使得下列映射图可交换:

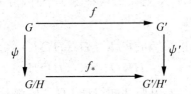

即 $\psi' \circ f = f_* \circ \psi$,其中 ψ' 与 ψ 分别为 G 到 G/H 和 G' 到 G'/H' 的自然同态.

令

$$f_*: G/H \to G'/H',\ aH \mapsto f(a)H',\ \forall aH \in G/H,$$

因为

$$aH = bH \ \Rightarrow \ a^{-1}b \in H$$
$$\Rightarrow \ [f(a)]^{-1} f(b) = f(a^{-1}b) \in f(H) \subseteq H'$$
$$\Rightarrow \ f(a)H' = f(b)H',$$

故 f_* 确是 G/H 到 G'/H' 的一个映射.

$\forall b'H' \in G'/H'$,因为 $b' \in G'$,由 f 为满射知,存在 $a \in G$,使得 $f(a) = b'$,因此,存在 $aH \in G/H$,使得

$$f_*(aH) = f(a)H' = b'H',$$

得 f_* 为满射.

又因为 $\forall\, aH, bH \in G/H$,有

$$f_*[(aH)(bH)] = f_*[(ab)H]$$
$$= f(ab)H' = [f(a)\,f(b)]H'$$
$$= [f(a)H'][f(b)H'] = f_*(aH)\,f_*(bH).$$

所以 f_* 是 G/H 到 G'/H' 的一个同态满射.且对于 $\forall a \in G$,有

$$(\psi' \circ f)(a) = \psi'(f(a)) = f(a)H',$$
$$(f_* \circ \psi)(a) = f_*(\psi(a)) = f_*(aH) = f(a)H',$$

所以,$\psi' \circ f = f_* \circ \psi$.

定理 4 设 H, K 是 G 的两个不变子群,则 $HK, H \bigcap K$ 都是 G 的不变子群,且

$$HK/K \cong H/(H \bigcap K),$$
$$HK/H \cong K/(H \bigcap K).$$

证明 由 §2.7 习题 2 知,$HK, H \bigcap K$ 都是 G 的不变子群.由于 $K \lhd G$,且 $K \subseteq HK$,故 $K \lhd HK$.另外,也有 $(H \bigcap K) \lhd H$.所以,商群 HK/K 和 $H/(H \bigcap K)$ 都有意义.

作 $\qquad f: H \to HK/K, h \mapsto hK, \forall h \in H,$
则 f 是 H 到 HK/K 的映射.

$\forall (hk)K \in HK/K$,由于 $k \in K$,则有 $(hk)K = hK$,在 f 下有原象 h,使得

$$f(h) = hK = (hk)K,$$

故 f 为满射.易见 f 保持运算.再根据定理 3,我们只需证明 **Ker** f

$= H \bigcap K$ 即可. 因

$$\mathbf{Ker} f = \{h \mid h \in H, f(h) = K\}$$
$$= \{h \mid h \in H, hK = K\}$$
$$= \{h \mid h \in H, h \in K\} = H \bigcap K.$$

所以，$\qquad HK/K \cong H/(H \bigcap K).$

同理可得 $\qquad HK/H \cong K/(H \bigcap K).$ ■

在上面的定理中，如果只要求一个同构式成立，则定理的条件可放宽些. 例如，设 K 是群 G 的不变子群，H 是 G 的子群，也有

$$HK/K \cong H/(H \bigcap K).$$

例 5 设 H 是群 G 的不变子群，且 $[G : H] = m$，$|H| = n$，$(m, n) = 1$，证明：H 是 G 的唯一的一个 n 阶子群.

设 K 是 G 的一个 n 阶子群，我们希望证明 $H = K$. 为此，考虑商群 HK/H，因 H 是不变子群，HK 是 G 中包含 H 的子群，则 HK/H 有意义. 如果能证明 $|HK/H| = 1$，那么有 $HK = H$，即得 $K \subseteq H$，而 K 与 H 均含有 n 个元素，所以 $H = K$.

设 $|HK/H| = l$，由于 HK/H 是 G/H 的子群，而

$$|G/H| = [G : H] = m,$$

故 $l \mid m$，又由定理 4 知

$$HK/H \cong K/(H \bigcap K),$$

即 $|K/(H \bigcap K)| = |HK/H| = l$，但

$$n = |K| = [K : (H \bigcap K)] \cdot |H \bigcap K|$$
$$= |K/(H \bigcap K)| \cdot |H \bigcap K| = l \cdot |H \bigcap K|,$$

故 $l \mid n$. 由于 $(m, n) = 1$，所以只有 $l = 1$.

综上所述，有 $H = K$，得 H 是 G 的唯一的一个 n 阶子群.

熟练掌握商群、同态、同构等概念以及熟练地运用同态基本定理是学习抽象代数的基本功，希望读者对本节内容给予足够的重

视.以上所举例子,只要熟悉定理内容,按题目要求去做就可以得出所需的结论.

习题 2.8

1. 设 $f: G \rightarrow G'$ 是同态映射,$a \in G$,$|a| = n$.证明:$f(a)$ 的阶是 n 的因数.

2. 设 $G = \{2^m 3^n \mid m, n \in \mathbf{Q}\}$,关于数的乘法作成群,作映射

$$f: 2^m 3^n \mapsto 2^m,$$

证明:f 是 G 到 G 的同态映射,且求 $f(G)$,$\mathbf{Ker} f$.

3. 设 $\mathbf{Z}_{30} = \{\overline{0}, \overline{1}, \overline{2}, \cdots, \overline{29}\}$,

$\mathbf{Z}_5 = \{[0], [1], [2], [3], [4]\}$.

证明:$\mathbf{Z}_{30}/(\overline{5}) \cong \mathbf{Z}_5$.

4. 设 f 为 G 到 G' 的同态满射,$\mathbf{Ker} f = K$,H 是 G 的子群,证明:$f^{-1}(f(H)) = HK$.

5. 设 $N \lhd G$,$K \lhd G$,如果 $N \bigcap K = \{e\}$,$(N \bigcup K) = G$,则

$$G/N \cong K.$$

6. 设 H_1, H_2, N 都是群 G 的不变子群,且 $H_1 \subseteq H_2$,证明:

$H_1 N \lhd H_2 N$ 且 $H_1 N/N \lhd H_2 N/N$.

7. 设 G 是一个群,$a, b \in G$,记

$\langle a, b \rangle = a^{-1} b^{-1} ab$,

称为 G 的换位元,证明:

(1) G 的有限个换位元的乘积全体所成的集合 G' 是 G 的不变子群;

(2) G/G' 为交换群;

(3) 若 $H \lhd G$,且 G/H 为交换群,则 $G' \subseteq H$.

§2.9 群的直积

前面我们已经看到,给定一个群 G,可以得出某些相关的群,例如,子群、不变子群、商群等. 在这一节中,我们将讨论由给定的一些群,通过作"积"的方法来构造一个新的群——群的直积.

定义1 设 G_1,G_2 是两个群,卡氏积

$$G_1 \times G_2 = \{(a_1,a_2) \mid a_1 \in G_1, a_2 \in G_2\},$$

$\forall (a_1,a_2),(b_1,b_2) \in G_1 \times G_2$,关于乘法

$$(a_1,a_2)(b_1,b_2) = (a_1b_1,a_2b_2)$$

作成的群叫做群 G_1,G_2 **的直积**,仍记为 $G_1 \times G_2$.

设 G_1 的单位元为 e_1,G_2 的单位元为 e_2,则 $G_1 \times G_2$ 的单位元为 (e_1,e_2).

$\forall (a,b) \in G_1 \times G_2$,有

$$(a,b)^{-1} = (a^{-1},b^{-1}).$$

当 G_1,G_2 均为有限群时,$G_1 \times G_2$ 也为有限群,且

$$|G_1 \times G_2| = |G_1| \cdot |G_2|.$$

当 G_1,G_2 都是交换群时,$G_1 \times G_2$ 也是交换群.

如果 G_1,G_2 都是加群(运算写作"$+$")时,则用 $G_1 \oplus G_2$ 来表示 G_1,G_2 的**直和**,其运算为

$$(a_1,a_2) + (b_1,b_2) = (a_1 + b_1,a_2 + b_2).$$

例1 给出以 2 为模的剩余类加群 $\mathbf{Z}_2 = \{\overline{0},\overline{1}\}$,则 $\mathbf{Z}_2$ 与 $\mathbf{Z}_2$ 的直和是

$$\mathbf{Z}_2 \oplus \mathbf{Z}_2 = \{(\overline{0},\overline{0}),(\overline{0},\overline{1}),(\overline{1},\overline{0}),(\overline{1},\overline{1})\},$$

其运算表为

+	$(\bar{0},\bar{0})$	$(\bar{0},\bar{1})$	$(\bar{1},\bar{0})$	$(\bar{1},\bar{1})$
$(\bar{0},\bar{0})$	$(\bar{0},\bar{0})$	$(\bar{0},\bar{1})$	$(\bar{1},\bar{0})$	$(\bar{1},\bar{1})$
$(\bar{0},\bar{1})$	$(\bar{0},\bar{1})$	$(\bar{0},\bar{0})$	$(\bar{1},\bar{1})$	$(\bar{1},\bar{0})$
$(\bar{1},\bar{0})$	$(\bar{1},\bar{0})$	$(\bar{1},\bar{1})$	$(\bar{0},\bar{0})$	$(\bar{0},\bar{1})$
$(\bar{1},\bar{1})$	$(\bar{1},\bar{1})$	$(\bar{1},\bar{0})$	$(\bar{0},\bar{1})$	$(\bar{0},\bar{0})$

从运算表可以看出 $\mathbf{Z}_2 \oplus \mathbf{Z}_2$ 与 **Klein** 四元群同构. 由此还可以看出两个循环群的直积未必是循环群.

例 2 令 C_n 表示 n 阶循环群,则

$$C_3 \times C_5 \cong C_{15}.$$

因为

$$|C_3 \times C_5| = |C_3| \cdot |C_5| = 3 \times 5 = 15,$$

要证 $C_3 \times C_5$ 与 C_{15} 同构,那么,由 §2.4 定理 2 知,只要证 $C_3 \times C_5$ 为循环群,即证 $C_3 \times C_5$ 中含有一个 15 阶的元素.

设 $C_3 = (a)$,$C_5 = (b)$,则 $|a| = 3$,$|b| = 5$.

考虑元素 $(a,b) \in C_3 \times C_5$,我们有

$$(a,b)^{15} = (a^{15}, b^{15}) = (e_1, e_2),$$

其中 e_1,e_2 分别为 G_1,G_2 的单位元.

另一方面,若 $|(a,b)| = n$,则

$$(a,b)^n = (a^n, b^n) = (e_1, e_2),$$

得 $a^n = e_1$,$b^n = e_2$,即 $3 \mid n$,$5 \mid n$,有 $15 \mid n$.

从而得元素 (a,b) 的阶为 15. 所以

$$C_3 \times C_5 \cong C_{15}.$$

一般地,如果 $(m,n) = 1$,那么,

$$C_m \times C_n \cong C_{mn}.$$

在直积 $G_1 \times G_2$ 中,令

$$G_1' = \{(x, e_2) \mid x \in G_1, e_2 \text{ 为 } G_2 \text{ 的单位元}\},$$
$$G_2' = \{(e_1, y) \mid y \in G_2, e_1 \text{ 为 } G_1 \text{ 的单位元}\},$$

容易验证 G_1', G_2' 是 $G_1 \times G_2$ 的不变子群,并且

$$G_1 \cong G_1', \quad G_2 \cong G_2'.$$

进一步,$G_1' \bigcap G_2'$ 中仅含有一个元素,即仅含 $G_1 \times G_2$ 的单位元 (e_1, e_2).

$\forall (x, y) \in G_1 \times G_2$,则有

$$(x, y) = (x, e_2)(e_1, y),$$

其中 $(x, e_2) \in G_1'$, $(e_1, y) \in G_2'$. 假如还有

$$(x, y) = (x', e_2)(e_1, y'),$$

则有 $$(x', e_2) = (x, e_2), \quad (e_1, y') = (e_1, y).$$

这就表明:

$$G_1 \times G_2 = G_1' G_2',$$

并且 $G_1 \times G_2$ 中每一个元素表示成 G_1', G_2' 中的元素的积时,其表示法是唯一的. 这个事实的逆命题也成立,即

定理 1 设 G 有两个不变子群 G_1, G_2,使得 G 的每一个元素 a,可以唯一地表示成 $a = xy$,其中 $x \in G_1$, $y \in G_2$,则

$$G \cong G_1 \times G_2.$$

证明 因为 G_1, G_2 是 G 的不变子群,故 $G_1 G_2$ 也是 G 的不变子群. 由条件,G 中的每一个元素都可以表示成 G_1, G_2 的元素之积,所以 $G_1 G_2 = G$. 作映射

$$f: G_1 \times G_2 \to G, \quad (x, y) \mapsto xy, \quad x \in G_1, y \in G_2,$$

由题设

$$xy = x'y' \implies x = x', y = y' \implies (x,y) = (x',y'),$$

故 f 为单射.

又 $\forall a \in G$,则存在 $x \in G_1$,$y \in G_2$,使得 $a = xy$,故

$$f(x,y) = xy = a,$$

即 f 是一个满射.

下面证明 f 保持运算. 由表示法唯一,我们可以得到

$$G_1 \bigcap G_2 = \{e\}.$$

事实上,若 $a \in G_1 \bigcap G_2$,$a \neq e$,那么,a 有以下两种表示法:

$$a = a \cdot e = e \cdot a,$$

这与表示法唯一不符,所以 $G_1 \bigcap G_2 = \{e\}$.

$\forall x \in G_1$,$y \in G_2$,由于 G_1,G_2 都是 G 的不变子群,所以,

$$yx^{-1}y^{-1} \in G_1, \quad xyx^{-1} \in G_2,$$

从而我们有

$$xyx^{-1}y^{-1} = x(yx^{-1}y^{-1}) \in G_1,$$
$$xyx^{-1}y^{-1} = (xyx^{-1})y^{-1} \in G_2,$$

得 $xyx^{-1}y^{-1} \in G_1 \bigcap G_2$,即 $xyx^{-1}y^{-1} = e$,所以,$xy = yx$.

有了这些准备工作,我们就可以来证明 f 保持运算了.

$\forall (x,y), (x',y') \in G_1 \times G_2$,有

$$f[(x,y)(x',y')]$$
$$= f(xx',yy') = (xx')(yy')$$
$$= x(x'y)y' = x(yx')y' = (xy)(x'y')$$
$$= f(x,y) \, f(x',y').$$

综上所述,我们得到

$$G_1 \times G_2 \stackrel{f}{\cong} G.$$

由于 $G \cong G_1 \times G_2$，我们将它们看作是同一个群，因此，我们有

定义 2　设 G 是一个群，G_1，G_2 是 G 的子群，如果满足：

(1) G_1，G_2 都是 G 的不变子群；

(2) $\forall a \in G$，均可以唯一地表示为

$$a = xy, \ x \in G_1, \ y \in G_2.$$

则称 G 为**子群 G_1 与 G_2 的直积**，我们仍记为 $G = G_1 \times G_2$.

为了区别于前面所定义的积，我们将子群的直积叫做**内部直积**；而将定义 1 的 $G_1 \times G_2$ 称作**外部直积**.

从定理 1 的证明过程中可以看到，若对于群 G 有子群 G_1，G_2 满足上述条件 (1)，(2)，则有

(3) $G = G_1 G_2$；

(4) $G_1 \bigcap G_2 = \{e\}$；

(5) $\forall x \in G_1, y \in G_2$，有 $xy = yx$.

其实 (3)，(4)，(5) 也可以作为直积的等价条件，因此，有

定理 2　设 G_1，G_2 是群 G 的子群，那么 G 是 G_1，G_2 的直积的充分必要条件是 (3)，(4)，(5) 成立.

证明　由上述讨论知必要性成立.

只需证明充分性，即由 (3)，(4)，(5) 成立，证明 (1)，(2) 也成立.

$\forall a \in G, x' \in G_1$，即存在 $x \in G_1, y \in G_2$，使得 $a = xy$，所以

$$ax'a^{-1} = (xy)x'(xy)^{-1} = x(yx')y^{-1}x^{-1}$$
$$= xx'yy^{-1}x^{-1} = xx'x^{-1} \in G_1,$$

即 $G_1 \lhd G$.

另外，$\forall y' \in G_2$，同样有

$$ay'a^{-1} = (xy)y'(xy)^{-1} = x(yy'y^{-1})x^{-1}$$
$$= xx^{-1}(yy'y^{-1}) = yy'y^{-1} \in G_2,$$

也有 $G_2 \lhd G$. 得(1)成立.

若要证(2),则由(3)可知,只要证表示法唯一.

若 $a = xy = x'y'$,则

$$(x')^{-1}x = y'y^{-1} \in G_1 \bigcap G_2 = \{e\},$$

得 $\qquad (x')^{-1}x = e, \qquad y'y^{-1} = e,$

即 $x = x', y = y'$. 故(2)成立.

当 G 是交换群时,(5)自然成立,此时只需(3),(4).

例 3 设 $G = (a)$,$|a| = pq$,$(p,q) = 1$,令 $G_1 = (a^p)$,$G_2 = (a^q)$,则 $G = G_1 \times G_2$.

因为 $(p,q) = 1$,所以存在 $s,t \in \mathbf{Z}$,使得 $sp + tq = 1$,从而

$$a = a^{sp+tq} = (a^p)^s (a^q)^t,$$

得 $G = G_1 G_2$,(3)成立.

若 $x \in G_1 \bigcap G_2$,设 $|x| = k$,则

$$k \mid |G_1|, k \mid |G_2|, \text{即 } k \mid p, k \mid g,$$

即 $k \mid (p,q)$ 即,$k \mid 1$,得 $G_1 \bigcap G_2 = \{e\}$,(4)成立.

又因为 G 是循环群,得 G 是交换群,(5)自然成立.所以 $G = G_1 \times G_2$.

直积的概念可以推广到 n ($n \geqslant 2$) 个子群的情形.

定义 3 设 $G_1, G_2, \cdots, G_n$ 是 n 个群,卡氏积

$$G_1 \times G_2 \times \cdots \times G_n = \{(a_1, a_2, \cdots, a_n) \mid a_i \in G_i\},$$

$\forall (a_1, a_2, \cdots, a_n), (b_1, b_2, \cdots, b_n) \in G_1 \times G_2 \times \cdots \times G_n$,关于乘法

$$(a_1, a_2, \cdots, a_n)(b_1, b_2, \cdots, b_n) = (a_1 b_1, a_2 b_2, \cdots, a_n b_n)$$

作成的群叫做群 $G_1, G_2, \cdots, G_n$ 的**(外部)直积**,记为

$$G_1 \times G_2 \times \cdots \times G_n.$$

类似于定理 1 和定理 2,我们有

定理 3 设 $G_i(i = 1, 2, \cdots, n)$ 是 G 的 n 个子群,且

(1) $G_i \triangleleft G, i = 1, 2, \cdots, n$;

(2) G 的每一个元素 a,可以唯一地表示成 $G_1, G_2, \cdots, G_n$ 中元素的积,即

$$a = x_1 x_2 \cdots x_n, \text{其中 } x_i \in G_i, i = 1, 2, \cdots, n.$$

则
$$G \cong G_1 \times G_2 \times \cdots \times G_n.$$

定理 4 设 $G_i(i = 1, 2, \cdots, n)$ 是 G 的 n 个子群,则
$$G = G_1 \times G_2 \times \cdots \times G_n$$

的充分必要条件是

(3) $G = G_1 G_2 \cdots G_n$;

(4) $G_j \bigcap \prod_{i \neq j} G_i = \{e\}$;

(5) $a_i a_j = a_j a_i,$
$$(a_i \in G_i, a_j \in G_j; i, j = 1, 2, \cdots, n; i \neq j).$$

作为直积的应用,可讨论有限循环群的构造,我们再来看一个例子.

例 4 设 $G = (a)$,且
$$|a| = p_1^{r_1} p_2^{r_2} \cdots p_m^{r_m} = = n,$$

其中 $p_1, p_2, \cdots, p_n$ 为互不相同的素数,则 G 是 $p_j^{r_j}$ 阶循环子群

$$G_j = (a^{q_j}), \left(q_j = \frac{n}{p_j^{r_j}}; j = 1, 2, \cdots, n\right)$$

的直积:

$$G = G_1 \times G_2 \times \cdots \times G_n.$$

其证明类似于例 3.

习题 2.9

1. 设 $G = G_1 \times G_2$,证明:

$$f: G \rightarrow G_1, (a_1, a_2) \mapsto a_1$$

是 G 到 G_1 的同态满射.

2. 设 G_1, G_2 是两个群,证明:
$$G_1 \times G_2 \cong G_2 \times G_1.$$

3. 设 $G = G_1 \times G_2$,证明:
$$G/G_1 \cong G_2, \quad G/G_2 \cong G_1.$$

4. 设 $G = G_1 \times G_2, H \lhd G_1$,证明:$H \lhd G$.

5. 设 $f: G \rightarrow G'$ 是群的同态满射,如果存在 G 的不变子群 H,使得 $H \cong G'$,则存在 G 的子群 K,使得 $G \cong H \times K$.

6. A, B, C 是三个群,满足
$$A \times B \cong A \times C,$$
那么是否有 $B \cong C$?

第三章 环 与 域

前面我们讨论了具有一个代数运算的代数系统——群.本章将讨论具有两个代数运算的代数系统——环与域.正如我们在第二章中处理群那样,我们所讨论的环与域也仅限于讨论它们的一些基本性质和一些常见的环的例子.

§3.1 环 的 概 念

一、环的定义

环这个概念是从一些具有两种代数运算的集合中抽象出来的.例如整数集 $\mathbf{Z}$,矩阵集合 $M_n(P)$,多项式集合 $P[x]$ 等,都具有一个叫做加法和一个叫做乘法的代数运算,我们将一些它们所共有的性质拿来作为环的定义.

定义 1 设 R 是一个非空集合,它有两个代数运算,分别称为加法和乘法,记为"$+$"和"$\cdot$",如果满足:

(1) $(R, +)$ 是一个加群;

(2) $(R, \cdot)$ 是一个半群;

(3) 乘法对于加法分配律成立,即对于 $\forall a, b, c \in R$,有

(左分配律) $\qquad a(b+c) = ab + ac$;

(右分配律) $\qquad (b+c)a = ba + ca$.

则称 R 关于代数运算"$+$"和"$\cdot$"作成一个**环**,记为 $(R, +, \cdot)$,在不会引起代数运算的误解时也可记为 R.

设非空集合 R 具有两个代数运算"$+$"和"$\cdot$",那么 R 关于这

两个代数运算作成环也可以具体地叙述成：

(i) 代数运算"＋"和"·"是合理的；

(ii) 加法满足结合律，即 $\forall a,b,c\in R$，有

$$(a+b)+c=a+(b+c);$$

(iii) R 中零元素存在，即存在 $0\in R$，使得 $\forall a\in R$，有

$$a+0=0+a=a;$$

(iv) R 中的任意元素 a 的负元素存在，即对于 $\forall a\in R$，存在 $b\in R$，使得

$$a+b=b+a=0,$$

此时称 b 为 a 的负元，记为 $b=-a$；

(v) 加法满足交换律，即 $\forall a,b\in R$，有

$$a+b=b+a;$$

(vi) 乘法满足结合律，即 $\forall a,b,c\in R$，有

$$(ab)c=a(bc);$$

(vii) 乘法对于加法满足左、右分配律，即对于 $\forall a,b,c\in R$，有

$$a(b+c)=ab+ac;$$
$$(b+c)a=ba+ca.$$

在验证一个集合关于所给的运算是否作成环时，以上各条都应给予考虑.

例 1 全体整数所成的集合 **Z** 对于数的加法和乘法作成一个环. 因为我们已知 $(\mathbf{Z},+)$ 是一个交换群，即加群；数的乘法运算满足结合律，即 $(\mathbf{Z},\cdot)$ 是一个乘法半群；又数的乘法对于加法满足分配律. 所以，$(\mathbf{Z},+,\cdot)$ 是一个环.

同样，数集 **Q**,**R**,**C** 对于数的加法和乘法也都作成环. 以后，我们把数集关于数的加法和乘法作成环叫做**数环**. 例如

$$\mathbf{Z}[i] = \{a + bi \mid a,b \in \mathbf{Z}\}, (i^2 = -1)$$

关于数的"$+$"和"$\cdot$"作成一个环,故 $\mathbf{Z}[i]$ 是一个数环,通常叫做**高斯整数环**.

例 2 元素为整数的一切 n 阶矩阵所组成的集合 $M_n(\mathbf{Z})$ 关于矩阵的加法与乘法作成一个环.同样,$M_n(\mathbf{Q})$,$M_n(\mathbf{R})$ $M_n(\mathbf{C})$ 关于矩阵的加法和乘法也都作成环.一般地,设 A 是任一数环,$M_n(A)$ 也作成一个环,叫做**数环 A 上的 n 阶全矩阵环**.

例 3 整数环 $\mathbf{Z}$ 上的所有一元多项式作成的集合 $\mathbf{Z}[x]$ 关于多项式的加法和乘法作成一个环.一般地,设 A 是一个数环,$A[x]$ 表示系数属于 A 的一切关于 x 的一元多项式所组成的集合,则 $A[x]$ 关于多项式的加法和乘法作成一个环.通常叫做**数环 A 上的一元多项式环**.因此,$\mathbf{Q}[x]$,$\mathbf{R}[x]$,$\mathbf{C}[x]$ 分别称为有理数域,实数域,复数域上的一元多项式环.

例 4 设 $(G,+)$ 是任一加群,乘法运算规定如下:
$$ab = 0, \quad \forall a,b \in G,$$
其中 0 是加群中的零元素,则 $(G,+,\cdot)$ 作成一个环,通常称它为**加群 G 上的零乘环**.

例 5 设 S 是任意一个非空集合,A 表示 S 到 $\mathbf{Z}$ 的所有映射所组成的集合,记
$$A = \mathbf{Z}^S = \{f \mid f: S \to \mathbf{Z}\}.$$
我们利用映射的象集合 $\mathbf{Z}$ 的中的"$+$"和"$\cdot$"来规定 A 的加法和乘法,即对于 $\forall f,g \in A$,令
$$f+g: x \mapsto f(x)+g(x), \ \forall x \in S,$$
$$f \cdot g: x \mapsto f(x)g(x), \ \forall x \in S,$$
则 $(A,+,\cdot)$ 作成一个环.

因为 $\forall f,g,h \in A, \forall x \in S$,有

$$[(f+g)+h](x) = (f+g)(x)+h(x) = [f(x)+g(x)]+h(x);$$
$$[f+(g+h)](x) = f(x)+(g+h)(x) = f(x)+[g(x)+h(x)].$$

由于 $f(x), g(x), h(x) \in \mathbf{Z}$,而整数关于加法满足结合律,所以有

$$[f(x)+g(x)]+h(x) = f(x)+[g(x)+h(x)].$$

再由 x 的任意性,得

$$(f+g)+h = f+(g+h).$$

令 $\theta: x \mapsto 0$,则 $\theta \in A$. 并且 $\forall f \in A, \forall x \in S$,有

$$(f+\theta)(x) = f(x)+\theta(x) = f(x),$$

即对于 $\forall f \in A$,均有 $f+\theta = \theta+f = f$,得 θ 是 A 的零元素.

又,对取定的 $f \in A, \forall x \in S$,令

$$g: x \mapsto -f(x),$$

则

$$(g+f)(x) = g(x)+f(x) = -f(x)+f(x) = 0 = \theta(x),$$

得 $g+f = \theta$,即 $g = -f$,也就是说,A 中的元素 f 在 A 中均有负元.

而且,$\forall f, g \in A, \forall x \in S$,有

$$(f+g)(x) = f(x)+g(x) = g(x)+f(x) = (g+f)(x),$$

得 $f+g = g+f$,即 A 关于加法满足交换律.

由上面讨论知 $(A, +)$ 是一个加群.

同样可以证明 A 关于乘法满足结合律. $\forall f, g, h \in A, \forall x \in S$,有

$$[(f \cdot g) \cdot h](x) = [(f \cdot g)(x)]h(x) = [f(x)g(x)]h(x)$$
$$= f(x)[g(x)h(x)] = f(x)[(g \cdot h)(x)] = [f \cdot (g \cdot h)](x),$$

得

$$(f \cdot g) \cdot h = f \cdot (g \cdot h).$$

最后证明乘法关于加法满足分配律. $\forall f, g, h \in A, \forall x \in$

S,有

$$[f \cdot (g+h)](x)$$
$$= f(x)[(g+h)(x)]$$
$$= f(x)[g(x)+h(x)]$$
$$= f(x)g(x)+f(x)h(x),$$
$$[f \cdot g + f \cdot h](x)$$
$$= (f \cdot g)(x) + (f \cdot h)(x)$$
$$= f(x)g(x)+f(x)h(x),$$

故有 $f \cdot (g+h) = f \cdot g + f \cdot h$. 同样可得 $(g+h) \cdot f = g \cdot f + h \cdot f$.

综上所述,$(A,+,\cdot)$ 作成一个环.

特别,取 $S=\mathbf{Z}$,则 $A=\mathbf{Z}^z$,即 $(\mathbf{Z}^z,+,\cdot)$ 是 $\mathbf{Z}$ 的一切变换所作成的环,同样 $(\mathbf{R}^R,+,\cdot)$ 也是一个环,这就是定义在实数集 $\mathbf{R}$ 上的一切实函数作成的函数环.

这里我们需要指出,对于变换我们曾经定义过另一种结合法——映射的合成(用"。"表示映射的合成)与上面所定义的乘法是不一样的."。"是连续施行两个变换,而上面的"·"是用映射的象在 $\mathbf{Z}$ 中的运算来定义的,两者之间的区别是很明显的.因此,我们自然要问:$(\mathbf{Z}^z,+,\circ)$ 是不是一个环?

由于 $(\mathbf{Z}^z,+)$ 是一个加群,$(\mathbf{Z}^z,\circ)$ 是一个半群,因此,关键在于左,右分配律是否成立.

容易验证右分配律成立.这是因为 $\forall f,g,h \in \mathbf{Z}^z$,$\forall x \in \mathbf{Z}$,有

$$[(g+h) \circ f](x)$$
$$= (g+h)(f(x)) = g(f(x))+h(f(x))$$
$$= (g \circ f)(x) + (h \circ f)(x)$$
$$= (g \circ f + h \circ f)(x),$$

得　　　　$(g+h) \circ f = g \circ f + h \circ f.$

但对于左分配律不成立. 事实上, $\forall f, g, h \in \mathbf{Z}^{\mathbf{Z}}, \forall x \in \mathbf{Z}$, 有

$$[f \circ (g+h)](x) = f[(g+h)(x)] = f[g(x)+h(x)],$$
$$[f \circ g + f \circ h](x) = (f \circ g)(x) + (f \circ h)(x) = f(g(x)) + f(h(x)),$$

由于 f 仅仅是一个 $\mathbf{Z}$ 到 $\mathbf{Z}$ 的一般映射, 记 $g(x) = x_1, h(x) = x_2$, 则未必有性质

$$f(x_1 + x_2) = f(x_1) + f(x_2). \tag{*}$$

具体地可取 $f: x \mapsto x + 1, g = h = I_{\mathbf{Z}}$, 则有

$$f[g(x) + h(x)] = f(x+x) = f(2x) = 2x+1,$$
$$f(g(x)) + f(h(x)) = f(x) + f(x) = (x+1) + (x+1) = 2x+2,$$

得 $$f[g(x) + h(x)] \neq f(g(x)) + f(h(x)).$$

所以, $(\mathbf{Z}^{\mathbf{Z}}, +, \circ)$ 不作成环. 但是, 如果 f 是取自满足 (*) 式的那些变换, 即 f 是整数加群 $\mathbf{Z}$ 到 $\mathbf{Z}$ 的同态映射, 那么是否就作成环了呢? 请看下面的例子.

例 6 设 $(G, +)$ 是一个加群.

$$E = \mathbf{Hom}(G, G) = \{G \text{ 到 } G \text{ 的一切自同态映射}\},$$

加法运算如例 5 所定义, 乘法运算为映射的合成, 那么, 根据映射合成的性质, 容易知道 $(E, \circ)$ 是一个乘法半群. 而 E 关于加法运算是封闭的, 也就是说, $\forall f, g, h \in E, \forall x, y \in G$, 有

$$\begin{aligned}
(f+g)(x+y) &= f(x+y) + g(x+y) \\
&= [f(x) + f(y)] + [g(x) + g(y)] \\
&= [f(x) + g(x)] + [f(y) + g(y)] \\
&= (f+g)(x) + (f+g)(y).
\end{aligned}$$

即 $f+g$ 仍是 G 到 G 的一个同态映射, $f+g \in E$, 与例 5 类似可以证明 $(E, +)$ 是一个加群, 且乘法对于加法左、右分配律都成立. 从而得到 $(E, +, \circ)$ 作成一个环, 这个环叫做**加群 G 的自同态环**, 通常记为 $E = \mathbf{Hom}(G, G)$.

例 7 $\mathbf{Z}_m$ 表示以 m 为模的剩余类全体,由 §2.2 例 6 知 $\mathbf{Z}_m$ 关于加法:$\bar{a}+\bar{b}=\overline{a+b}$,作成一个加群. 对 $\mathbf{Z}_m$ 再定义一个乘法运算:

$$\bar{a} \cdot \bar{b}=\overline{ab}, \quad \forall \bar{a}, \bar{b} \in \mathbf{Z}_m,$$

这里我们是用类的代表来规定类的运算的,因而需要证明运算结果与代表元的选取无关.

如果 $\qquad \bar{a}=\overline{a_1}, \bar{b}=\overline{b_1},$

则 $\qquad m \mid (a-a_1), \; m \mid (b-b_1),$

因为 $\quad ab-a_1 b_1 = ab-ab_1+ab_1-a_1 b_1$

$$= a(b-b_1)+(a-a_1)b_1,$$

从而有 $m \mid (a(b-b_1)+(a-a_1)b_1)$,即 $m \mid (ab-a_1 b_1)$,

即 $\qquad \bar{a} \cdot \bar{b}=\overline{ab}=\overline{a_1 b_1}=\overline{a_1} \cdot \overline{b_1},$

得乘法运算的结果与代表元的选取无关.

又对于 $\forall \bar{a}, \bar{b}, \bar{c} \in \mathbf{Z}_m$,有

$$(\bar{a} \cdot \bar{b}) \cdot \bar{c}=\overline{ab} \cdot \bar{c}=\overline{(ab)c}=\overline{a(bc)}=\bar{a} \cdot \overline{bc}=\bar{a} \cdot (\bar{b} \cdot \bar{c}),$$

即 $(\mathbf{Z}_m, \cdot)$ 是一个半群. 同理可证乘法关于加法满足分配律.

所以,$(\mathbf{Z}_m, +, \cdot)$ 作成一个环. 我们将这个环 $\mathbf{Z}_m$ 称为以 m 为模的剩余类环.

例如,当 $m=4$ 时,$\mathbf{Z}_4$ 的加法和乘法运算表为:

$+$	$\bar{0}$	$\bar{1}$	$\bar{2}$	$\bar{3}$
$\bar{0}$	$\bar{0}$	$\bar{1}$	$\bar{2}$	$\bar{3}$
$\bar{1}$	$\bar{1}$	$\bar{2}$	$\bar{3}$	$\bar{0}$
$\bar{2}$	$\bar{2}$	$\bar{3}$	$\bar{0}$	$\bar{1}$
$\bar{3}$	$\bar{3}$	$\bar{0}$	$\bar{1}$	$\bar{2}$

$\cdot$	$\bar{0}$	$\bar{1}$	$\bar{2}$	$\bar{3}$
$\bar{0}$	$\bar{0}$	$\bar{0}$	$\bar{0}$	$\bar{0}$
$\bar{1}$	$\bar{0}$	$\bar{1}$	$\bar{2}$	$\bar{3}$
$\bar{2}$	$\bar{0}$	$\bar{2}$	$\bar{0}$	$\bar{2}$
$\bar{3}$	$\bar{0}$	$\bar{3}$	$\bar{2}$	$\bar{1}$

二、环的基本性质

一个环 R 实际上包括了两个代数系统：加群 $(R,+)$ 与乘法半群 $(R,\cdot)$，因此单独从两种运算来看，它们都具有加群和乘法半群的性质. 但是环中的两种代数运算还有左、右分配律联系着，所以环更应注重它另外的性质.

性质 1 设 0 是环 R 的零元，则

$$0 \cdot a = a \cdot 0 = 0, \ \forall\, a \in R.$$

证明 因为 $a \in R$，有

$$0 \cdot a = (0+0) \cdot a = 0 \cdot a + 0 \cdot a,$$

由于 R 关于加法作成群，即 R 对于加法满足消去律，在上式中两边同时消去 $0 \cdot a$，得 $0 \cdot a = 0$. 同理可得 $a \cdot 0 = 0$.

性质 2 在环 R 中，$\forall\, a, b \in R$，有

(1) $(-a)b = a(-b) = -(ab)$；

(2) $(-a)(-b) = ab$；

(3) $c(a-b) = ca - cb$，$(a-b)c = ac - bc$.

证明 (1) 由

$$(-a)b + ab = (-a+a)b = 0 \cdot b = 0,$$

得

$$-(ab) = (-a)b,$$

同样，由

$$a(-b) + ab = a(-b+b) = a \cdot 0 = 0,$$

得

$$-(ab) = a(-b).$$

(2) 由(1)知，$\forall\, a, b \in R$，有

$$(-a)b = a(-b),$$

那么，对于 $a, -b \in R$ 也成立，即

$$(-a)(-b) = a[-(-b)] = ab.$$

（3）因为

$$c(a-b) + cb = c[(a-b)+b] = ca,$$

所以，
$$c(a-b) = ca - cb.$$

同理可证
$$(a-b)c = ac - bc.$$

性质3　在环 R 中，$\forall a,b,a_i,b_j \in R$，$(i=1,2,\cdots,m;j=1,2,\cdots,n)$，有

（1）$a(b_1 + b_2 + \cdots + b_n) = ab_1 + ab_2 + \cdots + ab_n$；

（2）$(b_1 + b_2 + \cdots + b_n)a = b_1a + b_2a + \cdots + b_na$；

（3）$\left(\sum\limits_{i=1}^{m} a_i\right)\left(\sum\limits_{j=1}^{n} b_j\right) = \left(\sum\limits_{i=1}^{m}\sum\limits_{j=1}^{n} a_ib_j\right) = \left(\sum\limits_{j=1}^{n}\sum\limits_{i=1}^{m} a_ib_j\right)$；

（4）$(na)b = a(nb) = n(ab)$，$n \in \mathbf{Z}$.

性质3的证明由读者自行完成.

我们知道，在半群 $(A,\cdot)$ 中，指数律成立，那么在环 R 中，$\forall a \in R$，n 为正整数，规定

$$a^n = \underbrace{aa\cdots a}_{n个a},$$

那么，对于任何正整数 m,n，都有

$$a^m a^n = a^{m+n},\ (a^m)^n = a^{mn}.$$

在环的定义中关于乘法的条件是很少的，因而我们再给出以下几个定义.

定义2　设 R 是一个环，如果 R 中存在元素 e，使得 $\forall a \in R$，有

$$e \cdot a = a \cdot e = a,$$

则称 e 是环 R 的单位元，通常记为 $e=1_R$（或 1），此时称环 R 为**有单位元的环**.

对于环 $(R,+,\cdot)$ 来说，乘法半群 $(R,\cdot)$ 未必有单位元，例

如,全体偶数关于数的运算作成的环$(2\mathbf{Z},+,\cdot)$是没有单位元的,即偶数环是一个没有单位元的环.但是,如果环 R 有单位元,则环 R 的单位元唯一.

设 R 是一个有单位元 1 的环,如果 R 的单位元与 R 的零元相同,即 $1=0$,那么 R 中仅含有一个元素 0,得 $R=\{0\}$.这是因为 $\forall a \in R$,

$$a = a \cdot 1 = a \cdot 0 = 0.$$

因此,若 R 是有单位元的环,且 R 中至少含有两个元素,则环 R 的单位元 1 与 R 的零元 0 不同.以后说到有单位元的环时,均把单个元素 $\{0\}$ 作成的零元素环除外.

定义 3 设 R 是一个有单位元 1 的环,对于 $a\in R$,如果存在 $b \in R$,使得

$$ab = ba = 1,$$

那么称 a 是环 R 中的**可逆元**,b 是 a 的**逆元**,记作 $b = a^{-1}$.

如果 a 是环 R 的可逆元,那么 a 的逆元唯一.

在一个有单位元的环 R 中,自然不是每一个元素都为可逆元.例如,在整数环 $\mathbf{Z}$ 中,只有 ± 1 是可逆元,而其余元素均不是可逆元.

定义 4 如果环 R 的乘法满足交换律,即 $\forall a,b\in R$,有 $ab = ba$,则称 R 为**交换环**.

在前面的这些例子中,哪些是交换环,哪些不是交换环,请读者自行判断.

习题 3.1

1. 在环 R 中,计算 $(a+b)^3 = ?$

2. 证明 $\mathbf{Z}[\mathrm{i}] = \{a+b\mathrm{i} \mid a,b\in \mathbf{Z}, \mathrm{i}^2 = -1\}$ 关于数的加法、乘

法作成一个环.我们称 $\mathbf{Z}[\mathrm{i}]$ 为**高斯整数环**.

3. 设 $A = \{0, a, b, c\}$,加法和乘法由以下两个表给定:

+	0	a	b	c
0	0	a	b	c
a	a	0	c	b
b	b	c	0	a
c	c	b	a	0

·	0	a	b	c
0	0	0	0	0
a	0	0	0	0
b	0	a	b	c
c	0	a	b	c

证明:$(A, +, \cdot)$ 作成一个环.

4. 设 R 为环,记 $M_n(R)$ 为元素都取自 R 中的 $n \times n$ 矩阵全体,证明:$M_n(R)$ 关于矩阵的加法和乘法作成环.

5. 证明:二项式定理

$$(a + b)^n = \sum_{i=0}^{n} \mathrm{C}_n^i a^{n-i} b^i$$

在交换环中成立.

6. 设环 R 对加法作成一个循环群,证明 R 是交换环.

7. 在 $\mathbf{Z}_{15}$ 中,找出方程 $x^2 - 1 = 0$ 的全部根.

8. 设 a 是有单位元环 R 中的一个可逆元,证明 $-a$ 也是可逆元,且 $(-a)^{-1} = -a^{-1}$.

9. 设 A 是至少包含二个元素的有限数集,证明:A 关于数的加法和乘法不作成环.

10. 证明:对于有单位元的环来说,加法的交换律是环定义中其他条件的结果.

§3.2 整环 除环 域

前一节介绍了环的一般定义和一些基本性质,本节将讨论三类比较特殊的环——整环、除环和域.它们都是近世代数中非常重要的几类环.

一、整环

在上节中,我们看到环 R 的那些基本性质都与我们所熟悉的初等代数中数的计算规则是基本一致的.但是,由于环对乘法所给出的条件特别少,因此,有些我们以前所熟悉的运算规则在环 R 中就很有可能不能成立.

例如,§3.1 例 2 中的环,具体取 $R = M_2(\mathbf{Z})$,则 R 中的乘法运算就不满足交换律.

又,在环 R 中还可能出现:若 $a \neq 0, b \neq 0$,但有 $ab = 0$.如在整数环 $\mathbf{Z}$ 上的二阶矩阵环 $M_2(\mathbf{Z})$ 中,

$$\begin{pmatrix} 1 & 1 \\ 1 & 1 \end{pmatrix} \neq \begin{pmatrix} 0 & 0 \\ 0 & 0 \end{pmatrix}, \begin{pmatrix} 1 & 1 \\ -1 & -1 \end{pmatrix} \neq \begin{pmatrix} 0 & 0 \\ 0 & 0 \end{pmatrix},$$

但 $$\begin{pmatrix} 1 & 1 \\ 1 & 1 \end{pmatrix} \begin{pmatrix} 1 & 1 \\ -1 & -1 \end{pmatrix} = \begin{pmatrix} 0 & 0 \\ 0 & 0 \end{pmatrix}.$$

再如在 $\mathbf{Z}_6$ 中,$\bar{2} \neq \bar{0}, \bar{3} \neq \bar{0}$,但 $\bar{2} \cdot \bar{3} = \bar{6} = \bar{0}$.

定义 1 设 R 是一个环,对于 $a \in R$,若存在 $b \neq 0$,使得 $ab = 0$ ($ba = 0$),则称 a 是 R 的一个**左(右)零因子**.当环 R 中的元素 a 既是左零因子,又是右零因子时,则称 a 为 R 的**零因子**.

显然,对于交换环来说,左、右零因子均为零因子.

由定义知,若环 $R \neq \{0\}$,则 R 的零元素 0 既是左零因子,又是右零因子,因而是 R 的零因子.但这个零因子是平凡的,对以后的讨论没有多大的作用.所以,以后我们说到零因子时,若无附加说明,则一概指非零的零因子.

如果一个环 R 有左零因子,那么 R 也一定有右零因子,这是因为若 a 是 R 的左零因子,则 $a \neq 0$,且存在 $b \in R, b \neq 0$,使得 $ab = 0$,于是 b 是 R 的一个右零因子.同样,若环 R 有右零因子,则 R

也有左零因子.

定义 2 若 R 不含左、右零因子,则称 R 为**无零因子环**.

也就是说,在无零因子环 R 中有: $\forall a,b\in R$,若 $ab=0$,则可以得到 $a=0$ 或 $b=0$;或者,若 $a\neq 0,b\neq 0$,则必有 $ab\neq 0$.

例 1 求 $\mathbf{Z}_8$ 的所有零因子.

解 设 $\overline{m}$ 是 $\mathbf{Z}_8$ 的零因子,则存在 $\overline{k}\neq\overline{0}$,使得

$$\overline{m}\cdot\overline{k}=\overline{mk}=\overline{0},$$

因而 $8|mk$,所以,由 $\overline{k}\neq\overline{0}$ 知,8 不整除 k,得 m 必为偶数,于是 $\overline{m}$ 只可能是 $\overline{2},\overline{4},\overline{6}$.且

$$\overline{2}\cdot\overline{4}=\overline{0}, \quad \overline{4}\cdot\overline{6}=\overline{0}.$$

故 $\overline{2},\overline{4},\overline{6}$ 都是 $\mathbf{Z}_8$ 的零因子.所以, $\mathbf{Z}_8$ 的所有零因子为 $\overline{2},\overline{4},\overline{6}$.

一个环 R 是否存在左(右)零因子,与环 R 中关于乘法消去律是否成立有着密切关系,即

定理 1 R 为无零因子环的充分必要条件为在环 R 中关于乘法左(右)消去律成立.

证明 设环 R 没有左零因子,如果有 $ab=ac$,则有

$$ab-ac=a(b-c)=0,$$

当 $a\neq 0$ 时,由于 R 没有左零因子,得 $b-c=0$,即 $b=c$,R 中左消去律成立.

又,若 R 无左零因子,则 R 也无右零因子.于是由 $ba=ca$ 得

$$ba-ca=(b-c)a,$$

当 $a\neq 0$ 时,由 R 无右零因子得 $b-c=0$,即 $b=c$,R 中右消去律也成立.

反之,若在 R 中关于乘法左消去律成立,如果 $a\neq 0$,有 $ab=0$,即

$$a\cdot b=0=a\cdot 0,$$

左消去 a 得 $b=0$，即 R 中非零元均不是左零因子，也就是说，环 R 无左零因子，当然 R 也无右零因子．

同理可知，如果在 R 中右消去律成立，则 R 也无左、右零因子． ■

环中消去律有别于群中的消去律．因为对于环中的零元素 0，总有

$$a \cdot 0 = 0 \cdot a = 0,$$

因此，消去律中所消去的元素要求是非零元，而在群中的消去律却没有这一要求．

推论 环 R 中左消去律成立与右消去律成立是等价的．

证明 由定理 1 的证明过程可知：如果环 R 中左消去律成立，则可得 R 是一个无零因子环，从而又可得在 R 中右消去律成立；反之亦然． ■

定义 3 一个有单位元 1，无零因子的交换环叫做**整环**．

例如，整数环 $\mathbf{Z}$、数域 P、数环 R 上的一元多项式环 $\mathbf{Z}[x]$、$P[x]$、$R[x]$ 等都是整环．而对于以 m 为模的剩余类环 $\mathbf{Z}_m$，当 m 为合数时，$\mathbf{Z}_m$ 不是整环，因为，若

$$m = m_1 \cdot m_2, \quad (1 < m_1, m_2 < m)$$

则

$$\overline{m_1} \neq \overline{0}, \quad \overline{m_2} \neq \overline{0},$$

而

$$\overline{m_1} \cdot \overline{m_2} = \overline{m_1 m_2} = \overline{0}.$$

所以，$\mathbf{Z}_m$ 是一个有零因子的环．

二、除环与域

定义 4 设 R 是一个环，如果满足：

(1) R 中至少含有两个元素；

(2) R 的一切非零元素所组成的集合 R^* 关于 R 的乘法运算作成一个群 $(R^*, \cdot)$，则称 R 是一个**除环**（或称**体**）．一个交换除

环叫做**域**.

由定义可知以下事实：

(1) 除环 R 一定是有单位元的环. 这是因为 R 的子集 R^* 关于 R 的乘法有单位元 1,而这个 R^* 单位元 1 也是 R 的单位元. 由于 R 与 R^* 只相差一个元素 0,而 $1 \cdot 0 = 0 \cdot 1 = 0$ 显然成立.

(2) 除环 R 是一个无零因子环. 假如 a 为零因子,则有 $a \neq 0$,且存在 $b \neq 0$,使得 $ab = 0$,由于 R 为除环,a^{-1} 存在,故

$$b = 1 \cdot b = (a^{-1}a)b = a^{-1}(ab) = a^{-1} \cdot 0 = 0,$$

矛盾.

(3) 在除环 R 中,对于 $\forall a, b \in R, a \neq 0$,方程 $ax = b$ 与 $ya = b$ 都有唯一解. 因为若 $b \neq 0$,上述方程在 R^* 中有唯一解;若 $b = 0$,上述两个方程都只有零解. 值得注意的是,由于除环的乘法未必满足交换律,因此,对于同样的 a 与 b,上述两个方程的解未必相等.

因为域一定是除环,所以,上面的三条性质对于域来说也是成立的.

定理 2 有限整环是一个域.

证明 设 R 是一个有限整环,那么只需证明 $(R^*, \cdot)$ 为交换群即可. R^* 关于乘法可以交换是显然的. 而对于 $\forall a, b \in R^*$,即 $a \neq 0, b \neq 0$,由 R 无零因子知,$ab \neq 0$,即 $ab \in R^*$. 得 $(R^*, \cdot)$ 是一个有限半群,且由条件知 $(R^*, \cdot)$ 是一个满足消去律的半群. 根据 §2.2,定理 6,知 $(R^*, \cdot)$ 为交换群. 所以 R 是一个域. ■

当 R 是无限整环时,R 未必是域. 例如,整数环 **Z** 是整环,但它不是一个域,因为在 **Z** 中只有 ± 1 两个可逆元.

例 2 当 p 为素数时,以 p 为模的剩余类环 $\mathbf{Z}_p$ 是一个域.

因为 $\mathbf{Z}_p$ 是含有 p 个元素的交换环,且有单位元 $\bar{1}$,如果 $\bar{a}, \bar{b} \in \mathbf{Z}_p$,有

$$\bar{a} \cdot \bar{b} = \overline{ab} = \bar{0},$$

即 $p|ab$,因为 p 是素数,故有

$$p|a \text{ 或 } p|b,$$

即 $\qquad\qquad \bar{a}=\bar{0} \quad \text{或} \quad \bar{b}=\bar{0}.$

这就是说,$\mathbf{Z}_p$ 没有零因子. 得 $\mathbf{Z}_p$ 是一个有限整环,根据定理 2,证得 $\mathbf{Z}_p$ 是一个域.

通过例 3,再结合前面所讨论的,我们可得

推论 以 m 为模的剩余类环 $\mathbf{Z}_m$ 为域的充分必要条件是 m 为素数.

设 F 是一个域,那么 $\forall a,b \in F, b \neq 0$,有

$$ab^{-1} = b^{-1}a,$$

因此,我们不妨把这两个相等的元素记为

$$ab^{-1} = b^{-1}a = \frac{a}{b}.$$

这时,在域中有如下计算规则:

设 $\forall a,b,c,d \in F, b \neq 0, d \neq 0$,则

(1) $\dfrac{a}{b} = \dfrac{c}{d} \iff ad = bc$;

(2) $\dfrac{a}{b} \pm \dfrac{c}{d} = \dfrac{ad \pm bc}{bd}$;

(3) $\dfrac{a}{b} \cdot \dfrac{c}{d} = \dfrac{ac}{bd}$;

(4) $\dfrac{a}{b} \cdot \left(\dfrac{c}{d}\right)^{-1} = \dfrac{ad}{bc}, \quad (c \neq 0).$

我们只证(2),其余可以类似证得.

$$\frac{a}{b} \pm \frac{c}{d} = ab^{-1} \pm cd^{-1}$$

$$= (ad)d^{-1}b^{-1} \pm (bc)d^{-1}b^{-1}$$

$$=(ad \pm bc)(bd)^{-1} = \frac{ad \pm bc}{bd}.$$

例3 设 A 是实数域 **R** 上的四维向量空间，其基底

$(1,0,0,0)$,　　$(0,1,0,0)$,

$(0,0,1,0)$,　　$(0,0,0,1)$,

分别用 e,i,j,k 表示，于是 A 中的元素均为

$$a_1e + a_2i + a_3j + a_4k, \quad a_1,a_2,a_3,a_4 \in \mathbf{R}$$

的形状，即

$$A = \{ a_1e + a_2i + a_3j + a_4k \mid a_1,a_2,a_3,a_4 \in \mathbf{R} \},$$

根据向量空间的性质易知 $(A,+)$ 是一个加群，其中加法为向量的加法. 对于 A 的基底之间的乘法规定如下：

·	e	i	j	k
e	e	i	j	k
i	i	$-e$	k	$-j$
j	j	$-k$	$-e$	i
k	k	j	$-i$	$-e$

为方便记忆，e 作为乘法的单位元，i,j,k 按照上面右图顺序排列，相邻两个元素的乘积若按箭头所指的顺序相乘，则其积为第三个元素；若与箭头顺序相反，则等于第三个元素的负元.

利用基底的乘法来规定 A 的乘法，设

$$\alpha = a_1e + a_2i + a_3j + a_4k \in A,$$
$$\beta = b_1e + b_2i + b_3j + b_4k \in A,$$

设想乘法对加法满足分配律，并且有 $\forall s,t \in \{e,i,j,k\}, \forall a,b \in \mathbf{R}$，均有

$$(as)(bt) = (ab)(st),$$

于是 α 与 β 的乘积 $\alpha\beta$ 可以展开成 16 项之和,然后将相同的分量合并,这是 A 中唯一确定的向量,即

$$
\begin{aligned}
\alpha\beta &= (a_1\boldsymbol{e}+a_2\boldsymbol{i}+a_3\boldsymbol{j}+a_4\boldsymbol{k})(b_1\boldsymbol{e}+b_2\boldsymbol{i}+b_3\boldsymbol{j}+b_4\boldsymbol{k})\\
&=(a_1\boldsymbol{e})(b_1\boldsymbol{e})+(a_1\boldsymbol{e})(b_2\boldsymbol{i})+(a_1\boldsymbol{e})(b_3\boldsymbol{j})+(a_1\boldsymbol{e})(b_4\boldsymbol{k})\\
&\quad+(a_2\boldsymbol{i})(b_1\boldsymbol{e})+(a_2\boldsymbol{i})(b_2\boldsymbol{i})+(a_2\boldsymbol{i})(b_3\boldsymbol{j})+(a_2\boldsymbol{i})(b_4\boldsymbol{k})\\
&\quad+(a_3\boldsymbol{j})(b_1\boldsymbol{e})+(a_3\boldsymbol{j})(b_2\boldsymbol{i})+(a_3\boldsymbol{j})(b_3\boldsymbol{j})+(a_3\boldsymbol{j})(b_4\boldsymbol{k})\\
&\quad+(a_4\boldsymbol{k})(b_1\boldsymbol{e})+(a_4\boldsymbol{k})(b_2\boldsymbol{i})+(a_4\boldsymbol{k})(b_3\boldsymbol{j})+(a_4\boldsymbol{k})(b_4\boldsymbol{k})\\
&=(a_1b_1-a_2b_2-a_3b_3-a_4b_4)\boldsymbol{e}\\
&\quad+(a_1b_2+a_2b_1+a_3b_4-a_4b_3)\boldsymbol{i}\\
&\quad+(a_1b_3+a_3b_1+a_4b_2-a_2b_4)\boldsymbol{j}\\
&\quad+(a_1b_4+a_4b_1+a_2b_3-a_3b_2)\boldsymbol{k}\in A.
\end{aligned}
$$

不难验证,这样规定的 A 的乘法运算满足结合律,故 $(A,\cdot)$ 是一个乘法半群,且有单位元 $\boldsymbol{e}$,乘法关于加法满足分配律.即我们可以验证 $(A,+,\cdot)$ 是一个有单位元的环.按习惯将单位元 $\boldsymbol{e}$ 记为 1,由于 $\boldsymbol{ij}=-\boldsymbol{ji}$,得 A 不是交换环.

$(A,+)$ 中的零元素是零向量,即每一个分量全为零,故对任一非零向量 $\alpha=a_1\boldsymbol{e}+a_2\boldsymbol{i}+a_3\boldsymbol{j}+a_4\boldsymbol{k}\neq 0$,均有

$$\Delta=a_1^2+a_2^2+a_3^2+a_4^2\neq 0,$$

通过计算可知:

$$\alpha^{-1}=\frac{a_1}{\Delta}\boldsymbol{e}-\frac{a_2}{\Delta}\boldsymbol{i}-\frac{a_3}{\Delta}\boldsymbol{j}-\frac{a_4}{\Delta}\boldsymbol{k}.$$

根据以上讨论,我们得到 $(A,+,\cdot)$ 是一个除环,但它不是一个域.这个除环我们通常叫做**四元数除环**(或**四元数体**).

三、环的特征

定义 5 设 R 是一个环,如果存在最小正整数 n,使得对于所有 $a\in R$,均有 $n\cdot a=0$,则称环 R 的**特征**是 n;如果不存在这样的 n,则

称环 R 的**特征为无限**（或称**特征为零**）. 环 R 的特征记为 **Ch**R.

易知数域 P 的特征为无限, 因为数 1 的整数倍 $n \cdot 1 = 0$, 当且仅当 $n = 0$; 又如 $\mathbf{Z}_m$ 的特征为 m, 事实上, $\forall \bar{k} \in \mathbf{Z}_m$,

$$m \cdot \bar{k} = \overline{mk} = \bar{0},$$

而当 $0 < l < m$ 时, 总有 $l \cdot \bar{1} = \bar{l} \neq \bar{0}$, 所以, $\mathbf{Z}_m$ 的特征为 m.

定理 3 设 R 是一个环, 那么

(1) 如果 R 是一个有单位元 1 的环, 则 **Ch**R 等于环 R 的单位元 1 关于加法的阶;

(2) 如果 R 是一个无零因子的环, 则 R 中所有非零元素关于加法的阶都相等, 即 **Ch**R 为任何非零元关于加法的阶. 而且当 **Ch**R 为有限时, 则 **Ch**R 为一个素数.

证明 (1) 显然, 我们有 **Ch**$R \geqslant |1|$ (其中 $|1|$ 为单位元 1 关于加法的阶); 反之, 对于 $\forall a \in R$, 有

$$n \cdot a = n \cdot (1 \cdot a) = (n \cdot 1) \cdot a = 0 \cdot a = 0,$$

即 **Ch**$R \leqslant |1|$. 所以, **Ch**$R = |1|$.

(2) 如果 R 中的任何非零元关于加法的阶都为无限, 则结论成立.

如果 R 中有非零元 a 关于加法的阶为 $n < \infty$, 那么, $\forall b \in R^*$ 关于加法的阶都有限, 且 $|b| \leqslant |a|$. 事实上, 因为

$$a(nb) = (na)b = 0 \cdot b = 0,$$

由于 $a \neq 0$, R 无零因子, 故有 $nb = 0$, 得 $|b| \leqslant n = |a|$.

$\forall a, b \in R^*$, 则 a 与 b 关于加法的阶都有限, 再根据以上的证明, 我们可知: $|a| = |b|$, 即 R^* 中的任意元关于加法的阶是相同的.

如果环 R 的特征为 n 是一个合数, 即

$$\mathbf{Ch}R = n = k \cdot r, \text{ 其中 } 1 < k < n, 1 < r < n,$$

$\forall a\in R^*$,因为 R 是一个无零因子的环,则有 $a^2\in R^*$,从而知 a 与 a^2 关于加法的阶都为环 R 的特征 n,所以

$$0 = n\cdot a^2 = (k\cdot r)\cdot a^2 = (k\cdot a)(r\cdot a),$$

又由 R 无零因子得 $k\cdot a = 0$ 或者 $r\cdot a = 0$,这与 a 关于加法的阶为 n 矛盾. 所以,R 的特征 n 必为素数. ■

推论 整环(域)的特征或为素数 p 或为无限.

例 4 在特征为素数 p 的整环 R 中,$\forall a,b\in R$,有

$$(a+b)^p = a^p + b^p.$$

由二项式定理得

$$(a+b)^p = a^p + C_p^1 a^{p-1}b + C_p^2 a^{p-2}b^2 + \cdots + C_p^{p-1}ab^{p-1} + b^p,$$

其中

$$C_p^i = \frac{p!}{i!(p-i)!},(i=1,2,\cdots,p-1)$$

都是 p 的倍数,因此有 $C_p^i a^{p-i}b^i = 0$. 所以,

$$(a+b)^p = a^p + b^p.$$

习题 3.2

1. 设 $\mathbf{Q}(i) = \{a+bi \mid a,b\in\mathbf{Q},i^2=-1\}$,则 $\mathbf{Q}(i)$ 关于数的加法和乘法作成一个域.

2. 设 $F = \{a+b\sqrt{p} \mid a,b\in\mathbf{Q},p$ 为某个固定的素数$\}$,则 F 关于数的加法和乘法作成一个域.

3. 证明:一个至少含有两个元素且无零因子的有限环是一个除环.

4. 证明环的左(右)零因子不是可逆元.

5. 设 F 是一个有四个元素的域,证明

(1) $\mathbf{Ch}F=2$;

（2）作出 F 的加法和乘法运算表.

6. 设 F 是特征为素数 p 的域,则在 F 中是否成立

$$(a-b)^p = a^p - b^p,$$

试说明其理由.

7. 设 p 为素数,则在 $\mathbf{Z}_p$ 中,$\forall \bar{a} \in \mathbf{Z}_p, \bar{a} \neq \bar{0}$,有

$$(\bar{a})^{p-1} = \bar{1}.$$

8. 证明:在 $\mathbf{Z}_n$ 中,$\forall \bar{a} \in \mathbf{Z}_n, (a,n)=1$,有

$$(\bar{a})^{\varphi(n)} = \bar{1},$$

其中 $\varphi(n)$ 为在 1 与 n 之间与 n 互素的整数个数.

§3.3　子环与环同态

在群的理论中,子群与群的同态对群的研究起着重要的作用.同样,在环的理论中子环与环的同态也将对环的研究起重要的作用.本节将沿着 §2.3 的思路,对子环与环同态作类似的讨论.

一、子环与子域

定义 1　设 S 是环 $(R,+,\cdot)$ 的一个非空子集,如果 S 关于 R 的运算"$+$"、"$\cdot$"也作成一个环,则称 S 是环 R 的一个**子环**.

类似地,可定义整环的子整环,除环的子除环,域的子域等概念.

按定义可知:S 是 R 的一个子环,即有 $(S,+)$ 是 $(R,+)$ 的不变子群,且 $(S,\cdot)$ 是 $(R,\cdot)$ 的子半群.

例 1　偶数环 $2\mathbf{Z}$ 是整数环 $\mathbf{Z}$ 的子环;而整数环 $\mathbf{Z}$ 又是有理数域 $\mathbf{Q}$ 的子环;有理数域 $\mathbf{Q}$ 和实数域 $\mathbf{R}$ 都是复数域 $\mathbf{C}$ 的子域.

例 2　实数域 $\mathbf{R}$ 上的一元多项式环 $\mathbf{R}[x]$ 中的所有常数多项

式的作成的子集为 **R**,因此,实数域 **R** 可以看作实数域 **R** 上的一元多项式环 **R**[x] 的一个子环.

显然,任意环 R 都有子环 R 和 $\{0\}$,它们称为环 R 的**平凡子环**,除平凡子环外的其他子环则称为环 R 的**真子环**.同时,我们注意到 $\{0\}$ 不是域 F 的子域,$\{0\}$ 也不是除环 R 的子除环.所以,任意域 F 都有子域 F,称为 F 的**平凡子域**,而异于 F 的子域称为 F **真子域**.

在群论中,我们曾看到群 G 的子群 H 有单位元,且 H 的单位元与 G 的单位元相同.根据此结果,我们可得,环 R 的子环 S 有零元,且 S 的零元与 R 的零元相同.但是,对于乘法运算的单位元来说,情况就复杂多了.由于环中对于乘法的条件给得很少,所以环与其子环的单位元一般来说是没有必然的联系的.

例 3　有理数域 **Q** 与其子环 **Z** 有相同的单位元 1,但整数环 **Z** 的子环偶数环 2**Z** 却没有单位元.

例 4　$\mathbf{Z}_6 = \{\bar{0}, \bar{1}, \bar{2}, \bar{3}, \bar{4}, \bar{5}\}$ 是有单位元 $\bar{1}$ 的交换环.容易验证 $S = \{\bar{0}, \bar{2}, \bar{4}\}$ 是 $\mathbf{Z}_6$ 的子环,它也有单位元 $\bar{4}$.由此可见,环 $\mathbf{Z}_6$ 与其子环 S 都是有单位元的环,但它们的单位元并不相同.

设 S 是环 R 的任何子集,当我们来判别 S 是否是 R 的子环时,环的有些条件是不必验证的,因为有的条件对环 R 的任何子集都自然成立.例如,S 中关于加法和乘法的结合律必成立.于是由子环的定义和子群的判别条件,我们有

定理 1　设 S 是环 R 的一个非空子集,则 S 是 R 的子环的充分必要条件是:$\forall a, b \in S$,有

$$a - b \in S, \quad ab \in S.$$

定理 2　设 $K \neq \{0\}$ 是除环(域)F 的非空子集,则 K 是 F 的子除环(子域)的充分必要条件是:$\forall a, b \in K$,有

$$a - b \in K, \quad ab^{-1} \in K (b \neq 0).$$

上述两个定理的具体证明留作习题.

例 5　设 R 为环,令

$$C = \{c \in R \mid cx = xc, \forall\, x \in R\},$$

那么 C 是 R 的一个子环,我们称 C 为环 R 的**中心**.

因为 $0 \in C$,故 $C \neq \varnothing$. 设 $\forall\, c_1, c_2 \in C$,即对于任意 $x \in R$,有

$$c_1 x = x c_1,\quad c_2 x = x c_2,$$

因而

$$(c_1 - c_2)x = c_1 x - c_2 x = x c_1 - x c_2 = x(c_1 - c_2),$$
$$(c_1 c_2)x = c_1(c_2 x) = c_1(x c_2) = (c_1 x)c_2 = (x c_1)c_2 = x(c_1 c_2),$$

所以,$c_1 - c_2, c_1 c_2 \in C$,即 C 是 R 的子环.

例 6　设 E 是加群 $(G, +)$ 的自同态环,H 是 G 的子群,那么

$$E_H = \{f \mid f \in E, f(H) \subseteq H\}$$

是 E 的一个子环.

因为 $\forall\, f, g \in E_H$,即 $\forall\, x \in H$,有 $f(x) \in H, g(x) \in H$,而

$$(f - g)(x) = f(x) - g(x) \in H,$$
$$(f \circ g)(x) = f(g(x)) \in H,$$

得 $f - g, f \circ g \in E_H$,所以 E_H 是 E 的一个子环.

定理 3　环(整环、除环、域)R 的若干个子环(子整环、子除环、子域)的交仍是子环(子整环、子除环、子域).

证明　仅证环的情形.令

$$\{S_i \mid i \in I\} \text{(其中 } I \text{ 是某个指标集)}$$

是环 R 的一个子环族,因为 $\forall\, i \in I$,有 $0 \in S_i$,得

$$0 \in \bigcap_{i \in I} S_i \neq \varnothing.$$

若 $\forall\, a, b \in \bigcap_{i \in I} S_i$,则有 $a, b \in S_i\ (\forall\, i \in I)$,由于 S_i 都是 R 的子

环,所以

$$a - b \in S_i, \quad ab \in S_i, (\forall i \in I)$$

从而得

$$a - b \in \bigcap_{i \in I} S_i, \quad ab \in \bigcap_{i \in I} S_i.$$

所以,$\bigcap_{i \in I} S_i$ 是 R 的一个子环. ∎

根据子环关于交的封闭性,我们可以构造由环 R 的子集 T 生成的子环,即

定义 2 设 T 是环 R 的一个非空子集,如果 R 的子环 S 满足:

(1) $T \subseteq S$;

(2) 如果还有环 R 的子环 S' 也包含 T,则必有 $S \subseteq S'$.则称 S 是由**子集 T 生成的子环**,记为 $S = [T]$.

下面我们来看生成子环的存在性.

任取环 R 的一个非空子集 T,设 $\{S_i \mid i \in I\}$ 是环 R 中包含 T 的所有子环作成的子环簇,由于 R 中总有包含 T 的子环存在,例如 R 本身就是这样的一个子环,从而知 $\{S_i \mid i \in I\} \neq \varnothing$.

由定理 3 知,$\bigcap_{i \in I} S_i$ 是 R 的子环.由于 $\forall i \in I$,都有 $T \subseteq S_i$,所以,$T \subseteq \bigcap_{i \in I} S_i$.且 $\bigcap_{i \in I} S_i$ 的最小性是显然的.所以,由子集 T 生成的子环 $[T]$ 存在,且

$$[T] = \bigcap_{i \in I} S_i.$$

再来看由子集 T 生成的子环 $[T]$ 中的元素形式.

任取 $t_1, t_2, \cdots, t_n \in T$,则 $\pm t_1 t_2 \cdots t_n \in [T]$,从而

$$\sum \pm t_1 t_2 \cdots t_n \in [T],$$

其中 $\sum$ 为有限和,因此有

$$\left\{ \sum \pm t_1 t_2 \cdots t_n \mid t_i \in T, n \in \mathbf{Z}^+ \right\} \subseteq [T].$$

另一方面,易证

$$\left\{ \sum \pm t_1 t_2 \cdots t_n \mid t_i \in T, n \in \mathbf{Z}^+ \right\}$$

作成 R 的一个包含子集 T 的子环,由 $[T]$ 是包含子集 T 的最小子环,故

$$[T] \subseteq \left\{ \sum \pm t_1 t_2 \cdots t_n \mid t_i \in T, n \in \mathbf{Z}^+ \right\}.$$

所以, $\quad [T] = \left\{ \sum \pm t_1 t_2 \cdots t_n \mid t_i \in T, n \in \mathbf{Z}^+ \right\}.$

特别地,取 $T = \{a\}$,则

$$[T] = [a] = \left\{ \sum n_i a^i \mid n_i \in \mathbf{Z}, i \in \mathbf{Z}^+ \right\}.$$

例 7 找出 $\mathbf{Z}_6$ 的所有子环.

设 S 是 $\mathbf{Z}_6$ 的一个子环,那么 $(S, +)$ 必定是 $(\mathbf{Z}_6, +)$ 的一个子群,而 $(\mathbf{Z}_6, +)$ 的子群只有

$$\{\overline{0}\}, \quad \{\overline{0}, \overline{3}\}, \quad \{\overline{0}, \overline{2}, \overline{4}\}, \quad \mathbf{Z}_6.$$

容易验证它们都是环 $\mathbf{Z}_6$ 的子环,且

$$\{\overline{0}\} = [\overline{0}], \quad \{\overline{0}, \overline{3}\} = [\overline{3}], \quad \{\overline{0}, \overline{2}, \overline{4}\} = [\overline{2}], \quad \mathbf{Z}_6 = [\overline{1}].$$

二、环的同态与同构

定义 3 设 R, R' 是两个环,f 是 R 到 R' 的一个映射,如果对于 $\forall a, b \in R$,有

$$f(a + b) = f(a) + f(b), \quad f(ab) = f(a) f(b),$$

则称 f 为 R 到 R' 的一个**同态映射**.

若 f 为满射,则称 f 是 R 到 R' 的**满同态**,这时又称 R 与 R' 同态,记为 $R \overset{f}{\sim} R'$ (或 $R \sim R'$);若 f 为单射,则称 f 是 R 到 R' 的**单同态**(也叫做 R 在 R' 中的**嵌入**);若 f 为一一映射,则称 f 是 R 到

R' 的**同构映射**,这时又称 R 与 R' **同构**,记为

$$R \overset{f}{\cong} R' \text{(或 } R \cong R').$$

例8 设 $R = \mathbf{Z}, R' = \mathbf{Z}_m$,

$$f: \mathbf{Z} \to \mathbf{Z}_m, \quad a \mapsto \bar{a},$$

显然 f 是满射.又,对于 $\forall a, b \in \mathbf{Z}$,有

$$f(a+b) = \overline{a+b} = \bar{a} + \bar{b} = f(a) + f(b),$$
$$f(ab) = \overline{ab} = \bar{a} \cdot \bar{b} = f(a) \cdot f(b),$$

故 f 是 $\mathbf{Z}$ 到 $\mathbf{Z}_m$ 的一个满同态,即 $\mathbf{Z} \sim \mathbf{Z}_m$.

关于环同态也有类似于群同态的一些结果.

定理4 若环 $R \overset{f}{\sim} R'$,则

(1) R 的零元素 0 的象 $f(0)$ 是 R 的零元素,即 $f(0) = 0'$;

(2) R 中的元素 a 的负元 $-a$ 的象 $f(-a)$ 是 a 的象 $f(a)$ 的负元素 $-f(a)$,即 $f(-a) = -f(a)$;

(3) 若 R 是交换环,则 R' 也是交换环;

(4) 若 R 有单位元 1,那么 R' 也有单位元,且 R' 的单位元为 $f(1)$.

由于此定理的结论比较明显,所以此定理的证明略去,其中 (1),(2) 两条未必要求 f 为满射.

在上述定理中各结论的逆命题均未必成立.例如,R' 中有单位元时,R 中未必有单位元.给出反例如下:设

$$R = \left\{ \begin{pmatrix} a & b \\ 0 & 0 \end{pmatrix} \middle| a, b \in \mathbf{Z} \right\}$$

作

$$f: R \to \mathbf{Z}, \quad \begin{pmatrix} a & b \\ 0 & 0 \end{pmatrix} \mapsto a,$$

则 f 是 R 到 $\mathbf{Z}$ 的同态满射, $\mathbf{Z}$ 有单位元 1, 但 R 无单位元. 而且 $\mathbf{Z}$ 是交换环, 而 R 却不是交换环.

至于其余几个逆命题的反例, 请读者自行完成.

定理 5　若环 $R \overset{f}{\sim} R'$, S 是 R 的子环, S' 是 R' 的子环, 那么 $f(S)$ 是 R' 的子环, $f^{-1}(S')$ 是 R 的子环.

此定理的证明完全类似于 §2.3 定理 5 的证明.

推论　若环 $R \overset{f}{\sim} R'$, 则

$$\mathbf{Ker}f = f^{-1}(0') = \{x \mid x \in R, f(x) = 0'\}$$

是 R 的子环.

值得注意的是: 在环同态下无零因子这个性质未必保持.

例 9　由例 8 知, $\mathbf{Z} \sim \mathbf{Z}_m$, $\mathbf{Z}$ 为无零因子环, 但当 m 为合数时, $\mathbf{Z}_m$ 是有零因子的环.

反过来, 设

$$R = \{(a,b) \mid a,b \in \mathbf{Z}\},$$

则 R 对于代数运算:

$$(a_1,b_1) + (a_2,b_2) = (a_1 + a_2, b_1 + b_2),$$
$$(a_1,b_1) \cdot (a_2,b_2) = (a_1 a_2, b_1 b_2)$$

作成一个环. 且

$$g: R \to \mathbf{Z}, \quad (a,b) \mapsto a$$

是 R 到 $\mathbf{Z}$ 的满同态. 因为

$$(a,0) \cdot (0,b) = (0,0),$$

所以, R 是一个有零因子的环, 但 $\mathbf{Z}$ 没有零因子.

如果 $R \cong R'$, 则环 R 与环 R' 的代数性质就完全一致了, 因此, 我们有

定理 6　设 $R \cong R'$, 则 R 是整环(除环、域)的充分必要条件是

R' 是整环(除环、域).

证明 我们仅对整环的情形给出证明.

先证必要性.设 R 为整环,由定理 4 可知 R' 是有单位元的交换环,因此,只需证明 R' 无零因子即可.

$\forall a',b' \in R'$,若 $a'b' = 0'$,则存在 $a,b \in R$,使得

$$f(a) = a', \quad f(b) = b',$$

且 $$0' = a'b' = f(a)f(b) = f(ab).$$

由于 f 为单射,故只有 $ab = 0$,而 R 无零因子,即有 $a = 0$ 或 $b = 0$,得

$$a' = f(a) = f(0) = 0' \quad \text{或} \quad b' = f(b) = f(0) = 0'.$$

所以,R' 为整环.

再证充分性.因为 $f^{-1}: R' \to R$ 也是同构映射,如果 R' 是整环,那么根据必要性可知 R 也是一个整环. ■

习题 3.3

1. 详细证明定理 1、定理 2.

2. 环 R 上的多项式环 $R[x]$ 的子集:

$$S_1 = \{f(x^2) \mid f(x) \in R[x]\},$$
$$S_2 = \{xf(x) \mid f(x) \in R[x]\},$$

证明 S_1, S_2 均是 $R[x]$ 的子环.

3. 设 p 是素数,则

$$S_p = \left\{ \frac{a}{b} \,\middle|\, a,b \in \mathbf{Z}, p \text{ 不整除 } b, b \neq 0 \right\}$$

是 $\mathbf{Q}$ 的子环.

4. 证明:$R_1 = \{3x \mid x \in \mathbf{Z}\}$,$R_2 = \{5x \mid x \in \mathbf{Z}\}$ 是整数环 $\mathbf{Z}$ 的两个子环,并求 $R_1 \bigcap R_2$.

5. 设 S 是域 F 的非零子环,证明 S 是 F 的子域的充分必要条件是：$\forall x \in S, x \neq 0$,有 $x^{-1} \in S$.

6. 设环 $R_1 \sim R_2, R_2 \sim R_3$,则 $R_1 \sim R_3$.

7. 求出 $\mathbf{Z}_{12}$ 到 $\mathbf{Z}_4$ 的所有环同态映射.

8. (1) 找出 $\mathbf{Z}_3$ 的所有环的自同构;

(2) 找出 $\mathbf{Z}_3$ 的所有群的自同构.

9. 证明：整数加群与偶数加群同构,但整数环与偶数环不同构.

10. 设 $\mathbf{Q}(i) = \{a + bi \mid a, b \in \mathbf{Q}\}$,证明：

(1) $\mathbf{Q}$ 是 $\mathbf{Q}(i)$ 的唯一真子域;

(2) $\mathbf{Q}(i)$ 有且仅有两个自同构映射.

§3.4 理想与商环

在前一章中,我们看到不变子群在群的研究中起着非常重要的作用.在环的研究中,理想这个概念类似于群中的不变子群.下面几节的讨论可以参考群这一章中的相应内容.

一、理想

定义 1 设 I 是环 R 的一个非空子集,如果

(1) $\forall a, b \in I$,有 $a - b \in I$,

(2) $\forall a \in I, \forall r \in R$,有 $ar, ra \in I$,

则称 I 是环 R 的一个**理想**.

由理想的定义和子环的判别定理可知,环 R 的一个理想 I 必是 R 的一个子环.但环 R 的子环未必是 R 的一个理想,具体的例子我们将在后面的讨论中给出.

与子环的情形一样,一个非零环 R 至少有两个理想：R 本身及 $\{0\}$(通常称 R 为**单位理想**,$\{0\}$ 为**零理想**),它们称为环 R 的**平**

凡理想. 除平凡理想以外,如果 R 还有其他理想,那么称为**真理想**.

我们来看几个有关理想的例子.

例 1 在整数环 **Z** 中,

$$I_1 = \{2n \mid n \in \mathbf{Z}\} = 2\mathbf{Z},$$

$$I_2 = \{an \mid n \in \mathbf{Z}\} = a\mathbf{Z}, (取定 \ a \in \mathbf{Z})$$

则 I_1, I_2 都是 **Z** 的理想.

例 2 在数域 P 上的一元多项式环 $P[x]$ 中,

$$I = \{P[x] 中所有常数项为零的多项式\},$$

则 I 作成 $P[x]$ 的一个理想.

例 3 设 R 是一个环,R 的中心

$$C = \{c \in R \mid cx = xc, \forall \, x \in R\}$$

是 R 的一个子环,但 C 不一定是 R 的理想. 例如,当 R 为交换环时,则有 $C = R$ 是 R 的一个理想. 但在下面的例子中,C 就不是 R 的一个理想.

例 4 设

$$R = M_2(P) = \{数域 \ P 上的所有 2 阶矩阵\},$$

$$A = \left\{ \begin{pmatrix} a & b \\ 0 & 0 \end{pmatrix} \ \middle| \ a, b \in P \right\},$$

则 A 是 R 的一个子环,但 A 不是 R 的一个理想,因为,取

$$\begin{pmatrix} 1 & 1 \\ 1 & 1 \end{pmatrix} \in R, \quad \begin{pmatrix} 1 & 1 \\ 0 & 0 \end{pmatrix} \in A,$$

有

$$\begin{pmatrix} 1 & 1 \\ 1 & 1 \end{pmatrix} \begin{pmatrix} 1 & 1 \\ 0 & 0 \end{pmatrix} = \begin{pmatrix} 1 & 1 \\ 1 & 1 \end{pmatrix} \notin A.$$

进一步我们可以证明 $M_2(P)$ 不存在真理想. 为此我们来证明更一般的结论:当 $n \geqslant 2$ 时,$M_n(P)$ 不存在真理想.

设 I 是 $M_n(P)$ 的一个理想,且 $I \neq \{0\}$,那么,I 中存在非零矩阵

$$A = \begin{pmatrix} a_{11} & a_{12} & \cdots & a_{1n} \\ a_{21} & a_{22} & \cdots & a_{2n} \\ \vdots & \vdots & & \vdots \\ a_{n1} & a_{n2} & \cdots & a_{nn} \end{pmatrix} \in I,$$

其中 $a_{st} \neq 0$. 我们用 E_{lk} 表示第 l 行第 k 列元素为 1,其余元素为 0 的 n 阶矩阵,那么,根据矩阵的运算有

$$E_{ij} = \frac{1}{a_{st}} E_{is} A E_{tj}, \quad i, j = 1, 2, \cdots, n,$$

由于 I 为 $M_n(P)$ 的一个理想,故

$$\left(\frac{1}{a_{st}} E_{is} \right) A \in I, \ E_{ij} = \left(\frac{1}{a_{st}} E_{is} A \right) E_{tj} \in I,$$

即 $\qquad\qquad E_{ij} \in I, \quad i, j = 1, 2, \cdots, n,$

因此,任意

$$B = \begin{pmatrix} b_{11} & b_{12} & \cdots & b_{1n} \\ b_{21} & b_{22} & \cdots & b_{2n} \\ \vdots & \vdots & & \vdots \\ b_{n1} & b_{n2} & \cdots & b_{nn} \end{pmatrix} \in M_n(P),$$

有 $\qquad\qquad B = \sum_{i=1}^{n} \sum_{j=1}^{n} b_{ij} E_{ij} \in I.$

得 $I = M_n(P)$. 所以,$M_n(P)$ 不存在真理想.

我们由高等代数的知识可以知道,$M_n(P)$ 的中心

$$C = \{\text{所有 } n \text{ 阶数量矩阵}\},$$

由于 $M_n(P)$ 没有真理想,即 $M_n(P)$ 的中心是 $M_n(P)$ 的子环但不是 $M_n(P)$ 的理想.

一个没有真理想的环叫做**单环**. 容易证明,除环,域都是单环. 类似于子环,我们有

定理 1　环 R 的若干个理想的交仍是 R 的理想.

下面我们来讨论有关生成理想的问题.

定义 2　设 T 是环 R 的一个非空子集,如果存在 R 的理想 I,使得

(1)$T \subseteq I$;

(2)如果还有环 R 的理想 I' 也包含 T,则必有 $I \subseteq I'$. 称 I 是由**子集 T 生成的理想**,记为 $I = (T)$. T 叫做理想 (T) 的**生成子集**.

下面我们来看生成理想的存在性.

任取环 R 的一个非空子集 T,设 $\{A_k \mid k \in K\}$ 是环 R 中包含 T 的所有理想作成的理想族,由于 R 中总有包含 T 的理想存在,例如 R 本身就是这样的一个理想,从而知

$$\{A_k \mid k \in K\} \neq \varnothing.$$

由定理 1 知, $\bigcap_{k \in K} A_k$ 是 R 的理想. 由于 $\forall k \in K$,都有 $T \subseteq A_k$,所以, $T \subseteq \bigcap_{k \in K} A_k$. 且 $\bigcap_{k \in K} A_k$ 的最小性是显然的. 所以,由子集 T 生成的理想 (T) 存在,且

$$(T) = \bigcap_{k \in K} A_k.$$

因为环 R 的任意一个理想 I 必是环 R 的一个子环,所以,对于 R 的任意一个子集 T,都有

$$[T] \subseteq (T).$$

再来看由子集 T 生成的理想 (T) 中的元素形式. 我们在这里只讨论 T 为有限子集时的情形.

设 $T = \{a_1, a_2, \cdots, a_n\}$,则记理想

$$(T) = (a_1, a_2, \cdots, a_n).$$

如果 R 的一个理想 I 可以由 R 的一个有限集合 T 生成,则称 I 为**有限生成的理想**.

特别地,当 $T=\{a\}$ 时,则 $(T)=(a)$ 是由一个元素 a 生成的理想,我们称由一个元素生成的理想 (a) 为**主理想**. 我们首先来讨论 R 的主理想的结构.

设 a 是环 R 中的一个元素,那么,(a) 中至少包含形如

$$x_i a y_i, sa, at, na, (x_i, y_i, s, t \in R, n \in \mathbf{Z})$$

的元素. 当然 (a) 中也包含形如

$$\sum x_i a y_i + sa + at + na$$

的元素,其中 $\sum$ 有限和,因此,

$$I = \left\{ \sum x_i a y_i + sa + at + na \mid x_i, y_i, s, t \in R, n \in \mathbf{Z} \right\} \subseteq (a),$$

反之,显然有 $a \in I.$ $\forall x, y \in I, \forall r \in R$,则存在

$$x_i, y_i, s, t, u_j, v_j, k, l \in R, \ n, m \in \mathbf{Z},$$

使得

$$x = \sum x_i a y_i + sa + at + na,$$

$$y = \sum u_j a v_j + ka + al + ma,$$

从而有

$$x - y = \left(\sum x_i a y_i - \sum u_j a v_j \right) + (s - k)a + a(t - l) + (n - m)a,$$

$$xr = \sum x_i a (y_i r) + sar + a(tr) + a(nr),$$

$$rx = \sum (r x_i) a y_i + (rs)a + a(rt) + (nr)a,$$

由于两个有限和的差仍是有限和,且

$$s - k, t - l, y_i r, r x_i, tr, nr, rs \in R, n - m \in \mathbf{Z},$$

所以有 $x-y,xr,rx \in I$，即 I 是包含 a 的一个理想，由于 (a) 是包含 a 的最小理想，故有 $(a) \subseteq I$.

综上所述，我们证得了：

$$(a) = \left\{ \sum x_i a y_i + sa + at + na \mid x_i,y_i,s,t \in R,n \in \mathbf{Z} \right\}.$$

这就是由单个元素 a 生成的理想 (a) 的结构，如果给环 R 加点条件，那么 a 生成的理想 (a) 的结构会相应简单些.

若 R 是有单位元的环，则

$$(a) = \left\{ \sum x_i a y_i \mid x_i,y_i \in R \right\};$$

若 R 是交换环，则

$$(a) = \{ ra + na \mid r \in R,n \in \mathbf{Z} \};$$

若 R 是有单位元的交换环，则

$$(a) = \{ ra \mid r \in R \} = Ra = aR.$$

下面我们再来看有限个元素生成的理想的结构. 为此，我们先证明：

定理 2 若 I_1,I_2 是 R 的两个理想，那么，

$$I_1 + I_2 = \{ x_1 + x_2 \mid x_1 \in I_1,x_2 \in I_2 \}$$

也是 R 的一个理想.

证明 $\forall x,y \in I_1 + I_2, \forall r \in R$，那么，

$$x = x_1 + x_2,y = y_1 + y_2,(x_1,y_1 \in I_1;x_2,y_2 \in I_2)$$

有

$$x - y = (x_1 - y_1) + (x_2 - y_2) \in I_1 + I_2;$$
$$rx = r(x_1 + x_2) = rx_1 + rx_2 \in I_1 + I_2;$$
$$xr = (x_1 + x_2)r = x_1 r + x_2 r \in I_1 + I_2.$$

所以，$I_1 + I_2$ 为 R 的一个理想. ■

推论 设 $a_1,a_2,\cdots,a_n\in R$,那么

$$(a_1,a_2,\cdots,a_n)=(a_1)+(a_2)+\cdots+(a_n).$$

证明 因为

$$a_i\in(a_i)\subseteq(a_1)+(a_2)+\cdots+(a_n),i=1,2,\cdots,n,$$

根据定理 2,知 $(a_1)+(a_2)+\cdots+(a_n)$ 是包含元素 $a_1,a_2,\cdots,a_n$ 的理想,而 $(a_1,a_2,\cdots,a_n)$ 是包含 $a_1,a_2,\cdots,a_n$ 的最小理想,从而有

$$(a_1,a_2,\cdots,a_n)\subseteq(a_1)+(a_2)+\cdots+(a_n).$$

另一方面,$\forall a_i\in R,(i=1,2,\cdots,n)$,有

$$(a_i)\subseteq(a_1,a_2,\cdots,a_n),$$

故 $\qquad(a_1)+(a_2)+\cdots+(a_n)\subseteq(a_1,a_2,\cdots,a_n).$

所以, $\qquad(a_1,a_2,\cdots,a_n)=(a_1)+(a_2)+\cdots+(a_n).$ ■

例 5 在例 1 中,理想

$$I_1=\{2n\mid n\in\mathbf{Z}\}=2\mathbf{Z},$$
$$I_2=\{an\mid n\in\mathbf{Z}\}=a\mathbf{Z},(取定\ a\in\mathbf{Z}),$$

由于整数环 $\mathbf{Z}$ 是有单位元的交换环,根据前面的讨论可知,

$$I_1=(2),\quad I_2=(a).$$

进一步,可以证明 $\mathbf{Z}$ 的任何理想都是主理想.

设 I 是 $\mathbf{Z}$ 的一个理想,若 I 为零理想,则 $I=(0)$;若 I 为非零理想,则 I 中可以取到最小正整数 a,那么我们有 $I=(a)$.显然有 $(a)\subseteq I$,反之,$\forall b\in I$,有

$$b=aq+r,\quad 其中\ q,r\in\mathbf{Z},0\leqslant r<a,$$

那么 $r=b-aq\in I$,由于 a 是 I 中的最小正整数,可知 $r=0$,即 $b=aq\in(a)$,得 $I\subseteq(a)$.所以,$I=(a)$.

例 6 在整系数多项式环 $\mathbf{Z}[x]$ 中,我们来看理想 $(2,x)$.

因为 $\mathbf{Z}[x]$ 是一个有单位元的交换环,由定理 2 的推论与生成

主理想的结构可知

$$(2,x) = (2) + (x)$$
$$= \{2f(x) \mid f(x) \in \mathbf{Z}[x]\} + \{xg(x) \mid g(x) \in \mathbf{Z}[x]\}$$
$$= \{2f(x) + xg(x) \mid f(x), g(x) \in \mathbf{Z}[x]\}$$
$$= \{2a_0 + xh(x) \mid h(x) \in \mathbf{Z}[x], a_0 \in \mathbf{Z}\}$$
$$= \{常数为偶数的所有整系数多项式\}.$$

下面我们来证明 $(2,x)$ 不是 $\mathbf{Z}[x]$ 的主理想.

假如 $(2,x)$ 是 $\mathbf{Z}[x]$ 的一个主理想,那么存在 $p(x) \in \mathbf{Z}[x]$,使得

$$(2,x) = (p(x)) = \{p(x)f(x) \mid f(x) \in \mathbf{Z}[x]\}.$$

因为 $2 \in (p(x))$,$x \in (p(x))$,即存在 $q(x), h(x) \in \mathbf{Z}[x]$,使得

$$2 = q(x)p(x), \quad x = h(x)p(x),$$

由 $2 = q(x)p(x)$,得 $p(x) = a \in \mathbf{Z}$;又由

$$x = h(x)p(x) = h(x)a,$$

得 $a = \pm 1$. 于是

$$\pm 1 = p(x) \in (p(x)) = (2,x),$$

这与 $\pm 1 \notin (2,x)$ 矛盾,因此,$(2,x)$ 不是 $\mathbf{Z}[x]$ 的主理想.

例 7 找出 $\mathbf{Z}_6$ 的所有理想.

因为理想必为子环,而 $\mathbf{Z}_6$ 的所有子环只有:

$$\{\bar{0}\}, \{\bar{0}, \bar{3}\}, \{\bar{0}, \bar{2}, \bar{4}\}, \mathbf{Z}_6.$$

不难验证这四个子环都是 $\mathbf{Z}_6$ 的理想,所以,$\mathbf{Z}_6$ 的理想也只有这四个,而且都是主理想,分别为 $(\bar{0}), (\bar{3}), (\bar{2}), (\bar{1})$.

二、商环

设 I 是环 R 的一个理想,我们可知 $(I, +)$ 是 $(R, +)$ 的不变子

群,由 §2.7 知,R 对于 I 的商集

$$R/I = \{\bar{a} \mid a \in R\}$$

关于陪集的加法构成一个群,其中

$$\bar{a} = \{a + x \mid x \in I\} = a + I.$$

进一步,在 R/I 中,利用 R 的乘法运算规定

$$\bar{a} \cdot \bar{b} = \overline{ab}, \quad \forall\, \bar{a}, \bar{b} \in R/I,$$

下面来说明上述规定的乘法是 R/I 的代数运算,即需要证明运算结果与代表元的选取无关.

设 $\bar{a_1} = \bar{a}, \bar{b_1} = \bar{b}$,故有

$$a_1 = a + x, \quad b_1 = b + y, \quad (x, y \in I),$$

从而得

$$a_1 b_1 = (a + x)(b + y) = ab + ay + xb + xy = ab + z,$$

其中 $z = ay + xb + xy \in I$,即有

$$\bar{a_1} \cdot \bar{b_1} = \overline{a_1 b_1} = \overline{ab} = \bar{a} \cdot \bar{b},$$

于是上述规定的乘法运算是合理的.

又,对于 $\forall\, \bar{a}, \bar{b}, \bar{c} \in R/I$,

$$(\bar{a} \cdot \bar{b}) \cdot \bar{c} = \overline{ab} \cdot \bar{c} = \overline{(ab)c} = \overline{a(bc)} = \bar{a} \cdot \overline{bc} = \bar{a} \cdot (\bar{b} \cdot \bar{c}),$$

故 $(R, \cdot)$ 是半群.

由于

$$\bar{a} \cdot (\bar{b} + \bar{c}) = \bar{a} \cdot \overline{b + c} = \overline{a(b + c)}$$

$$= \overline{ab + ac} = \overline{ab} + \overline{ac} = \bar{a} \cdot \bar{b} + \bar{a} \cdot \bar{c},$$

同理有
$$(\bar{b} + \bar{c}) \cdot \bar{a} = \bar{b} \cdot \bar{a} + \bar{c} \cdot \bar{a}.$$

综上所述,$(R/I, +, \cdot)$ 作成一个环.

定义 3 设 I 是环 R 的一个理想,商集 R/I 关于运算

$$\bar{a}+\bar{b}=\overline{a+b}, \quad \bar{a}\cdot\bar{b}=\overline{ab}, \ \forall\ \bar{a},\bar{b}\in R/I,$$

所作成的环,叫做 R 关于理想 I 的**商环**.

例 8 关于整数环 $\mathbf{Z}$ 的主理想 (4),由于

$$(4)=\{4k\mid k\in\mathbf{Z}\},$$

而

$$\mathbf{Z}/(4)=\{\bar{a}\mid a\in\mathbf{Z}\},$$

其中

$$\bar{a}=\{x+(4)\mid x\in\mathbf{Z}\}=\{a+4k\mid k\in\mathbf{Z}\},$$

即 $\bar{a}$ 是由一切被 4 除余 a 的整数所组成的集合,所以,$\bar{a}$ 只能是 $\bar{0}$,$\bar{1},\bar{2},\bar{3}$ 其中之一,故

$$\mathbf{Z}/(4)=\{\bar{0},\bar{1},\bar{2},\bar{3}\}.$$

一般地,有 $\mathbf{Z}/(m)=\{\bar{0},\bar{1},\cdots,\overline{m-1}\}.$

对任意环 R,取 R 的理想 I,对于 $a,b\in R$,若 $a-b\in I$,则我们沿用整数同余的记号,用

$$a\equiv b(\mathbf{mod}\,I) \quad \text{或} \quad a\equiv b(I)$$

表示,并说"a 模 I 同余于 b".从而,$\bar{a}$ 是由 R 中一切关于模 I 同余于 a 的元素所组成的集合,故称 $\bar{a}$ 为模 I 的一个同余类,因此,商环 R/I 也叫做环 R 关于理想 I 的**剩余类环**.

例 9 设 $R=\mathbf{R}[x]$ 是实数域 $\mathbf{R}$ 上的一元多项式环,$I=(x^2+1)$ 是 $\mathbf{R}$ 上的多项式 x^2+1 生成的主理想,任取 $f(x)\in\mathbf{R}$,则由带余除法得

$$f(x)=q(x)(x^2+1)+(ax+b),$$

其中 $q(x)\in\mathbf{R},a,b\in\mathbf{R}$,于是

$$f(x)\equiv ax+b(I),$$

即在 $\mathbf{R}[x]/(x^2+1)$ 中,

$$\overline{f(x)} = \overline{ax+b},$$

因而 $\mathbf{R}[x]/(x^2+1)$ 是由一切剩余类 $\overline{ax+b}(a,b\in\mathbf{R})$ 所组成,即

$$\mathbf{R}[x]/(x^2+1) = \{\overline{ax+b} \mid a,b\in\mathbf{R}\}.$$

如果令

$$\varphi: \mathbf{C} \to \mathbf{R}[x]/(x^2+1), \quad ai+b \mapsto \overline{ax+b},$$

下证 φ 为同构映射.

φ 为满射是显然的. 若 $\overline{ax+b} = \overline{cx+d}$,则

$$(ax+b)-(cx+d) \in (x^2+1),$$

即 $\qquad (a-c)x+(b-d) = q(x)(x^2+1),$

有 $a=c, b=d$,故 φ 为单射. 且有

$$\varphi[(ai+b)+(ci+d)]$$
$$=\varphi[(a+c)i+(b+d)]$$
$$=\overline{(a+c)x+(b+d)} = \overline{(ax+b)+(cx+d)}$$
$$=(\overline{ax+b})+(\overline{cx+d}) = \varphi(ai+b)+\varphi(ci+d);$$
$$\varphi(ai+b)\cdot\varphi(ci+d) = (\overline{ax+b})\cdot(\overline{cx+d})$$
$$=\overline{(ax+b)(cx+d)} = \overline{acx^2+(ad+bc)x+bd}$$
$$=\overline{ac(x^2+1)+(ad+bc)x+(bd-ac)}$$
$$=\overline{(ad+bc)x+(bd-ac)} + \overline{ac(x^2+1)}$$
$$=\overline{(ad+bc)x+(bd-ac)}$$
$$=\varphi[(ad+bc)i+(bd-ac)] = \varphi[(ai+b)(ci+d)].$$

因此,我们得到

$$\mathbf{C} \overset{\varphi}{\cong} \mathbf{R}[x]/(x^2+1).$$

习题 3.4

1. 设 R 是偶数环,证明:所有整数 $4r(r \in R)$ 是 R 的一个理想 I,且问:等式 $I = (4)$ 对不对?

2. 在整数环 $\mathbf{Z}$ 中,证明:$(3,7) = (1)$.

3. 证明:环 R 的若干个理想的交仍是 R 的理想.

4. 设 R 为交换环,$a \in R$,$I_a = \{x \in R \mid ax = 0\}$,证明:$I_a$ 是 R 的理想.

5. 设 A_i 是 R 的理想,$i = 1,2,3,\cdots$,且

$$A_1 \subseteq A_2 \subseteq \cdots \subseteq A_n \cdots$$

证明:$A = \bigcup\limits_{i=1}^{\infty} A_i$ 是 R 的一个理想.

6. 设 $R = M_2(\mathbf{Z})$,求环 R 的中心 C,且证明 C 不是 R 的理想.

7. 设

$$R = \left\{ \begin{pmatrix} a & b \\ 0 & 0 \end{pmatrix} \middle| a,b \in \mathbf{Z} \right\}, \quad I = \left\{ \begin{pmatrix} 0 & x \\ 0 & 0 \end{pmatrix} \middle| x \in \mathbf{Z} \right\},$$

证明:I 是 R 的理想.问商环 R/I 由哪些元素组成?

8. 设 $R = \{a + bi \mid a,b \in \mathbf{Z}, i^2 = -1\}$,求 $R/(1+i)$.

9. 设 f 是环 R 到 R' 的同态满射,I 是 R 的理想,I' 是 R' 的理想,那么

(1)$f(I)$ 是 R' 的理想;

(2)$f^{-1}(I')$ 是 R 的理想.

10. 设 A 是环 R 的非空子集,如果

(1) $\forall a,b \in A$,有 $a - b \in A$;

(2)$\forall a \in A, r \in R$,有 $ar \in A, (ra \in A)$,

则称 A 是 R 的一个**右理想(左理想)**.

设 A 是环 R 的一个左理想,证明 A 的左零因子

$$I = \{x \mid x \in R, xA = \{0\}\}$$

是 R 的一个理想.

§3.5 环同态基本定理

在群的理论中,我们通过群的同态映射与同构映射来刻画群的不变子群、商群和群的同态映射三者之间的关系,对于环我们也有类似的关系.本节将讨论环的理想、商环和环的同态映射三者之间的关系.

定理 1 设 $f: R \to R'$ 是一个环的同态映射,则 **Ker** f 是 R 的一个理想;反之,设 I 是环 R 的一个理想,则映射

$$\psi: R \to R/I, \quad a \mapsto \bar{a}$$

是 **Ker** $\psi = I$ 的一个环同态满射,其中 $\bar{a} = a + I$.

证明 因为 f 可以看作加群 $(R, +)$ 与 $(R', +)$ 的群同态映射,由 §2.8 定理 1,我们知道 **Ker** f 是 $(R, +)$ 的子群,又对于 $\forall k \in$ **Ker** $f, \forall r \in R$,有

$$f(rk) = f(r) \cdot f(k) = f(r) \cdot 0' = 0',$$
$$f(kr) = f(k) \cdot f(r) = 0' \cdot f(r) = 0',$$

从而有 $rk, kr \in$ **Ker** f. 因此,**Ker** f 是 R 的一个理想(参看 §3.4,例 9).

反之,若 I 是 R 的一个理想,根据 §2.8 定理 1 知,映射 ψ 也是加群 $(R, +)$ 到 $(R/I, +)$ 的同态满射,其中,同态核 **Ker** $\psi = I$,即 ψ 保持加法运算,且 $\bar{a} = a + I$. 要证 ψ 为环的同态满射,只需证 ψ 保持乘法即可,而对于 $\forall a, b \in R$,有

$$\psi(ab) = \overline{ab} = \bar{a} \cdot \bar{b} = \psi(a) \cdot \psi(b),$$

从而 ψ 也是环的满同态.

定义 1 我们称在定理 1 中所述的同态满射 $\psi: R \to R/I$ 为环 R 到商环 R/I 的**自然同态**.

与群的同态基本定理相似,下面的定理用来揭示 **Im** f, **Ker** f, ψ, **Im** ψ 之间的相互关系.

定理 2(环同态基本定理) 设 $f: R \to R'$ 是环同态映射,令 $I = \mathbf{Ker} f$,则存在 R/I 到 R' 的唯一单同态映射 f_*,使得

$$f = f_* \circ \psi,$$

其中 ψ 是 R 到 R/I 的自然同态.

此定理的证明可以完全类似于 §2.8,定理 2 的证明进行逐条证明.下面我们所给出的证明是利用 §2.8,定理 2 中已有的结果.

证明 由于 f, ψ 都可以看作加群的同态映射,而同态核 **Ker** f 只与加法有关.

根据 §2.8,定理 2 知,满足定理要求的加群同态单射 f_* 存在且唯一,而 f_* 是如下给出的:

$$f_*: R/I \to R', \quad a+I \mapsto f(a),$$

换句话说,根据 §2.8,定理 2,我们已有:

(1) f_* 存在; (2) f_* 唯一;

(3) f_* 是单射; (4) f_* 是保持加法;

(5) f_* 使得 $f = f_* \circ \psi$.

然而,此定理要求 f_* 是环同态映射,因此,我们只需证明 f_* 保持乘法运算即可.

$\forall a+I, b+I \in R/I$,有

$$f_*[(a+I)(b+I)] = f_*[ab+I] = f(ab)$$

$$= f(a)f(b) = f_*(a+I)f_*(b+I),$$

即 f_* 保持乘法运算.

这个定理可以由下图表示:

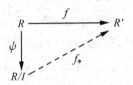

定理 2 即说明上述图可以交换. 由定理 2,容易得到

定理 3 设 R 为环,则 R 的任一个商环都是 R 的同态象;反之,若 R' 是 R 的同态象,即 $f(R) = R'$,则

$$R/\mathbf{Ker} \overset{f_*}{\cong} R'.$$

证明 由定理 1 可知定理 3 的前半部分成立;而后半部分是定理 2 的直接结果,由于 f 为满射,而 $f = f_* \circ \psi$,得 f_* 必为满射. 根据定理 2 知 f_* 是单射,所以, f_* 是同构映射,故

$$R/\mathbf{Ker} \overset{f_*}{\cong} R'.$$

例 1 设 f 是环 R 到 R' 的满同态, I' 是 R' 的一个理想,

$$I = f^{-1}(I') = \{x \in R \mid f(x) \in I'\},$$

则 I 是 R 的一个理想,且

$$R/I \cong R'/I'.$$

由上节的习题 9 知, I 是 R 的一个理想,且

$$R \overset{f}{\sim} R' \overset{\psi}{\sim} R'/I',$$

故 $\psi \circ f$ 是 R 到 R'/I' 的同态满射,其中 ψ 是 R' 到 R'/I' 的自然同态,即

$$R \stackrel{\psi\circ f}{\simeq} R'/I'.$$

利用定理 3,我们有

$$R/\mathbf{Ker}(\psi \circ f) \stackrel{(\psi\circ f)^*}{\cong} R'.$$

我们只需证明 $\mathbf{Ker}(\psi \circ f) = I$ 即可.

$\forall x \in \mathbf{Ker}(\psi \circ f)$,则 $(\psi \circ f)(x) = I'$,于是有

$$(\psi \circ f)(x) = \psi(f(x)) = f(x) + I' = I'$$
$$\Rightarrow \quad f(x) \in I' \quad \Rightarrow \quad x \in I,$$

故 $\mathbf{Ker}(\psi \circ f) \subseteq I$. 反之,$\forall x \in I$,有

$$(\psi \circ f)(x) = \psi(f(x)) = f(x) + I' = I',$$

得 $I \subseteq \mathbf{Ker}(\psi \circ f)$,所以,有

$$\mathbf{Ker}(\psi \circ f) = I.$$

例 2 设 R 是一个环,I_1, I_2 是 R 的两个理想,并且 $I_2 \subseteq I_1$,则 I_1/I_2 是 R/I_2 的一个理想,并且

$$(R/I_2)/(I_1/I_2) \cong R/I_1.$$

令

$$f: R/I_2 \to R/I_1, \quad a+I_2 \mapsto a+I_1, \quad \forall a+I_2 \in R/I_2,$$

则 f 是商环 R/I_2 到 R/I_1 的映射,因为当 $a+I_2 = a_1+I_2$ 时,即 $a-a_1 \in I_2 \subseteq I_1$,得 $a+I_1 = a_1+I_1$,所以,

$$f(a+I_2) = a+I_1 = a_1+I_1 = f(a_1+I_2),$$

上述定义的映射 f 是合理的. f 为满射是显然的.

又因为 $\forall a+I_2, b+I_2 \in R/I_2$,有

$$f[(a+I_2)+(b+I_2)] = f[(a+b)+I_2]$$
$$= (a+b)+I_1 = (a+I_1)+(b+I_1)$$
$$= f(a+I_2)+f(b+I_2);$$

$$f[(a+I_2)(b+I_2)] = f[(ab)+I_2] = (ab)+I_1$$
$$=(a+I_1)(b+I_1) = f(a+I_2)f(b+I_2),$$

可知 f 保持运算. 所以, f 是 R/I_2 到 R/I_1 的满同态, 并且

$$\mathbf{Ker}f = \{x+I_2 \mid f(x+I_2) = I_1\}$$
$$= \{x+I_2 \mid x+I_1 = I_1\}$$
$$= \{x+I_2 \mid x \in I_1\} = I_1/I_2.$$

由定理 3 知

$$(R/I_2)/(I_1/I_2) = (R/I_2)/\mathbf{Ker}\,f \cong R/I_1.$$

例 3 设 $\mathbf{R}[x]$ 是实数域 $\mathbf{R}$ 上的多项式环, $I = (x^2+1)$, 那么,

$$\mathbf{R}[x]/I \cong \mathbf{C}.$$

此结果我们已在上一节用直接建立同构映射的方法获得了, 但这里我们将利用同态基本定理来证明.

令

$$\varphi: \mathbf{R}[x] \to \mathbf{C}, \, f(x) \mapsto f(\mathrm{i}), \forall\, f(x) \in \mathbf{R}[x].$$

不难证明 φ 是 $\mathbf{R}[x]$ 到 $\mathbf{C}$ 的一个满同态, 即

$$\mathbf{R}[x] \overset{\varphi}{\sim} \mathbf{C}.$$

因此, 只需证明 $\mathbf{Ker}\varphi = I = (x^2+1)$.

事实上, $\forall\, f(x) \in \mathbf{Ker}\varphi$, 则 $\varphi[f(x)] = f(\mathrm{i}) = 0$, 得 i 是 $f(x)$ 的一个根, 即有 $(x-\mathrm{i}) \mid f(x)$. 由于实系数多项式复根成对出现, 从而 $-\mathrm{i}$ 也是 $f(x)$ 的一个根, 即有 $(x+\mathrm{i}) \mid f(x)$. 从而得

$$x^2+1 = (x-\mathrm{i})(x+\mathrm{i}) \mid f(x),$$

即 $f(x) = q(x)(x^2+1) \in (x^2+1)$, 故 $\mathbf{Ker}\,\varphi \subseteq I = (x^2+1)$.

反之, $\forall\, f(x) \in (x^2+1) = I$, 则

$$f(x) = q(x)(x^2 + 1),$$

从而

$$\varphi(f(x)) = \varphi(q(x)(x^2 + 1)) = q(\mathrm{i})(\mathrm{i}^2 + 1) = 0,$$

即 $f(x) \in \mathbf{Ker}\varphi$,得 $I = (x^2 + 1) \subseteq \mathbf{Ker}\varphi$.

所以,$I = (x^2 + 1) = \mathbf{Ker}\ \varphi$. 由定理 3 得

$$\mathbf{R}[x]/I = \mathbf{R}[x]/\mathbf{Ker}\ \varphi \cong \mathbf{C}.$$

例 4 求证 $\mathbf{Z}_6/A \cong \mathbf{Z}_3$,其中 $A = \{\bar{0}, \bar{3}\}$.

因为 $A = \{\bar{0}, \bar{3}\}$ 是 $\mathbf{Z}_6$ 的一个理想,所以,

$$\mathbf{Z}_6/A = \{A, \bar{1} + A, \bar{2} + A\},$$

其加法和乘法的运算表分别为

+	A	$\bar{1}+A$	$\bar{2}+A$
A	A	$\bar{1}+A$	$\bar{2}+A$
$\bar{1}+A$	$\bar{1}+A$	$\bar{2}+A$	A
$\bar{2}+A$	$\bar{2}+A$	A	$\bar{1}+A$

$\cdot$	A	$\bar{1}+A$	$\bar{2}+A$
A	A	A	A
$\bar{1}+A$	A	$\bar{1}+A$	$\bar{2}+A$
$\bar{2}+A$	A	$\bar{2}+A$	$\bar{1}+A$

又 $\mathbf{Z}_3 = \{[0], [1], [2]\}$ 关于加法与乘法的运算表分别为

+	[0]	[1]	[2]
[0]	[0]	[1]	[2]
[1]	[1]	[2]	[0]
[2]	[2]	[0]	[1]

$\cdot$	[0]	[1]	[2]
[0]	[0]	[0]	[0]
[1]	[0]	[1]	[2]
[2]	[0]	[2]	[1]

令

$$f\colon \mathbf{Z}_6/A \to \mathbf{Z}_3,\ A \mapsto [0], \bar{1}+A \mapsto [1], \bar{2}+A \mapsto [2],$$

我们可以看出,以上的运算表除符号的形式不同外是一致的.即 f 是 $\mathbf{Z}_6/A$ 到 $\mathbf{Z}_3$ 的同构映射.

当然,此例还可以用环的同态基本定理证得,这里所给出的方法只是说明证明两个环的同构还可以利用运算表来实现,至于例 4 用环的同态基本定理的证明,我们留作习题.

定理 4 设 I,K 是环 R 的两个理想,则 $I+K,I\cap K$ 也是 R 的理想,且

$$(I+K)/K \cong I/(I \cap K),$$
$$(I+K)/I \cong K/(I \cap K).$$

证明 由于 I 与 K 的地位是等价的,我们只证

$$(I+K)/K \cong I/(I \cap K).$$

由上节知 $I+K,I\cap K$ 是 R 的理想,即商环 $(I+K)/K$ 与 $I/(I\cap K)$ 有意义,任取 $x\in I+K$,则

$$x=a+b,\quad a\in I, b\in K,$$

令

$$f\colon I+K \to I/(I\cap K),\quad a+b \mapsto a+(I\cap K),$$

由于 $I+K$ 中的元素 x 可能有多种表示方法,即

$$x=a+b=a_1+b_1,\quad a,a_1\in I, b,b_1\in K,$$

因此,首先得证明 f 的合理性.

由 $a+b=a_1+b_1$ 知,

$$a-a_1=b_1-b\in I\cap K,$$

即

$$a+(I\cap K)=a_1+(I\cap K),$$

得上述规定的映射 f 是合理的.

易知 f 为满射.下证 f 保持运算.

$\forall x = a + b, y \in c + d \in I + K,$ 有

$$f(x+y) = f[(a+b) + (c+d)]$$
$$= f[(a+c) + (b+d)] = (a+c) + (I \cap K)$$
$$= [a + (I \cap K)] + [c + (I \cap K)] = f(x) + f(y),$$
$$f(xy) = f[(a+b)(c+d)]$$
$$= f[(ac) + (ad + bc + cd)] = ac + (I \cap K)$$
$$= [a + (I \cap K)][c + (I \cap K)] = f(x) \cdot f(y).$$

所以，
$$I + K \overset{f}{\sim} I/(I \cap K).$$

最后证明：$\mathbf{Ker} f = K.$

$\forall x \in K,$ 则 $x = 0 + x \in I + K, f(x) = 0 + (I \cap K) = I \cap K,$ 得 $K \subseteq \mathbf{Ker} \, f$；

反之，$\forall x \in \mathbf{Ker} \, f,$ 设

$$x = a + b, \quad a \in I, b \in K,$$

则
$$f(x) = a + (I \cap K) = 0 + (I \cap K),$$

得 $a + (I \cap K) = I \cap K,$ 即 $a \in I \cap K,$ 于是 $x = a + b \in K,$ 得

$$\mathbf{Ker} \, f \subseteq K.$$

所以，$(I + K)/K = (I + K)/\mathbf{Ker} f \cong I/(I \cap K).$ ∎

习题 3.5

1. 设 $R = \mathbf{Z} \times \mathbf{Z},$ 关于以下定义的加法、乘法作成一个环：

$$(a, b) + (c, d) = (a + c, b + d),$$
$$(a, b)(c, d) = (ac, bd).$$

令

$$f: R \to \mathbf{Z}, \quad (a, b) \mapsto a,$$

证明：f 是 R 到 $\mathbf{Z}$ 的同态满射，求 $\mathbf{Ker}f$，以及 $R/\mathbf{Ker}f$ 与怎样的环同构？

2. 设 $f(x) \in \mathbf{R}[x], f(x) = a_0 + a_1 x + \cdots + a_n x^n$. 令

$$\varphi: f(x) \mapsto a_0,$$

证明：φ 是 $\mathbf{R}[x]$ 到 $\mathbf{R}$ 的同态满射. 求 $\mathbf{Ker}f$，以及 $\mathbf{R}[x]/\mathbf{Ker}f$ 与怎样的环同构？

3. 利用同态基本定理证明例 4.

4. 设 R 为环，I, K 是 R 的两个理想，则 $I+K$ 也是 R 的理想，证明：

$$(R/I)/(I+K/I) \cong R/(I+K).$$

5. 设 m, r 是取定的正整数，且 $r \mid m$，用符号 $\bar{a}$ 表示 $\mathbf{Z}_m$ 中 a 所在的剩余类，$[a]$ 表示 $\mathbf{Z}_r$ 中 a 所在的剩余类，令

$$f: \bar{a} \mapsto [a],$$

证明：f 是 $\mathbf{Z}_m$ 到 $\mathbf{Z}_r$ 的同态满射，求 $\mathbf{Ker}f$，以及 $\mathbf{Z}_m/\mathbf{Ker}f$ 与怎样的环同构？

6. 证明：高斯整数环 $\mathbf{Z}[\mathrm{i}]$ 同构于 $\mathbf{Z}[x]/(x^2+1)$.

7. 证明：$\mathbf{Z}[x]/(x,2) \cong \mathbf{Z}_2$.

§3.6 素理想与极大理想

本节介绍两种特殊的理想——素理想与极大理想. 由此，我们通过给出的有单位元的交换环来构造整环与域.

一、素理想

定义 1 设 R 是一个环，P 是 R 的一个理想，如果 $\forall a, b \in R$，由 $ab \in P$ 可得 $a \in P$ 或 $b \in P$（或者说，$a \notin P$ 且 $b \notin P$，有

$ab \notin P$），则称 P 是 R 的一个**素理想**.

由定义知，单位理想显然是素理想，但零理想$\{0\}$未必是素理想，如果当环 R 有零因子时，则存在 $a \neq 0, b \neq 0$ 有 $ab = 0$，即 $a \notin \{0\}, b \notin \{0\}$，有 $ab \in \{0\}$. 故此时零理想就不是素理想. 然而，当 R 是无零因子环时，则 R 的零理想是 R 的一个素理想.

例 1 设 R 是整数环 $\mathbf{Z}$，p 是素数，则

$$(p) = \{np \mid n \in \mathbf{Z}\}$$

是 $\mathbf{Z}$ 的一个素理想.

这是因为，若 $ab \in (p)$，则 $p \mid ab$，由于 p 是素数，我们可得 $p \mid a$ 或 $p \mid b$，即 $a \in (p)$ 或 $b \in (p)$.

定理 1 设 P 是有单位元的交换环 R 的一个理想，且 P 不是单位理想，即 $P \neq R$，那么，P 是 R 的素理想的充分必要条件是 R/P 是整环.

证明 先证充分性. 设 R/P 是整环，$\forall a, b \in R$，若 $ab \in P$，即 $ab + P = P$，从而

$$(a+P)(b+P) = ab + P = P,$$

而 P 是商环 R/P 中的零元素，且 R/P 无零因子，故有

$$a+P = P \text{ 或 } b+P = P,$$

即 $a \in P$ 或 $b \in P$. 所以，P 是 R 的一个素理想.

再证必要性. 设 P 是 R 的一个素理想，假设在 R/P 中有

$$(a+P)(b+P) = P,$$

则 $ab \in P$，得 $a \in P$ 或 $b \in P$，即

$$a+P = P \quad \text{或} \quad b+P = P,$$

亦即 R/P 无零因子. 又因 R 是有单位元的交换环，那么，R 的商环 R/P 也是有单位元的交换环. 从而证得 R/P 是一个整环. ■

例 2 设 F 是一个域，则由多项式 x 生成的理想 (x) 是 $F[x]$

的一个素理想.

事实上,令

$$\varphi: F[x] \to F, \quad f(x) \mapsto a_0,$$

其中 $f(x) = a_0 + a_1 x + \cdots + a_n x^n \in F[x]$,显然有

$$F[x] \stackrel{\varphi}{\sim} F.$$

且 $\mathbf{Ker}\varphi = (x)$,因而

$$F[x]/(x) = F[x]/\mathbf{Ker}\varphi \cong F.$$

因为 F 是一个域,所以,$F[x]/(x)$ 也是一个域,当然也是整环,根据定理 1,知 (x) 是 $F[x]$ 的一个素理想.

二、极大理想

定义 2 设 M 是环 R 的一个理想,且 $M \neq R$,如果有 R 的理想 N,使得

$$M \subseteq N \subseteq R,$$

那么,必有 $M = N$ 或 $R = N$,则称 M 是 R 的一个**极大理想**.

由定义可知,环 R 的单位理想 R 不是 R 的极大理想,零理想是单环的极大理想.

例 3 当 p 是素数时,(p) 是整数环 $\mathbf{Z}$ 的极大理想.

设 I 是 $\mathbf{Z}$ 的一个理想,且有

$$(p) \subseteq I \subseteq \mathbf{Z},$$

因为整数环 $\mathbf{Z}$ 的理想都是主理想,可设

$$I = (a) = \{na \mid n \in \mathbf{Z}\}.$$

由 $p \in (p) \subseteq (a)$,得 $a \mid p$,由于 p 是素数,只有

$$a = \pm 1 \text{ 或者 } a = \pm p.$$

当 $a = \pm 1$ 时,

$$I = (a) = (\pm 1) = \mathbf{Z};$$

当 $a = \pm p$ 时,

$$I = (a) = (\pm p) = (p).$$

所以, (p) 是 $\mathbf{Z}$ 的一个极大理想.

从此例可以看出,一个环可以有多个极大理想,但不是每一个环都存在极大理想.

例 4 设环 R 是有理数加群 $G = (\mathbf{Q}, +)$ 作成的零乘环,则 G 的全部子群恰好是环 R 的所有理想,但对 G 的任一真子群 H,均存在 G 的真子群 H',使得

$$H \subsetneqq H' \subsetneqq G.$$

事实上,因为 H 是 G 的真子群,故存在

$$a \in G, a \neq 0, 且 a \notin H,$$

不妨设 $H \neq \{0\}$(若 $H = \{0\}$,取 $H' = \mathbf{Z}$ 即可),取 $h \in H, h \neq 0$, 证 $a = \dfrac{q}{p}, h = \dfrac{v}{u}, p, g, u, v \in \mathbf{Z}$,则 $pva = qv = uqh$,也就是说, 存在 $m = uq, n = pv \in \mathbf{Z}$,使得

$$\underbrace{a + a + \cdots + a}_{n 个 a} = na = mh = \underbrace{h + h + \cdots + h}_{m 个 h} \in H,$$

也就是说,对于 $a \notin H$,存在 $n \in \mathbf{Z}$,使得 $na \in H$.

令

$$H' = \{h + ka \mid h \in H, k \in \mathbf{Z}\},$$

因为 $\forall h_1 + k_1 a, h_2 + k_2 a \in H'$,有

$$(h_1 + k_1 a) - (h_2 + k_2 a) = (h_1 - h_2) + (k_1 - k_2) a \in H',$$

知 H' 是 G 的一个子群. 显然 $H \subseteq H'$,由于 $a \notin H$,故有 $H \subsetneqq H'$.

因为在 G 中存在 $\dfrac{a}{n} \in G$,但是 $\dfrac{a}{n} \notin H'$. 如果 $\dfrac{a}{n} \in H'$,那么存

在 $h \in H, k \in \mathbf{Z}$,使得

$$\frac{a}{n} = h + ka,$$

即
$$a = nh + k(na) \in H,$$

这与 $a \notin H$ 矛盾. 所以, $H' \subsetneqq G$.

综上所述, R 是一个没有极大理想的环.

定理 2 设 R 是一个有单位元的交换环, M 是 R 的一个理想,那么 M 是 R 的极大理想的充分必要条件是 R/M 是一个域.

证明 先证必要性. 由于 R 是一个有单位元的交换环,则 R 的商环 R/M 也是一个有单位元的交换环. 因此,要证 R/M 是一个域,只需证明 R/M 中的任何一个非零元都是可逆元.

$\forall a + M \in R/M$,其中 $a + M \neq M$(M 为 R/M 中的零元素),即有 $a \notin M$,我们根据 a 的这个特性作 R 的子集

$$N = \{m + ax \mid m \in M, x \in R\},$$

因为 $\forall m_1 + ax_1, m_2 + ax_2 \in N, r \in R$,有

$$(m_1 + ax_1) - (m_2 + ax_2) = (m_1 - m_2) + a(x_1 - x_2) \in N,$$
$$(m_1 + ax_1)r = r(m_1 + ax_1) = rm_1 + a(rx_1) \in N,$$

所以, N 是 R 的一个理想. 而且,易知 $M \subseteq N$,由于 $a \in N, a \notin M$,得 N 是真包含 M 的一个理想,由于 M 是 R 的一个极大理想,所以,有

$$R = N = \{m + ax \mid m \in M, x \in R\}.$$

因为 $1 \in R = N$,则存在 $x \in R, m \in M$,使得 $1 = m + ax$,于是

$$1 + M = (m + ax) + M = ax + M = (a + M)(x + M),$$

注意到 $1 + M$ 是 R/M 的单位元,所以, $x + M$ 是 $a + M$ 的逆元,即 $a + M$ 在 R/M 中是可逆元. 所以, R/M 是一个域.

再证充分性. 设 N 是 R 的一个理想,且 N 是真包含 M 的一

个理想,即存在 $a \in N$,但 $a \notin M$,那么,$a+M$ 是 R/M 中的一个非零元,由于 R/M 是一个域,故 $a+M$ 存在逆元 $x+M$,使得

$$(a+M)(x+M) = ax+M = 1+M,$$

即

$$1-ax \in M \subseteq N,$$

由于 $a \in N$,即 $ax \in N$,从而有 $1 \in N$.

因为 N 是 R 的一个理想,即有 $\forall r \in R$,有 $r=r \cdot 1 \in N$,所以,$N=R$. 从而证得 M 是 R 的一个极大理想.

定理 1 和定理 2 都是对有单位元的交换环 R 进行讨论的,分别通过素理想与极大理想得到一个比原来的环 R 性质更好的环 R/M.

因为一个域必是一个整环,根据定理 1 和定理 2 直接可得

推论 有单位元的交换环 R 的极大理想一定是素理想.

在例 2 中,因为

$$F[x]/(x) \cong F,$$

知 (x) 不仅是 $F[x]$ 的素理想,而且还是 $F[x]$ 的极大理想.

例 5 设 $R=\mathbf{Z}[x]$,类似于例 2 知,(x) 是 R 的素理想,而 (x) 不是 R 的极大理想,这是因为

$$(x) = \{常数项为零的整系数多项式全体\},$$

而

$$(2,x) = \{常数项为偶数的整系数多项式全体\},$$

有 $(x) \subseteq (2,x)$,且 $(x) \neq (2,x)$,又 $(2,x) \neq R$,得 (x) 不是 R 的一个极大理想.

当然,我们也可以由 $\mathbf{Z}[x]/(x) \cong \mathbf{Z}$,再根据定理 2 得 (x) 不是 $\mathbf{Z}[x]$ 的极大理想.

进一步,我们可知 $(2,x)$ 是 $\mathbf{Z}[x]$ 的极大理想,这是因为

$$\mathbf{Z}[x]/(2,x) \cong \mathbf{Z}_2.$$

而 $\mathbf{Z}_2$ 是一个域,从而 $\mathbf{Z}[x]/(x)$ 也是一个域,由定理 2 得 $(2,x)$ 是

$\mathbf{Z}[x]$ 的一个极大理想.

例6 设

$$R = \mathbf{Z}\big[\sqrt{2}\,\big] = \{a + b\sqrt{2} \mid a,b \in \mathbf{Z}\},$$

因为 R 是一个有单位元的交换环,对于 R 中的元素 $\sqrt{2}$,我们有

$$(\sqrt{2}) = \big\{(a + b\sqrt{2})\sqrt{2} \mid a,b \in \mathbf{Z}\big\},$$
$$= \{2b + a\sqrt{2} \mid a,b \in \mathbf{Z}\},$$

即 $(\sqrt{2})$ 包含一切偶数加上整数乘以 $\sqrt{2}$ 所构成的元素.

作映射

$$f: R \to \mathbf{Z}_2, \quad a + b\sqrt{2} \mapsto \begin{cases} \bar{0} & \text{当 } a \text{ 是偶数} \\ \bar{1} & \text{当 } a \text{ 是奇数}, \end{cases}$$

容易证明 f 是满同态,其核 $\mathbf{Ker}f = (\sqrt{2})$,因而

$$R/(\sqrt{2}) = R/\mathbf{Ker}f \cong \mathbf{Z}_2.$$

而 $\mathbf{Z}_2$ 是一个域,故 $(\sqrt{2})$ 是 R 的一个极大理想.

习题 3.6

1. 找出 $\mathbf{Z}_{12}$ 的所有素理想与极大理想.

2. 设 $R = \mathbf{Z}[x,y]$,证明:(x,y) 是 R 的素理想.

3. 设 $R = 2\mathbf{Z}$ 是偶数环,p 是素数,$(2p)$ 是不是 R 的极大理想?是不是 R 的素理想?

4. 在 $\mathbf{Z}[x]$ 中,证明:(x,n) 是极大理想的充分必要条件是 n 为素数.

5. 在整数环 $\mathbf{Z}$ 中,找出包含理想 $(30) = 30\mathbf{Z}$ 的全部极大理想.

6. 设 $M_2(\mathbf{Q})$ 是有理数域 $\mathbf{Q}$ 上的二阶矩阵环,证明:$M_2(\mathbf{Q})$ 只有零理想与单位理想,但不是一个除环.由此说明:关于有单位元

的环 R 的极大理想 M，其商环 R/M 未必是除环．

§3.7 分式域

上一节中，我们用作商环的方法得到了一个由有单位元的交换环 R 构造域的方法．本节将用另一种方法由环来构造域．

设 R 是一个环，那么是否存在一个域 E，使得 R 是 E 的子环？如果这样的域 E 存在，那么必须要求环 R 是一个无零因子的交换环，因为域 E 的任何子环 R 必须是无零因子和可交换的．

当 R 为整数环 $\mathbf{Z}$ 时，E 确实存在，因为我们取 E 为有理数域 $\mathbf{Q}$ 即可．这个事实启示我们，对于任意一个无零因子的交换环 R，只要我们按照"由整数环 $\mathbf{Z}$ 建立有理数域 $\mathbf{Q}$"的方法进行，就可以找到合乎要求的扩环 E．

作为准备，我们先来证明挖补定理，它是讨论扩环时经常用的定理．

定理 1（挖补定理） 设 S 是环 R 的一个子环，而且 $S \overset{\varphi}{\cong} S'$，$S' \bigcap (R-S) = \varnothing$，则存在 S' 的扩环 R'，使得 $R \overset{\psi}{\cong} R'$．而且将 ψ 限制在 S 上即为 φ．

对于挖补定理，我们可以用以下图来直观表示：

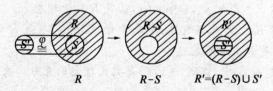

$$R \qquad\qquad R-S \qquad\qquad R'=(R-S)\bigcup S'$$

证明 令 $R' = (R-S) \bigcup S'$，也就是说，R' 是将 R 中的 S "挖去"，换成与 S 同构的 S' 所作成的集合．因为 $(R-S) \bigcup S' = \varnothing$．故 R' 的元素或属于 S'，或属于 $R-S$，两者仅居其一．

设 S 到 S' 的同构映射为 φ，通过映射 φ 我们来构造 R 到 R' 的映射 ψ 如下：

$$\psi(r) = \begin{cases} \varphi(r) & \text{若 } r \in S, \\ r & \text{若 } r \in R-S, \end{cases}$$

因为 $\forall x' \in R'$，那么，$x' \in S'$ 或 $x' \in R-S$. 当 $x' \in S'$ 时，因为 φ 是 S 到 S' 的同构映射，x' 在 φ 下有原象 $x \in S$，那么，x 也是 x' 在 ψ 下的原象；当 $x' \in R-S$ 时，x' 在 ψ 下的原象为 x' 本身. 所以，ψ 是一个满射.

若 $x_1 \neq x_2, x_1, x_2 \in R$. 当 x_1, x_2 同属于 S 或 $R-S$ 时，显然有 $\psi(x_1) \neq \psi(x_2)$；当 $x_1 \in S, x_2 \in R-S$ 时，则

$$\psi(x_1) = \varphi(x_1) \in S', \quad \psi(x_2) = x_2 \in R-S,$$

而 $S' \cap (R-S) = \varnothing$，所以，也有 $\psi(x_1) \neq \psi(x_2)$. 从而得到 ψ 是一个单射.

从上面的讨论可知 ψ 是一个一一映射. 由于 R' 仅给出了集合的形式，下面我们将利用一一映射 ψ 来规定 R' 的代数运算.

$\forall r_1', r_2' \in R'$，由于是一个满射，则存在 $r_1, r_2 \in R$，使得

$$r_1' = \psi(r_1), \quad r_2' = \psi(r_2),$$

我们规定：

$$r_1' \oplus r_2' = \psi(r_1 + r_2); \quad r_1' \otimes r_2' = \psi(r_1 \cdot r_2).$$

由于 ψ 是一个一一映射，那么上述定义的运算是合理的. 将 $r_1' = (\psi r_1), r_2' = \psi(r_2)$ 代入，即有

$$\psi(r_1) \oplus \psi(r_2) = \psi(r_1 + r_2); \quad \psi(r_1) \otimes \psi(r_2) = \psi(r_1 \cdot r_2).$$

也就是说，ψ 是保持加法和乘法运算的. 通过一一映射 ψ，我们还可以验证 R' 关于以上所定义代数运算作成一个环（具体的验证由读者自行完成）. 所以，ψ 是环 R 到环 R' 的同构映射.

下面再来证明 S' 是 R' 的子环. 由于 S' 原先有代数运算"+"和

"×",而 R' 的代数运算"$\oplus$"和"$\otimes$"是通过 ψ 重新定义的,要说 S' 是 R' 的子环,还需要证明 S' 中原有的运算"$+$"和"$\times$"分别与 R' 中新定义的运算"$\oplus$"和"$\otimes$"是一致的.

$\forall r_1', r_2' \in S'$,由于 $S' \subseteq R', S \stackrel{\varphi}{\cong} S'$,则存在 $r_1, r_2 \in S$,使得

$$r_1' = \psi(r_1) = \varphi(r_1), \quad r_2' = \psi(r_2) = \varphi(r_2),$$

所以有

$$r_1' + r_2' = \varphi(r_1) + \varphi(r_2) = \varphi(r_1 + r_2)$$
$$= \psi(r_1 + r_2) = \psi(r_1) \oplus \psi(r_2) = r_1' \oplus r_2';$$
$$r_1' \times r_2' = \varphi(r_1) \times \varphi(r_2) = \varphi(r_1 \cdot r_2)$$
$$= \psi(r_1 \cdot r_2) = \psi(r_1) \otimes \psi(r_2) = r_1' \otimes r_2'.$$

所以,S' 是 R' 的子环. ∎

定理 2 每一个没有零因子的交换环 R 都可以扩充为一个域 F.也就是说,每一个无零因子的交换环都可以作为一个域的子环.

证明 若 R 为零环,定理显然是成立的.下面来证 R 中至少存在非零元时的情形.

首先,在卡氏积

$$R \times R^* = \{(a,b) \mid a \in R, b \in R^*\}$$

中规定关系"$\sim$":

$$(a,b) \sim (c,d) \iff ad = bc.$$

因为 R 是一个无零因子的交换环,所以

(1) $\forall (a,b) \in R \times R^*$,都有 $ab = ba$,故 $(a,b) \sim (a,b)$;

(2) 如果 $(a,b) \sim (c,d)$,则 $ad = bc$,即 $cb = da$,得

$$(c,d) \sim (a,b);$$

(3) 如果 $(a,b) \sim (c,d), (c,d) \sim (e,f)$,则

$$ad = bc, \quad cf = de,$$

从而得
$$adf = bcf = bde,$$

由于 $d \neq 0$，而 R 是一个无零因子的环，消去 d 就有 $af = be$，所以，$(a, b) \sim (e, f)$.

综上所述，$\sim$ 是 $R \times R^*$ 的一个等价关系. 根据等价关系 $\sim$，我们可以确定 $R \times R^*$ 的一个商集 $R \times R^* / \sim$.

其次，我们来考虑商集合 $Q = R \times R^* / \sim$. 我们将元素 (a, b) 所在的等价类 $\overline{(a, b)}$ 用 $\dfrac{a}{b}$ 表示，即

$$Q = \left\{ \frac{a}{b} \,\middle|\, a \in R, b \in R^* \right\},$$

于是，在 Q 中有：

$$\frac{a}{b} = \frac{a_1}{b_1} \quad \Leftrightarrow \quad ab_1 = a_1 b,$$

利用 R 的运算"＋"和"·"，规定 Q 的加法和乘法运算如下：

$$\frac{a}{b} + \frac{c}{d} = \frac{ad + bc}{bd}, \quad \frac{a}{b} \cdot \frac{c}{d} = \frac{ac}{bd}.$$

因为 $b \neq 0, d \neq 0, R$ 无零因子，故 $bd \neq 0$，所以，

$$\frac{ad + bc}{bd}, \frac{ac}{bd} \in Q,$$

由于上面所给出的运算是用类的代表元规定的运算，要说明上面所给出的代数运算是合理的，我们还需要证明运算结果与代表元的选取无关.

如果 $\dfrac{a}{b} = \dfrac{a_1}{b_1}, \dfrac{c}{d} = \dfrac{c_1}{d_1}$，即有 $ab_1 = a_1 b, cd_1 = c_1 d$，于是有

$$ab_1 dd_1 = a_1 bdd_1, \quad cd_1 bb_1 = c_1 dbb_1,$$

两式相加，有

$$(ad + bc)b_1 d_1 = (a_1 d_1 + b_1 c_1)bd,$$

即得
$$\frac{ad + bc}{bd} = \frac{a_1 d_1 + b_1 c_1}{b_1 d_1}.$$

另一方面，由 $ab_1 = a_1 b, cd_1 = c_1 d$，

两边相乘得
$$acb_1 d_1 = bda_1 c_1,$$

即有
$$\frac{ac}{bd} = \frac{a_1 c_1}{b_1 d_1}.$$

故上面规定的 Q 的加法和乘法运算是合理的.

可以验证 Q 关于上述给出的代数运算作成一个域. 我们只给出其中的几条作具体验证，例如：

$\forall \frac{a}{b}, \frac{c}{d} \in Q$，有

$$\frac{a}{b} + \frac{c}{d} = \frac{ad + bc}{bd} = \frac{cb + da}{db} = \frac{c}{d} + \frac{a}{b},$$

即加法满足交换律；又如

$\forall \frac{a}{b}, \frac{c}{d}, \frac{e}{f} \in Q$，有：

$$\left(\frac{a}{b} + \frac{c}{d}\right) \cdot \frac{e}{f} = \frac{ad + bc}{bd} \cdot \frac{e}{f} = \frac{(ad + bc)e}{(bd)f}$$

$$= \frac{ade + bce}{bdf} = \frac{ade}{bdf} + \frac{bce}{bdf} = \frac{a}{b} \cdot \frac{e}{f} + \frac{c}{d} \cdot \frac{e}{f}.$$

得乘法关于加法满足分配律. 其余各个条件可以类似证明，这里不再作具体的验证，即 $(Q, +, \cdot)$ 作成一个域. 其中 Q 的零元素为 $\frac{0}{b}$；$\frac{a}{b}$ 的负元为 $\frac{-a}{b}$；单位元 $\frac{b}{b}$（其中 $b \in R^*$）；当 $\frac{a}{b} \in Q^*$ 时，$\left(\frac{a}{b}\right)^{-1} = \frac{b}{a}$.

最后，我们利用挖补定理，将环 R 嵌入到某个域中. 记

$$R' = \left\{ \frac{aq}{q} \,\middle|\, a \in R, q \in R^* \right\};$$

作映射

$$\varphi\colon R \to R', \quad a \mapsto \frac{aq}{q}.$$

因为在 Q 中,对于 $\forall q, q_1 \in R^*$,都有 $\frac{aq}{q} = \frac{aq_1}{q_1}$,故 φ 确是 R 到 R' 的一个映射.又因为

$$\varphi(a) = \varphi(b) \;\Rightarrow\; \frac{aq}{q} = \frac{bq}{q} \;\Rightarrow\; aq^2 = bq^2 \;\Rightarrow\; a = b,$$

得 φ 是单射;φ 为满射是显然的.且对于 $\forall a, b \in R$,有

$$\varphi(a+b) = \frac{(a+b)q}{q} = \frac{aq+bq}{q} = \frac{aq}{q} + \frac{bq}{q} = \varphi(a) + \varphi(b);$$

$$\varphi(ab) = \frac{(ab)q}{q} = \frac{(aq)(bq)}{qq} = \frac{aq}{q} \cdot \frac{bq}{q} = \varphi(a) \cdot \varphi(b).$$

所以,$R \overset{\varphi}{\cong} R'$,且 $R \cap Q = \varnothing$,根据挖补定理,存在包含 R 的环 $F = R \cup (Q-R') \overset{\psi}{\cong} Q$,由于 Q 是一个域,所以 F 也是一个域,且为 R 的扩环. ■

定理 2 只是抽象地证明了无零因子的交换环 R 的扩域 F 存在,但 F 到底是由哪些元素构成的?它们与 R 中的元素有什么关系呢?其实我们有

推论 定理 2 中的 F 是由一切形如:

$$\frac{a}{b} = ab^{-1}, \quad a, b \in R, b \neq 0$$

的元素组成,即

$$F = \left\{ \frac{a}{b} = ab^{-1} \,\middle|\, a, b \in R, b \neq 0 \right\}.$$

证明　由定理 2，$F \cong Q$，且 ψ 在 R 上的限制为 φ，即对于 $a \in R$，有

$$\psi(a) = \varphi(a) = \frac{aq}{q} \in R'，\text{其中 } q \in R^*.$$

任取 $x \in F$，设 x 在 ψ 下的象为 $\frac{a}{b}$，即 $\frac{a}{b} = \psi(x)$，因为 ψ 是一个同构映射，所以

$$\psi(x) = \frac{a}{b} = \frac{aq}{q} \cdot \frac{q}{bq} = \left(\frac{aq}{q}\right)\left(\frac{bq}{q}\right)^{-1}$$
$$= \psi(a)[\psi(b)]^{-1} = \psi(ab^{-1}),$$

即 $\psi(x) = \psi(ab^{-1})$，由 ψ 为单射知 $x = ab^{-1}$.

反之，任取 $a, b \in R, b \neq 0$，由于 F 为包含 R 的域，所以 $ab^{-1} \in F$.

所以，
$$F = \left\{\frac{a}{b} = ab^{-1} \ \middle|\ a, b \in R, b \neq 0\right\}. \ \blacksquare$$

定义 1　设 R 是一个无零因子的交换环，F 是 R 的扩域，如果 F 由一切形如 ab^{-1} 的元素组成，其中 $a \in R, b \in R^*$，则称 F 为 R 的**分式域**（或称 R 的**商域**）.

例 1　有理数域 **Q** 是整数环 **Z** 的分式域.

因为 **Q** 是 **Z** 的扩域，且 **Q** 的每一个元素都可以表示成形如：

$$\frac{m}{n}，\quad m, n \in \mathbf{Z}, n \neq 0.$$

例 2　实数域 **R** 不是整数环 **Z** 的分式域.

事实上，虽然 **R** 是 **Z** 的一个扩域，但 **R** 的元素不能全部表示成

$$\frac{m}{n}，\quad m, n \in \mathbf{Z}, n \neq 0.$$

的形式，如 $\sqrt{2}$ 就是这样的一个数.

对于同一个环 R 的分式域,在同构意义下说是唯一的,因为我们有

定理 3 设 R 与 R' 都是有无零因子的交换环,且 R 与 R' 同构,即 $R\overset{\varphi}{\cong}R'$,$F$ 和 F' 分别是 R 和 R' 的分式域,则

$$F\overset{\psi}{\cong}F'.$$

且当 $a\in R$ 时,有 $\psi(a)=\varphi(a)$.

证明 因 $F=\left\{\dfrac{a}{b}=ab^{-1}\ \middle|\ a,b\in R,b\neq 0\right\}$,

$$F'=\left\{\dfrac{x}{y}=xy^{-1}\ \middle|\ x,y\in R',y\neq 0\right\}.$$

我们通过同构映射 φ 来作映射

$$\psi:F\to F',ab^{-1}\mapsto\varphi(a)[\varphi(b)]^{-1},\forall\,ab^{-1}\in F.$$

因为 $\forall\,xy^{-1}\in F'$,则有 $x,y\in R',y\neq 0$,而 φ 是一个满射,即存在 $a,b\in R$,使得 $\varphi(a)=x,\varphi(b)=y$,又因为是单射,即必有 $b\neq 0$. 从而有 $ab^{-1}\in R$,使得

$$\psi(ab^{-1})=\varphi(a)[\varphi(b)]^{-1}=xy^{-1},$$

所以,ψ 是一个满射.

$\forall\,ab^{-1},cd^{-1}\in F$,若 $ab^{-1}\neq cd^{-1}$,则 $\psi(ab^{-1})\neq\psi(cd^{-1})$.

假如

$$\psi(ab^{-1})=\psi(cd^{-1})\quad\Rightarrow\quad\varphi(a)[\varphi(b)]^{-1}=\varphi(c)[\varphi(d)]^{-1}$$
$$\Rightarrow\quad\varphi(a)\varphi(d)=\varphi(c)\varphi(b)\quad\Rightarrow\quad\varphi(ad)=\varphi(cb),$$

由于是单射,则有 $ad=cb$,这与条件矛盾. 所以,ψ 也是一个单射.

再证 ψ 保持运算. $\forall\,ab^{-1},cd^{-1}\in F$,那么

$$\psi[(ab^{-1})+(cd^{-1})]=\psi\left(\dfrac{a}{b}+\dfrac{c}{d}\right)=\psi\left(\dfrac{ad+bc}{bd}\right)$$

$$= \varphi(ad+bc)[\varphi(bd)]^{-1} = [\varphi(ad)+\varphi(bc)][\varphi(b)^{-1}\varphi(d)^{-1}]$$

$$= [\varphi(a)\varphi(d)+\varphi(b)\varphi(c)][\varphi(b)^{-1}\varphi(d)^{-1}]$$

$$= \varphi(a)\varphi(b)^{-1}+\varphi(c)\varphi(d)^{-1} = \psi(ab^{-1})+\psi(cd^{-1}).$$

$$\psi[(ab^{-1})(cd^{-1})] = \psi[(ac)(bd)^{-1}]$$

$$= \varphi(ac)[\varphi(bd)]^{-1} = [\varphi(a)\varphi(c)][\varphi(b)\varphi(d)]^{-1}$$

$$= [\varphi(a)\varphi(b)^{-1}][\varphi(c)\varphi(d)^{-1}] = \psi(ab^{-1})\psi(cd^{-1}).$$

所以,ψ 是 F 到 F' 的一个同构映射,故 $F \overset{\psi}{\cong} F'$.

显然,且当 $a \in R$ 时,有 $\psi(a) = \varphi(a)$.

在定理 3 中,若取 $R = R'$,显然有 $R \cong R'$. 因而得

推论　设 F 和 F' 都是无零因子的交换环 R 的分式域,则 $F \cong F'$.

我们从上面的讨论得到任何一个无零因子的交换环可以嵌入到一个域中,那么我们自然要问:给定一个无零因子的非交换环 R,是否也能嵌入到一个除环中?有例子表明,无零因子的非交换环 R 不一定能嵌入到除环中. 关于无零因子的非交换环可嵌入除环的充分必要条件(ore 条件)可参看 **N. Jacobson. Basic Algebra**(I),PAGE 115.

习题 3.7

1. 设 R 是环,令 $R' = \mathbf{Z} \times R$,对于 R' 规定加法、乘法如下:

$$(m,a)+(n,b)=(m+n,a+b),$$

$$(m,a) \cdot (n,b)=(mn,na+mb+ab).$$

证明:R' 是有单位元的环,且 R' 含有子环与 R 同构. 从而证明:任意环均是某个有单位元环的子环.

2. 在上题中,证明:$\mathbf{Z}$ 可同构嵌入 R' 中.

3. 证明域 F 的分式域是 F 本身.

4. 设 R 是环，F 是 R 的扩域，那么 F 中必包含 R 的分式域.

5. 求环 $R=\{n+m\sqrt{2}\,|\,m,n$ 是偶数$\}$ 的分式域.

6. 求高斯整数环 $\mathbf{Z}[i]$ 的分式域.

7. 求多项式环 $\mathbf{R}[x]$ 的分式域.

8. 证明：任意适合消去律的交换半群能嵌入于群中.

§3.8 多 项 式 环

以前我们所接触的多项式环都是数环或数域上的多项式环. 现在我们将多项式的有关概念推广到一般环的情形. 本节主要讨论有单位元的交换环 R 上的多项式环.

设 R_0 是一个有单位元 1 的交换环，R 是 R_0 的一个子环，并且 R 包含 R_0 的单位元 1. 我们在 R_0 里取出一个元素 α，记 $\alpha^0=1$，那么

$$a_0\alpha^0+a_1\alpha^1+\cdots+a_n\alpha^n$$
$$=a_0+a_1\alpha+\cdots+a_n\alpha^n,\ (a_i\in R)$$

有意义，它是 R_0 中的一个元素.

定义 1 设 R 是一个有单位元的交换环，R_0 是 R 的扩环，且 R 包含 R_0 的单位元. 一个可以写成

$$f(\alpha)=a_0+a_1\alpha+\cdots+a_n\alpha^n, \quad (a_i\in R,n\ 为非负整数)$$

形式的 R_0 的元素叫做 R 上关于 α 的一个**多项式**，其中 $a_i\alpha^i$ 称为 $f(\alpha)$ **的 n 次项**，a_i 称为 $f(\alpha)$ 的 n **次项的系数**.

我们把所有 R 上关于 α 的多项式放在一起，作成一个集合 $R[\alpha]$. 由于 $R[\alpha]\subseteq R_0$，而根据环 R_0 中的运算及运算律，我们可得 $R[\alpha]$ 的代数运算：

在 $R[\alpha]$ 中任取两个元素

$$f(\alpha)=a_0+a_1\alpha+\cdots+a_n\alpha^n,$$

$$g(\alpha) = b_0 + b_1\alpha + \cdots + b_m\alpha^m,$$

有

$$f(\alpha) + g(\alpha) = (a_0 + b_0) + (a_1 + b_1)\alpha + \cdots + (a_n + b_n)\alpha^n,$$

若 m, n 不相等,不妨设 $n \geqslant m$,则取

$$b_{m+1} = b_{m+2} = \cdots = b_n = 0;$$

$$f(\alpha)g(\alpha) = c_0 + c_1\alpha + \cdots + c_{m+n}\alpha^{m+n},$$

其中

$$c_k = a_0 b_k + a_1 b_{k-1} + \cdots + a_{k-1} b_1 + a_k b_0 = \sum_{i+j=k} a_i b_j.$$

由 $R[\alpha]$ 的加法、乘法运算可知,$\forall f(\alpha), g(\alpha) \in R[\alpha]$,有

$$f(\alpha) + g(\alpha), f(\alpha)g(\alpha) \in R[\alpha].$$

所以,$R[\alpha]$ 是 R_0 的一个子环.

我们称 $R[\alpha]$ 为**环 R 上关于 α 的一元多项式环**(或简称为环 R 上的多项式环).

显然,$R[\alpha]$ 是 R_0 的包含 R 和 α 的最小子环,因此,从生成子环的观点来看,我们有

$$R[\alpha] = [R \cup \{\alpha\}],$$

其中 $[R \cup \{\alpha\}]$ 表示由集合 $R \cup \{\alpha\}$ 生成的子环.

特别地,当 $\alpha \in R$ 时,$R[\alpha] = R$.

由于 $R[\alpha]$ 是由 R 与 α 作成的,因此环 R 与多项式环 $R[\alpha]$ 之间必定有一些关联,显然有如下结果:

(1) 因 R 是有单位元的环,则 $R[\alpha]$ 也是有单位元的环,且 $1_R = 1_{R[\alpha]}$;

(2) 由于 $R[\alpha]$ 是 R_0 的子环,而 R_0 是交换环,故 $R[\alpha]$ 也是交换环.

例 1 取整数环 $\mathbf{Z}$,由于 $\mathbf{Z}$ 是复数域 $\mathbf{C}$ 的子环,取 $\alpha = \mathrm{i}$,其中 i

为复数单位,那么

$$\mathbf{Z}[i]=\{ a_0+a_1 i+\cdots+a_n i^n \,|\, a_i\in\mathbf{Z}\}$$
$$=\{a+bi\,|\,a,b\in\mathbf{Z}\},$$

即为高斯整数环.

若取 $\alpha=\pi$,则

$$\mathbf{Z}[\pi]=\{ a_0+a_1\pi+\cdots+a_n\pi^n \,|\, a_i\in\mathbf{Z}\}.$$

对于 R_0 中的某些元素 α 来说,当系数 $a_0,a_1,\cdots,a_n$ 不全为零时,很可能存在 α 的多项式

$$f(\alpha)=a_0+a_1\alpha+\cdots+a_n\alpha^n=0.$$

如在例 1 中,$\mathbf{Z}[i]$ 中取 $a_2=a_0=1,a_1=0$,有

$$a_0+a_1 i+a_2 i^2=1+i^2=0.$$

而在 $\mathbf{Z}[\pi]$ 中就不可能出现这种情况. 于是我们有

定义 2 对于 R_0 中的元素 x,假如在 R 中找不到不全为零的元素 $a_0,a_1,\cdots,a_n$,使得

$$a_0+a_1 x+\cdots+a_n x^n=0,$$

则称 x 是 R 上的一个**未定元**.

如果 $f(x)$ 是 R 上关于未定元 x 一个多项式,那么,根据未定元的定义可知,$f(x)$ 只能用唯一的一种方法写成

$$a_0+a_1 x+\cdots+a_n x^n, \quad (a_i\in R)$$

的形式,对于未定元 x 的多项式 $f(x)$,我们可以像通常一样引进次数的概念.

定义 3 若环 R 上关于未定元 x 的多项式

$$f(x)=a_0+a_1 x+\cdots+a_n x^n$$

的首项系数 $a_n\neq 0$,那么,非负整数 n 叫做多项式 $f(x)$ 的**次数**,记为 $\partial(f(x))=n$. **零多项式没有次数**.

其实我们在高等代数中所碰到的数域 P 上的一元多项式环 $P[x]$ 中的"符号"(或"文字")x 都是指 x 为未定元. 因此, 我们在这一节里主要讨论未定元的多项式.

当 x 为 R 上的未定元时, 对于 $\forall a \neq 0, a \in R$, 显然有 $ax^n \neq 0$. 所以, 我们有如下结果:

(3) 如果 R 是无零因子环, 当 $x \in R_0$ 为 R 上的未定元时, $R[x]$ 也是无零因子环;

(4) 如果 R 是整环, 当 $x \in R_0$ 为 R 上的未定元时, 则 $R[x]$ 也是整环.

对于以上两个结果, 只要证明了(3), (4)是显然的. 因此我们仅对(3)加以证明. 设 $f(x), g(x) \in R[x]$, 且

$$f(x) = a_0 + a_1 x + \cdots + a_n x^n \neq 0,$$
$$g(x) = b_0 + b_1 x + \cdots + b_m x^m \neq 0,$$

那么, 不妨设 $a_n \neq 0, b_m \neq 0$, 从而

$$f(x)g(x) = a_0 b_0 + (a_1 b_0 + a_0 b_1)x + \cdots + a_n b_m x^{n+m},$$

由于 R 无零因子, 因为 $x \in R_0$ 为 R 上的未定元, 所以有

$$a_n b_m x^{n+m} \neq 0,$$

因为 $R[x]$ 中任一多项式的表示方法唯一, 故有

$$f(x)g(x) \neq 0.$$

我们在这一节中主要讨论未定元的多项式, 为此, 我们首先需要证明

定理 1 设 R 是一个有单位元的交换环, 则 R 上未定元 x 必存在.

证明 首先我们利用 R 来作一个集合 M. 设

$$M = \{(a_0, a_1, a_2, \cdots) \mid a_i \in R, \text{只有有限个 } a_i \neq 0\},$$

且规定 M 的运算:

$$(a_0, a_1, \cdots) + (b_0, b_1, \cdots) = (a_0 + b_0, a_1 + b_1, \cdots),$$
$$(a_0, a_1, \cdots)(b_0, b_1, \cdots) = (c_0, c_1, c_2, \cdots),$$

其中

$$c_k = \sum_{i+j=k} a_i b_j, \quad (k = 0, 1, 2, \cdots).$$

显然$(M, +)$作成一个加群. 而对于$(M, \cdot)$, 我们有 M 关于乘法满足结合律.

事实上, 在 M 中任取三个元素

$$A = (a_0, a_1, a_2, \cdots),$$
$$B = (b_0, b_1, b_2, \cdots),$$
$$C = (c_0, c_1, c_2, \cdots).$$

那么, 在$(AB)C$ 中的第 $i+1$ 个分量为

$$\sum_{m+l=i} \left(\sum_{j+k=m} a_j b_k \right) c_l = \sum_{j+k+l=i} a_j b_k c_l;$$

而 $A(BC)$ 中的第 $i+1$ 个分量为

$$\sum_{m+j=i} a_j \left(\sum_{k+l=m} b_k c_l \right) = \sum_{j+k+l=i} a_j b_k c_l,$$

$i = 0, 1, 2, \cdots$, 因而 M 的乘法满足结合律.

类似地, 可以验证分配律成立. 从而$(M, +, \cdot)$是一个环, 且 M 是有单位元$(1, 0, 0, \cdots)$的交换环.

其次, 我们给出 M 的一个子集

$$R_1 = \{(a, 0, 0, \cdots) \mid a \in R\}.$$

作

$$f: R \to R_1, \quad a \mapsto (a, 0, 0, \cdots),$$

显然 f 是 R 到 R_1 的一个一一映射, 且 $\forall a, b \in R$,

$$f(a) + f(b) = (a, 0, 0, \cdots) + (b, 0, 0, \cdots)$$

$$= (a+b,0,0,\cdots) = f(a+b);$$
$$f(a)f(b) = (a,0,0,\cdots)(b,0,0,\cdots)$$
$$= (ab,0,0,\cdots) = f(ab).$$

即 $R \overset{f}{\cong} R_1$，且 $R \bigcap (M-R_1) = \varnothing$，利用挖补定理，我们可用 R 来替代 R_1，而得到一个包含 R 的环 $E = (M-R_1) \bigcup R \cong M$，$M$ 也是一个有单位元的交换环，并且 E 的单位元就是 1.

最后，我们证明 E 中有 R 的未定元. 设

$$x = (0,1,0,0,\cdots) \in E,$$

则有

$$x^k = (\underbrace{0,\cdots,0}_{k\text{个}0},1,0,\cdots).$$

我们用数学归纳法来证明，当 $k=1$ 时结论成立，假设 $k-1$ 时也成立，那么当 k 时，有

$$x^k = (0,1,0,0,\cdots)(\underbrace{0,\cdots,0}_{k-1\text{个}0},1,0,\cdots)$$
$$= \left(\sum_{i+j=0} a_i b_j, \sum_{i+j=l} a_i b_j, \cdots \right),$$

因为只有 $a_1 = b_{k-1} = 1$，其余均为 0，所以，除了

$$\sum_{i+j=k} a_i b_j = a_1 b_{k-1} = 1$$

外，其余的项都为 0，故

$$x^k = (\underbrace{0,\cdots,0}_{k\text{个}0},1,0,\cdots).$$

现在假设在 E 里，

$$a_0 + a_1 x + \cdots + a_n x^n = 0,$$

那么，在 M 里有

$(a_0,0,0,\cdots)+(a_1,0,0,\cdots)x+\cdots+(a_n,0,0,\cdots)x^n=(0,0,0,\cdots),$

即 $\qquad (a_0,a_1,a_2,\cdots,a_n,0,\cdots)=(0,0,0,\cdots).$

因而得 $\qquad a_0=a_1=a_2=\cdots=a_n=0,$

这就是说 x 是 R 上的未定元. ■

以上所说的多项式概念很容易推广到有限个未定元的情形. 设 R_0 是有单位元的交换环,R 是它的一个子环,且 R 包含 R_0 的单位元. 我们取 $\alpha_1,\alpha_2,\cdots,\alpha_n\in R_0$,那么,我们可以作环 R 上关于 α_1 的多项式环 $R[\alpha_1]$;而 $R[\alpha_1]$ 仍是 R_0 的子环,且包含 R_0 的单位元,故我们又可作环 $R[\alpha_1]$ 上关于 α_2 的多项式环 $R[\alpha_1][\alpha_2]$;……;依次类推,我们可以得到

$$R[\alpha_1][\alpha_2]\cdots[\alpha_s].$$

这个环包含所有如下形式的元素:

$$\sum_{i_1i_2\cdots i_n}a_{i_1i_2\cdots i_n}\alpha_1^{i_1}\alpha_2^{i_2}\cdots\alpha_n^{i_n}, \qquad (*)$$

其中 $a_{i_1i_2\cdots i_n}\in R$,但只有有限个 $a_{i_1i_2\cdots i_n}\neq 0$.

定义 4 一个有 $(*)$ 的形式的元素叫做环 R 上关于 $\alpha_1,\alpha_2,\cdots,\alpha_n$ 的一个多项式,$a_{i_1i_2\cdots i_n}$ 叫做多项式的**系数**,环 $R[\alpha_1][\alpha_2]\cdots[\alpha_n]$ 叫做环 R 上关于 $\alpha_1,\alpha_2,\cdots,\alpha_n$ 的**n元多项式环**,这个环我们也记作

$$R[\alpha_1,\alpha_2,\cdots,\alpha_n].$$

$R[\alpha_1,\alpha_2,\cdots,\alpha_n]$ 上的多项式运算定义如同高等代数中多项式运算之定义,这里不再具体给出.

同一元多项式类似,我们有

定义 5 R_0 的 n 个元 $x_1,x_2,\cdots,x_n$ 叫做 R 上的**无关未定元**,假如任何一个关于 $x_1,x_2,\cdots,x_n$ 的多项式都不等于零,除非这个多项式的所有系数全为零.

定理 2 设 R 是一个有单位元的交换环,n 为正整数,那么一定存在 R 上的无关未定元 $x_1,x_2,\cdots,x_n$.

利用定理 1,很容易用数学归纳法证得.

习题 3.8

1. 在 $\mathbf{Z}_5[x]$ 中计算:

(1) $(\bar{2}x^2 + \bar{2}x - \bar{3})(\bar{2}x^2 + \bar{4}x - \bar{3})$;

(2) $(\bar{2}x + \bar{3})^3$;

(3) $(\bar{3}x^3 + \bar{2}x^2 + \bar{4}x - \bar{1})(\bar{2}x^3 - \bar{3}x^2 + \bar{2})$.

2. x, y 都是有单位元的交换环 R 上的未定元,则

$$R[x] \cong R[y].$$

3. x, y 分别都是有单位元的交换环 R 上的未定元,但 x, y 未必是 R 上的无关未定元.试举例说明.

4. 具体证明定理 2.

5. 设 x 是有单位元的交换环 R 上的未定元,而 α 是其扩环 R_0 上的任意元,那么

$$R[x] \overset{f}{\sim} R[\alpha],$$

并且 α 为 R 上的未定元当且仅当 $\mathbf{Ker}f = \{0\}$,即当且仅当 f 为同构映射.

§3.9 环 的 直 和

在第二章中,我们介绍了群的直积,本节我们将介绍与群的直积类似的环的直和,它也是研究环的一个重要工具.

设 R_1, R_2 是两个环,作卡氏积

$$R_1 \times R_2 = \{(a_1, a_2) \mid a_1 \in R_1, a_2 \in R_2\},$$

在 $R_1 \times R_2$ 中规定代数运算:

$$(a_1,a_2)+(b_1,b_2)=(a_1+b_1,a_2+b_2);$$
$$(a_1,a_2)(b_1,b_2)=(a_1b_1,a_2b_2),$$

容易验证$(R_1\times R_2,+,\cdot)$作成一个环. 且 $R_1\times R_2$ 的零元为$(0,0)$,(a_1,a_2)的负元为$(-a_1,-a_2)$. 因此有

定义 1 设 R_1,R_2 为两个环,则 $R_1\times R_2$ 关于上述定义的加法和乘法作成的环称为环 R_1,R_2 的**直和**,记为 $R_1\oplus R_2$.

例 1 设 $R_1=\mathbf{Z}_2=\{\bar{0},\bar{1}\}$,$R_2=\mathbf{Z}_3=\{[0],[1],[2]\}$,则

$$\mathbf{Z}_2\oplus\mathbf{Z}_3$$
$$=\{(\bar{0},[0]),(\bar{0},[1]),(\bar{0},[2]),(\bar{1},[0]),(\bar{1},[1]),(\bar{1},[2])\}.$$

$\mathbf{Z}_2\oplus\mathbf{Z}_3$ 的运算由 $\mathbf{Z}_2,\mathbf{Z}_3$ 的运算所确定,例如

$$(\bar{1},[1])+(\bar{1},[2])=(\bar{0},[0]);$$
$$(\bar{1},[1])\cdot(\bar{1},[2])=(\bar{1},[2]);$$
$$(\bar{0},[2])\cdot(\bar{1},[0])=(\bar{0},[0]);$$
$$(\bar{1},[1])+(\bar{1},[1])=(\bar{0},[2]).$$

等等,易知 $(\bar{0},[0])$ 是 $\mathbf{Z}_2\oplus\mathbf{Z}_3$ 的零元素,$(\bar{1},[1])$ 是 $\mathbf{Z}_2\oplus\mathbf{Z}_3$ 的单位元.

令 $$R_1'=\{(\bar{0},[0]),(\bar{1},[0])\},$$
$$R_2'=\{(\bar{0},[0]),(\bar{0},[1]),(\bar{0},[2])\}.$$

则 R_1',R_2' 均是 $\mathbf{Z}_2\oplus\mathbf{Z}_3$ 的理想,且

$$R_1'+R_2'=\mathbf{Z}_2\oplus\mathbf{Z}_3,\quad R_1'\bigcap R_2'=\{(\bar{0},[0])\}.$$

类似的结果在一般的环的直和中也成立.

在直和 $R_1\oplus R_2$ 中令

$$R_1'=\{(x,0)\mid x\in R_1\},R_2'=\{(0,y)\mid y\in R_2\},$$

容易验证 R_1',R_2' 是 $R_1\oplus R_2$ 的理想,并且

$$R_1 \cong R_1{}', \quad R_2 \cong R_2{}'.$$

$\forall (x, y) \in R_1 \oplus R_2$,则

$$(x, y) = (x, 0) + (0, y),$$

即
$$R_1 \oplus R_2 = R_1{}' + R_2{}'.$$

并且 $R_1{}' \bigcap R_2{}' = \{(0,0)\}$,即 $R_1 \oplus R_2$ 中的每一个元素都可以唯一地表示成 $R_1{}', R_2{}'$ 中的元素之和. 这个命题的逆命题也成立,即

定理 1 设环 R 有两个理想 R_1, R_2,使得 R 的每一个元素 a 都可以唯一地表示成 $a = x + y$,其中 $x \in R_1, y \in R_2$,则

$$R \cong R_1 \oplus R_2.$$

证明 因为 R_1, R_2 都是 R 的理想,故 $R_1 + R_2$ 也是 R 的理想,由条件:R 中的每一个元素可以表示成 R_1, R_2 的元素之和,所以 $R_1 + R_2 = R$.可作映射

$$f: R_1 \oplus R_2 \to R, (x, y) \mapsto x + y, \ x \in R_1, y \in R_2,$$

由上面讨论知 f 是满射,又由表示唯一的条件得,

$$x + y = x' + y' \ \Rightarrow \ x = x', y = y' \ \Rightarrow \ (x, y) = (x', y'),$$

即 f 为单射. 得 f 是 $R_1 \oplus R_2$ 到 R 的一个一一映射.

由表示法唯一,我们可以得到 $R_1 \bigcap R_2 = \{0\}$.事实上,若 $a \in R_1 \bigcap R_2, a \neq 0$,那么 a 有以下两种不同的表示法:

$$a = 0 + a = a + 0,$$

这与表示法唯一不合,所以 $R_1 \bigcap R_2 = \{0\}$.

$\forall x \in R_1, y \in R_2$,由于 R_1, R_2 是 R 的理想,故有 $xy \in R_1$,$xy \in R_2$,即 $xy \in R_1 \bigcap R_2 = \{0\}$,得 $xy = 0$;同样 $yx = 0$.下面就可以证明 f 保持运算了.

$\forall (x, y), (x_1, y_1) \in R_1 \oplus R_2$,

$$f[(x, y) + (x_1, y_1)] = f[(x + x_1, y + y_1)]$$

— 176 —

$$= (x + x_1) + (y + y_1) = (x + y) + (x_1 + y_1)$$
$$= f[(x,y)] + f[(x_1,y_1)];$$
$$f[(x,y)(x_1,y_1)] = f[(xx_1,yy_1)]$$
$$= xx_1 + yy_1 = xy + (xx_1 + yy_1) + x_1y_1$$
$$= (x + y)(x_1 + y_1) = f[(x,y)]f[(x_1,y_1)].$$

从而我们得到

$$R_1 \oplus R_2 \overset{f}{\cong} R.$$

我们将它们看作是同一个环,因此我们有

定义 2　设 R 是一个环,R_1,R_2 是 R 的子环,如果满足

(1) R_1,R_2 是 R 的理想;

(2) $\forall a \in R$ 均可以唯一地表示成

$$a = x + y, \ x \in R_1, y \in R_2,$$

则称 R 为理想 R_1 与 R_2 的**直和**,仍记为 $R_1 \oplus R_2$.

为了区别于前面的直和定义,我们将理想的直和称为**内部直和**;而将定义 1 中的 $R_1 \oplus R_2$ 说作是**外部直和**.

从定理 1 的证明过程中我们可以看到,若 R 的子环 R_1,R_2 满足条件(1),(2),则有

(3) $R = R_1 + R_1$;

(4) $R_1 \bigcap R_2 = \{0\}$;

(5) $\forall x \in R_1, y \in R_2$,有 $xy = yx = 0$.

其实(3),(4),(5)也可以作为直和的等价条件,因此,有

定理 2　设 R_1,R_2 是环 R 的子环,那么,$R = R_1 \oplus R_2$ 的充分必要条件是(3),(4),(5)成立.

证明　由上述讨论知必要性成立.只需证明充分性,即由(3),(4),(5)成立,证明(1),(2)也成立.

$\forall r \in R$,由(3)知,存在 $x \in R_1, y \in R_2$,使得

$$r = x + y,$$

对于 $\forall a \in R_1$,有

$$ra = (x+y)a = xa + ya = xa \in R_1,$$
$$ar = a(x+y) = ax + ay = ax \in R_1,$$

得 R_1 是 R 的理想;同样 R_2 也是 R 的理想. 得(1)成立.

若要证明(2),由(3)可知只要证明表示法唯一即可. 若 $a \in R$,有

$$a = x + y = x_1 + y_1,$$

即 $$x - x_1 = y_1 - y \in R_1 \bigcap R_2 = \{0\},$$

得 $x - x_1 = 0, y_1 - y = 0$,即 $x = x_1, y = y_1$,故(2)成立. ∎

例 2 设 $\mathbf{Z}_6 = \{\bar{0}, \bar{1}, \bar{2}, \bar{3}, \bar{4}, \bar{5}\}$,则 $\mathbf{Z}_6$ 含有子环

$$R_1 = \{\bar{0}, \bar{3}\}, \quad R_2 = \{\bar{0}, \bar{2}, \bar{4}\},$$

且

$$R_1 + R_2 = \{\bar{0}+\bar{0}, \bar{0}+\bar{2}, \bar{0}+\bar{4}, \bar{3}+\bar{0}, \bar{3}+\bar{2}, \bar{3}+\bar{4}\}$$
$$= \{\bar{0}, \bar{2}, \bar{4}, \bar{3}, \bar{5}, \bar{1}\} = \mathbf{Z}_6;$$

$R_1 \bigcap R_2 = \{\bar{0}\}$;由

$$\bar{3} \cdot \bar{2} = \bar{6} = \bar{0}, \quad \bar{3} \cdot \bar{4} = \overline{12} = \bar{0}$$

知,$\forall \bar{x} \in R_1, \bar{y} \in R_2$,有

$$\bar{x} \cdot \bar{y} = \overline{xy} = \bar{0}.$$

故 $\mathbf{Z}_6$ 含有子环 R_1, R_2,满足内部直和的条件(3),(4),(5),即 $\mathbf{Z}_6 = R_1 \bigoplus R_2$.

直和的概念可以推广到 $n(n \geqslant 2)$ 个环的情形.

定义 3 设 $R_1, R_2, \cdots, R_n$ 是 n 个环,卡氏积

$$R_1 \times R_2 \times \cdots \times R_n$$

关于运算

$$(a_1,a_2,\cdots,a_n)+(b_1,b_2,\cdots,b_n)$$
$$=(a_1+b_1,a_2+b_2,\cdots,\ a_n+b_n),$$
$$(a_1,a_2,\cdots,a_n)(b_1,b_2,\cdots,b_n)$$
$$=(a_1b_1,a_2b_2,\cdots,\ a_nb_n)$$

作成的环叫做 $R_1,R_2,\cdots,R_n$ 的**(外部)直和**,记作

$$R_1 \oplus R_2 \oplus \cdots \oplus R_n.$$

类似于定理 1 和定理 2,有

定理 3 设 $R_i(i=1,2,\cdots,n)$ 是 R 的 n 个子环,且

(1) R_i 是 R 的理想;

(2) R 中的每一个元 a 都可以唯一地表示成 $R_1,R_2,\cdots,R_n$ 中的元素之和,即

$$a = \sum_{i=1}^{n} x_i,(x_i \in R_i),$$

则 $\qquad\qquad R \cong R_1 \oplus R_2 \oplus \cdots \oplus R_n.$

定理 4 设 $R_i(i=1,2,\cdots,n)$ 是 R 的 n 个子环,则

$$R = R_1 \oplus R_2 \oplus \cdots \oplus R_n$$

的充分必要条件是

(3) $R = R_1 + R_2 + \cdots + R_n$;

(4) $R_j \cap \left(\sum_{j\neq i} R_i \right) = \{0\},(j=1,2,\cdots,n)$;

(5) $a_i a_j = a_j a_i = 0,(i \neq j,a_i \in R_i,a_j \in R_j)$.

作为环的直和之应用,我们再来看一个例子:

例 3 设环 R 具有有限特征 n,其中 $n=n_1n_2,(n_1,n_2)=1$,则存在 R 的子环 R_1,R_2,它们分别以 n_1,n_2 为特征,且 $R=R_1 \oplus R_2$.

因为 $(n_1,n_2)=1$,故存在 $k,s \in \mathbf{Z}$,使得

$$kn_1 + sn_2 = 1,$$

任取 $a \in R$，则

$$a = 1 \cdot a = (kn_1 + sn_2)a = kn_1 a + sn_2 a, \qquad (*)$$

令

$$R_1 = \{sn_2 a \mid a \in R\}, \quad R_2 = \{kn_1 a \mid a \in R\},$$

则 $\forall sn_2 x, sn_2 y \in R_1, \forall r \in R$，有

$$sn_2 x - sn_2 y = sn_2(x - y) \in R_1,$$
$$r(sn_2 x) = sn_2(rx) \in R_1,$$
$$(sn_2 x)r = sn_2(xr) \in R_1,$$

故 R_1 是 R 的一个理想.

同理，R_2 也是 R 的一个理想.

又由 $(*)$ 式表明 $R = R_1 + R_2$.

下面证明 $R_1 \cap R_2 = \{0\}$.

设 $x \in R_1 \cap R_2$，则存在 $a, b \in R$，使得

$$x = sn_2 a = kn_1 b,$$

再将 a 用 $(*)$ 式代入，有

$$sn_2 a = sn_2(kn_1 a + sn_2 a) = sk(n_1 n_2)a + (sn_2)^2 a = (sn_2)^2 a,$$

故

$$x = sn_2 a = (sn_2)^2 a = (sn_2)(sn_2 a)$$
$$= (sn_2)(kn_1 b) = sk(n_1 n_2)b = 0.$$

所以，$R_1 \cap R_2 = \{0\}$.

综上所述，我们证得 $R = R_1 \oplus R_2$.

最后证明 R_i 的特征为 $n_i (i = 1, 2)$.

显然，R_1 的特征 $\leqslant n_1$，R_2 的特征 $\leqslant n_2$，设 m_i 是 R_i 的特征，则 $m_i \leqslant n_i$，从而有 $m_1 m_2 \leqslant n_1 n_2$. 任取

$$x = a_1 + a_2 \in R, \quad \text{其中 } a_1 \in R_1, a_2 \in R_2,$$

则 $(m_1 m_2)x = m_1 m_2(a_1 + a_2) = m_1 m_2 a_1 + m_1 m_2 a_2 = 0,$
由于 R 的特征为 $n = n_1 n_2$，故 $n_1 n_2 = n \leqslant m_1 m_2$，只有

$$m_1 = n_1, \quad m_2 = n_2.$$

例 3 的结果可以推广到一般形式：

定理 5 设环 R 的特征

$$n = p_1^{k_1} p_2^{k_2} \cdots p_s^{k_s},$$

其中 $p_1, p_2, \cdots, p_s$ 是互不相同的素数，则存在 R 的特征为 $p_i^{k_i}$ 的理想 $R_i (i = 1, 2, \cdots, s)$，使得

$$R = R_1 \oplus R_2 \oplus \cdots \oplus R_s.$$

习题 3.9

1. 设 R_1, R_2 是两个整环，则 R_1 与 R_2 的外部直和 $R_1 \oplus R_2$ 是不是整环？若是整环，请证明；若未必是整环，请举例说明.

2. 设 $R = \mathbf{Z}/(24) = \mathbf{Z}_{24}$，将 R 表示成 R 的理想的直和.

3. 设 R_1, R_2 是两个环，证明：R_1, R_2 分别是 $R = R_1 \oplus R_2$ 的同态象，即

$$R \overset{\varphi}{\sim} R_1, \quad R \overset{\psi}{\sim} R_2,$$

且求 $\mathbf{Ker}\varphi$ 和 $\mathbf{Ker}\psi$.

4. 设 $R = R_1 \oplus R_2, R_1 = S_1 \oplus S_2$，证明：

$$R = S_1 \oplus S_2 \oplus R_2.$$

5. 设 F_1, F_2 是两个域，令 $R = F_1 \oplus F_2$，找出 R 的一切理想.

第四章 整环里的因子分解

在整数环 **Z** 的理论中,有一个十分重要的定理,即因数分解的唯一性定理:**每一个不等于 ±1 的非零整数都可以分解成有限个素数的乘积,而且,除了因数的次序与符号的差别以外,分解是唯一的.**同样,在数域 P 上的一元多项式环 $P[x]$ 中,也有因式分解的唯一性定理:**每一个次数 ≥1 的多项式都可以分解成有限个不可约多项式的乘积,而且,除了因式的次序与非零常数倍的差别外,分解是唯一的.**在这一章中,我们将对一般的整环讨论元素的因子分解问题,对于整环,将给出一些具有唯一分解的条件与唯一分解环的判别定理.

在本章中,如果我们对环 I 没有作特别的说明,总认为这个环是整环,其单位元为 1.

§4.1 不可约元 素元 最大公因子

为了将 **Z** 和 $P[x]$ 上的唯一分解定理推广到一般的整环中,我们需要将与因子分解有密切关系的一些概念推广到整环上.

一、单位

定义 1 若整环 I 的一个元素 ε 是可逆元,则称 ε 为 I 的一个单位.

根据定义知,ε 是 I 的单位,当且仅当 $(\varepsilon)=I$.

事实上,若 ε 是 I 的单位,则 $\forall x \in I$,有

$$x = x \cdot 1 = (x\varepsilon^{-1})\varepsilon \in (\varepsilon),$$

得 $I=(\varepsilon)$；反之，若 $I=(\varepsilon)$，那么，$1\in(\varepsilon)$，即存在 $\delta\in I$，使得 $1=\varepsilon\delta$，即 ε 为 I 中的可逆元，即 ε 为 I 的单位.

由于在整环 I 中，两个可逆元的积仍是可逆元，可逆元的逆元仍是可逆元，即 I 中单位的积仍是单位，单位的逆元仍是单位. 所以有

定理 1 整环 I 中的全体单位所作成的集合 U_I 关于 I 的乘法构成一个交换群.

二、整除　因子

定义 2 设 a,b 是整环 I 中的两个元素，若 I 中存在元素 c，使得

$$a=bc,$$

则称 b **整除** a，或称 b 是 a 的一个**因子**，记作 $b\mid a$. 此时，也称 a 是 b 的一个**倍元**.

整除关系具有以下性质：

定理 2 对于整环 I 中的任意元素 a,b,c，有

(1) 若 $c\mid b,b\mid a$，则 $c\mid a$；

(2) $a\mid b$ 且 $b\mid a$ 当且仅当 $b=\varepsilon a$，ε 是 I 的单位；

(3) ε 是 I 的单位，当且仅当 $\varepsilon\mid 1$；

(4) 单位的因子只能是单位；

(5) 设 ε 是 I 的单位，则 $\forall a\in I$，有 $\varepsilon\mid a,\varepsilon a\mid a$；

(6) $b\mid a$ 当且仅当 $(a)\subseteq(b)$.

证明 (1) 由 $c\mid b,b\mid a$，按整除的定义，存在 $d,e\in I$，使得 $b=cd,a=be$，于是 $a=c(de)$，所以，$c\mid a$；

(2) 若 $a\mid b,b\mid a$，则有 $c,d\in I$，使得

$$a=bc,\quad b=ad.$$

如果 $a=0$，则 $b=0$，所以有 $b=\varepsilon a$（ε 是 I 的单位）成立；若 $a\neq$

0,那么,我们可得

$$a = bc = a(cd),$$

因为 I 是整环,即 I 是一个无零因子的环,在 I 中消去律成立,消去 a 得 $cd = 1$,所以,d,c 都是 I 的单位. 反之,若 $b = \varepsilon a$,ε 是 I 的单位,则有

$$b = \varepsilon a, \quad a = \varepsilon^{-1} b,$$

所以,$a \mid b, b \mid a$;

(3) 由定义 1,定义 2 得,ε 是 I 的单位当且仅当存在 $\delta \in I$,使得 $\varepsilon \delta = 1$,即 $\varepsilon \mid 1$;

(4) 设 $b \mid \varepsilon$,有 $c \in I$,使得 $\varepsilon = bc$,而 ε 为 I 的单位,所以,

$$1 = \varepsilon \varepsilon^{-1} = cb\varepsilon^{-1} = b(c\varepsilon^{-1}),$$

因此,b 也是 I 的单位;

(5) 由于

$$a = \varepsilon(\varepsilon^{-1} a) = (\varepsilon a)\varepsilon^{-1},$$

所以,$\varepsilon \mid a. \varepsilon a \mid a$;

(6) 若 $b \mid a$,则 $a = bc, c \in I$,于是 $a \in (b)$,所以,$(a) \subseteq (b)$. 反之,若 $(a) \subseteq (b)$,则 $a \in (a) \subseteq (b)$,因为 I 是有单位元的交换环,可根据生成主理想的结构得,存在 $c \in I$,使得 $a = bc$,即 $b \mid a$.

三、相伴　真因子

定义 3　设 a,b 是整环 I 中的两个元素,若 $a \mid b$ 且 $b \mid a$,则称 a 与 b **相伴**,记作 $a \sim b$.

例如,在整数环 **Z** 中,任何一个非零整数 m,有两个相伴元 m 与 $-m$,且只有这两个整数;又如在数域 P 上的一元多项式环 $P[x]$ 中,任何一个非零多项式 $f(x)$ 的相伴元为 $cf(x)$,其中 $c \in P^*$,即 c 为非零常数.

由定理 2 的(2),(6)得

定理 3　设 $a,b\in I$,下列命题等价：

(1) $a\sim b$;

(2) $b=\varepsilon a,\varepsilon$ 是 I 的单位;

(3) $(a)=(b)$.

由此我们可以得到

推论　设 I 是一个整环,那么

(1) 相伴关系"$\sim$"是 I 中的元素之间的一个等价关系;

(2) $a\sim 1$ 当且仅当 a 是 I 的一个单位;

(3) 若 ε 是 I 的单位,则 $a\sim b$ 当且仅当 $a\sim\varepsilon b$.

定理 3 及其推论是很容易得到的,其具体的证明我们就省略了.

由定理 2 的(5),I 中任意元素 a 均可以被每一个单位 ε 的 a 的每一个相伴元 εa 整除,即 $\forall x\in U_I$ 或 $x\in aU_I$,则 x 均为 a 的因子.因此,对于 a 的因子,我们有

定义 4　设 $a\in I,b$ 是 a 的一个因子,如果 $b\in U_I$ 或 $b\in aU_I$,则称 b 是 a 的**平凡因子**;如果 b 既不是单位,也不与 a 相伴,则称 b 是 a 的**真因子**.

例如,在整数环 **Z** 中,$\pm 1,\pm 6$ 都是 6 的平凡因子,而 $\pm 2,\pm 3$ 都是 6 的真因子.而在有理数域 **Q** 中,$\pm 1,\pm 6,\pm 2,\pm 3$ 都是 6 的相伴元,即它们都是 6 的平凡因子.从这里我们可以看到整除和因子是与所取的整环 I 有关的.

定理 4　设 a,b 是整环 I 中的两个元素,则 b 是 a 的真因子,当且仅当

$$(a)\subsetneqq (b)\subsetneqq I.$$

证明　因为 b 是 a 的因子,故有 $(a)\subseteq (b)\subseteq I$,而且有：

$$b\text{ 是 }a\text{ 的真因子}$$

$\Leftrightarrow$　b 不是单位,也不与 a 相伴

$\Leftrightarrow$　$(b) \subsetneqq I$ 且 $(a) \subsetneqq (b)$.　■

定理 5　设 $a \neq 0$,若 b 是 a 的真因子,且 $a=bc$,则 c 也是 a 的真因子.

证明　由题设 $a=bc$,所以,$c \mid a$. 又 c 不是单位,不然的话,有 $a \sim b$,不合题意. c 也不与 a 相伴,否则,存在单位 ε 使得 $c = \varepsilon a$,于是

$$a = bc = b\varepsilon a,$$

由于 $a \neq 0$,消去 a 得 $b\varepsilon = 1$,即 b 为单位,也与题设不合. 因此,c 也是 a 的真因子.　■

四、不可约元　素元

在整数环 $\mathbf{Z}$ 中,有一类特别重要的整数就是素数. 要在整环 I 中讨论因子分解问题,必须将素数的概念加以推广.

定义 5　设 a 是整环 I 中的一个不等于单位的非零元,若 a 在 I 中没有真因子,则称 a 为 I 的一个**不可约元**;若 a 在 I 中有真因子,则称 a 为 I 的一个**可约元**.

可约元与不可约元具有以下性质:

定理 6　设 a 是整环 I 中的一个非零元,那么,a 是 I 的可约元的充分必要条件为:存在 $b,c \in I$,使得 $a=bc$,其中 b,c 都不是单位.

证明　设 a 是可约元,则 a 有真因子 b,于是 $a=bc$,由定理 5 知,c 也是 a 的真因子,从而得 b,c 都不是单位.

反之,设 $a=bc$,b 和 c 都不是单位. 这时 b 不与 a 相伴,如果 a 与 b 相伴,则有 $b=a\varepsilon$,ε 是 I 的单位,所以

$$a = bc = \varepsilon ac,$$

消去 a 得 c 为单位,与假设矛盾. 因此,b 是 a 的真因子,所以,a 是

I 的一个可约元. ■

定理 7　一个不可约元的任意相伴元都是不可约元.

证明　设 a 是 I 的一个不可约元, b 是 a 的任意一个相伴元, 即 $a \sim b$. 于是存在 I 的单位 ε, 使得 $b = \varepsilon a$.

由于 $\varepsilon \neq 0, a \neq 0$, 因而 $b = \varepsilon a \neq 0$. 且 b 也不是单位, 不然的话, b 的因子 a 也必然是单位, 与 a 是不可约元矛盾. 所以, 与不可约元 a 相伴的元 b 一定是一个非零非单位的元.

再来证明 b 没有真因子. 设 $c \mid b$, 则 $b = cd$, 其中 $d \in I$, 即 $b = \varepsilon a = cd$, 于是 $a = (\varepsilon^{-1}d)c$, 即 $c \mid a$. 而 a 是 I 的不可约元, 所以, c 是单位, 或 $c \sim a$. 若 $c \sim a$, 又 $b \sim a$, 得 $c \sim b$. 因此, b 只有平凡因子. ■

定义 6　设 p 是整环 I 中的一个不等于单位的非零元, 若由 $p \mid ab$, 可得 $p \mid a$ 或 $p \mid b$, 则称 p 是 I 的一个**素元**.

我们知道, 在整数环 $\mathbf{Z}$ 中, 不可约元与素元这两个概念是一致的, 也就是说, 在 $\mathbf{Z}$ 中非零非单位的整数 p 为素元的充分必要条件是 p 没有真因数, 即 p 为不可约元. 但是, 在一般的整环中, 这两个概念是有区别的, 下面我们来看它们之间的关系.

定理 8　在整环 I 中, 每一个素元都是不可约元.

证明　设 p 为 I 的一个素元, 如果 $p = ab$, 即 $p \mid ab$, 那么由素元的定义可知 $p \mid a$ 或 $p \mid b$.

若 $p \mid a$, 即 $a = pc$, 又 $p = ab$, 从而得

$$a = pc = abc,$$

因为 a 是非零元 p 的因子, 则 $a \neq 0$, 上式中消去 a, 得 $bc = 1$, 从而有 b 是 I 的单位.

同理, 若 $p \mid b$, 则 a 是 I 的单位.

根据上面的讨论, 我们得到: $\forall a, b \in I$, 如果有 $p = ab$, 那么, a, b 中至少有一个是单位. 根据定理 6 的逆否命题知 a 是 I 的一个不可约元. ■

然而,定理 8 的逆命题在一般的整环 I 中不成立,我们来给出一个反例.

例1 设

$$I = \mathbf{Z}\left[\sqrt{-3}\right] = \{m + n\sqrt{-3} \mid m, n \in \mathbf{Z}\},$$

容易证明 I 是复数域 $\mathbf{C}$ 的一个子环,即 I 是一个无零因子的交换环,且 $\mathbf{C}$ 的单位元 $1 \in I$,所以,I 是一个整环.

首先,我们来证明:

$$\alpha \text{ 是 } I \text{ 的单位} \quad \Longleftrightarrow \quad |\alpha|^2 = 1,\text{即 } \alpha = \pm 1.$$

若 $\alpha = m + n\sqrt{-3}$ 是 I 的一个单位,则存在 $\varepsilon \in I$,使得 $\varepsilon\alpha = 1$,两边取复数模的平方,得 $|\varepsilon|^2 |\alpha|^2 = 1$,由于 $|\varepsilon|^2$,$|\alpha|^2$ 都是自然数,所以 $|\alpha|^2 = 1$.而

$$|\alpha|^2 = m^2 + 3n^2 = 1,$$

只有 $m = \pm 1$,$n = 0$.所以,$\alpha = \pm 1$.而 $\alpha = \pm 1$ 显然是 I 的单位.

其次,设 $\beta \in I$,如果 $|\beta|^2 = 4$,那么,β 是 I 的不可约元.

由 $|\beta|^2 = 4$ 知,β 是非零非单位的元.如果 β 有因子 γ,则存在 $\delta \in I$,使得 $\beta = \gamma\delta$,于是设

$$\gamma = m + n\sqrt{-3} \in I,$$

且

$$|\gamma|^2 |\delta|^2 = |\gamma|^2 = 4,$$

则有 $|\gamma|^2 = 1, 2, 4$,即 $m^2 + 3n^2 = 1, 2, 4$.但对于任何整数 m, n 均有 $m^2 + 3n^2 \neq 2$,故只有 $|\gamma|^2 = 1$ 或 $|\gamma|^2 = 4$.当 $|\gamma|^2 = 1$ 时,得 γ 为 I 的单位;当 $|\gamma|^2 = 4$ 时,有 $|\delta|^2 = 1$,得 δ 为 I 的单位,即 β 与 γ 相伴.所以,β 没有真因子,即 β 是 I 的一个不可约元.由此我们得到 I 中的元素

$$\pm 2, \quad \pm(1 + \sqrt{-3}), \quad \pm(1 - \sqrt{-3})$$

都是 I 中的不可约元.

最后,我们来看

$$4 = 2 \times 2 = (1 + \sqrt{-3})(1 - \sqrt{-3}),$$

可知　　　　$2 \mid 4$,即 $2 \mid (1 + \sqrt{-3})(1 - \sqrt{-3})$,

但是 2 不整除 $(1 + \sqrt{-3})$,也不整除 $(1 - \sqrt{-3})$.

事实上,如果 $2 \mid (1 + \sqrt{-3})$,则存在 $\alpha \in I$,使得

$$(1 + \sqrt{-3}) = 2\alpha,$$

两边取复数模的平方,则

$$|1 + \sqrt{-3}|^2 = 4 \cdot |\alpha|^2 = 4,$$

$|\alpha|^2 = 1$,故 α 是 I 的单位,即 $\alpha = \pm 1$,但 $\alpha = \pm 1$ 都不能使 $(1 + \sqrt{-3}) = 2\alpha$ 成立.所以,2 不整除 $(1 + \sqrt{-3})$.同理,2 也不整除 $(1 - \sqrt{-3})$.

由于整环 I 中的不可约元未必是素元,所以我们有

素元性条件　如果整环 I 中的每一个不可约元都是素元,则称整环 I 满足**素元性条件**.

五、最大公因子

定义 7　设 a, b 是整环 I 中的两个元素,若 I 中存在 d,满足:

(1) $d \mid a, d \mid b$;

(2) 对于 $c \in I$,若有 $c \mid a, c \mid b$,那么,$c \mid d$,

那么,称 d 是 a, b 的**最大公因子**,记作 $(a, b) \sim d$.

特别地,当 a, b 的最大公因子存在,且为 I 的单位时,我们称 a, b **互素**,记为 $(a, b) \sim 1$.

由定义可知,若 a, b 的最大公因子存在,如果 d_1, d_2 都是 a, b 的最大公因子,那么,有 $d_1 \mid d_2$ 且 $d_2 \mid d_1$,即有 $d_1 \sim d_2$;反之易知,与最大公因子相伴的元也是最大公因子.因此,若 a, b 的最大公因

子存在,那么除了相差一个单位因子以外,它们的最大公因子是唯一确定的.

对于整环 I 中的一些特殊的元素,它们的最大公因子是存在的,因此,我们有

性质 在整环 I 中,有

(1) $(a,0) \sim a, \forall a \in I$;

(2) $(a,b) \sim 0 \iff a = 0, b = 0$;

(3) $(\varepsilon, a) \sim 1, \forall a \in I, \varepsilon$ 为 I 的单位;

(4) 当 p 为 I 的不可约元时,对于 $\forall a \in I$,有 (p,a) 存在,且 (p,a) 或为单位 ε,或与 p 相伴,即 $(p,a) \sim 1$ 或 $(p,a) \sim p$.

证明 (1) 由于零元素 0 被任何元素整除,所以 a 的因子就是 a 与 0 的公因子,从而知 a 是 a 与 0 的最大公因子.

(2) 如果 $(a,b) \sim 0$,则 $0|a, 0|b$,那么,

$$a = 0 \cdot c = 0, \quad b = 0 \cdot d = 0.$$

反之,如果 $a = 0, b = 0$,那么,由(1)知,$(a,b) = (0,0) \sim 0$;

(3) 因为单位的因子只能是单位,因此,ε 与 a 的公因子也只能是单位,所以,$(\varepsilon, a) \sim 1$;

(4) 因为 p 是 I 的不可约元,所以,p 的因子只有单位 ε,或与 p 相伴的元 εp. 当 $p|a$ 时,$(p,a) \sim p$;当 p 不整除 a 时,a 与 p 的公因子只有单位,即 $(p,a) \sim 1$. ■

值得注意的是,一般整环中的两个元素 a,b 未必存在最大公因子.

例 2 如在例 1 给出的整环

$$I = \mathbf{Z}\left[\sqrt{-3}\right] = \{m + n\sqrt{-3} \mid m, n \in \mathbf{Z}\},$$

中,取

$$\alpha = 2(1 + \sqrt{-3}), \beta = (1 + \sqrt{-3})(1 - \sqrt{-3}),$$

则 α 与 β 的最大公因子不存在. 因为

$$\alpha = 2(1+\sqrt{-3}) = -(1-\sqrt{-3})^2,$$

$$\beta = (1+\sqrt{-3})(1-\sqrt{-3}) = 2^2,$$

所以, α,β 的公因子只有(为什么?)

$$\pm 1, \pm 2, \pm(1+\sqrt{-3}), \pm(1-\sqrt{-3}),$$

而它们都不是 α,β 的最大公因子. 例如, 2 是 α,β 的公因子, 但 2 不能被 $1+\sqrt{-3}$ 整除, 因而, 2 不是 α,β 的最大公因子. 同理可以证明, α,β 的所有公因子都不是它们的最大公因子.

最大公因子条件　如果整环 I 中的任意两个元素的最大公因子都存在, 则称 I 满足**最大公因子条件**.

引理　若 I 满足最大公因子条件, 则对于 $\forall a,b,c \in I$, 均有

(1) $(a,(b,c)) \sim ((a,b),c)$;

(2) $c(a,b) \sim (ca,cb)$;

(3) 若 $(a,b) \sim 1, (a,c) \sim 1,$ 则 $(a,bc) \sim 1.$

证明　(1) 令 $r = (a,(b,c))$, 则 $r \mid a, r \mid (b,c)$, 即 $r \mid a, r \mid b,$ $r \mid c$, 因而 $r \mid (a,b), r \mid c$, 所以, $r \mid ((a,b),c)$, 从而证得 $(a,(b,c)) \mid ((a,b),c)$.

同理可证, $((a,b),c) \mid (a,(b,c))$.

所以,　　　　$(a,(b,c)) \sim ((a,b),c)$.

(2) 若 $c = 0$, 则结论成立. 若 $c \neq 0$, 设

$$(a,b) \sim d, \quad (ca,cb) \sim e,$$

由 $(a,b) \sim d$ 得 $d \mid a, d \mid b$, 于是 $cd \mid ca, cd \mid cb$, 所以, $cd \mid e$, 即 $e = cdu$. 另一方面, 由 $(ca,cb) \sim e$, 得

$$ca = ex = cdux, \quad cb = ey = cduy,$$

消去 c 有　　　　$a = dux, \quad b = duy,$

即 $du \mid a, du \mid b$，即 $du \mid d$，从而得 u 是 I 的单位，由 $e = cdu$ 得 $e \sim cd$. 所以，

$$c(a,b) \sim cd \sim e \sim (ca, cb).$$

(3) 若 $(a,b) \sim 1$，则由(2)知 $(ac, bc) \sim c$，$(a, ac) \sim a$，于是 $1 \sim (a,c) \sim (a, (ac, bc)) \sim ((a, ac), bc) \sim (a, bc)$. ■

定理 9 如果整环 I 满足最大公因子条件，那么 I 必满足素元性条件.

证明 设 p 是 I 的一个不可约元，若 $p \nmid a$，$p \nmid b$，则由 p 为 I 的不可约元，可得 $(p,a) \sim 1$，$(p,b) \sim 1$. 于是由引理的(3)得 $(p, ab) \sim 1$，从而得 $p \nmid ab$.

所以，p 是 I 的一个素元. ■

习题 4.1

1. 找出高斯整数环 $\mathbf{Z}[i] = \{a + bi \mid a, b \in \mathbf{Z}\}$ 的所有单位.

2. 在 $\mathbf{Z}[i]$ 中，设 $a = m + ni \in \mathbf{Z}[i]$，记 $N(a) = m^2 + n^2$，证明：若 $N(a)$ 是 $\mathbf{Z}$ 中的一个素数，则 a 是 $\mathbf{Z}[i]$ 中的一个不可约元.

3. 在 $\mathbf{Z}[i]$ 中证明：3 是不可约元，5 是可约元.

4. 设 p 是整环 I 中的一个素元，且 $p \mid a_1 a_2 \cdots a_n$，$(n \geqslant 2)$，证明：至少存在一个 $a_i (1 \leqslant i \leqslant n)$，$p \mid a_i$.

5. 设 I 是一个整环，$a_1, a_2, \cdots, a_n \in I$，如果存在 $d \in I$，使得

(1) $d \mid a_i (i = 1, 2, \cdots, n)$；

(2) 若 $c \in I$ 为 $a_1, a_2, \cdots, a_n$ 的公因子，那么 $c \mid d$.

则称 d 是 $a_1, a_2, \cdots, a_n$ 的**最大公因子**.

设整环 I 满足最大公因子条件，证明：I 的任意有限个元素 $a_1, a_2, \cdots, a_n$ 都有最大公因子，若 d_1 也是 $a_1, a_2, \cdots, a_n$ 的最大公因子，则

$$d \sim d_1.$$

6. 设整环 I 满足最大公因子条件，$a_1, a_2, \cdots, a_n$ 为 I 中 n 个不全为零的元素，若

$$a_1 = db_1, \quad a_2 = db_2, \quad \cdots, \quad a_n = db_n,$$

证明：d 是 $a_1, a_2, \cdots, a_n$ 的一个最大公因子的充分必要条件为 $b_1, b_2, \cdots, b_n$ 互素．

§4.2 唯一分解环

一、唯一分解元 唯一分解环的定义

定义 1 设整环 I 中的元素 a 满足：

(1) a 可以表示成有限个 I 中的不可约元的乘积，即

$$a = p_1 p_2 \cdots p_r \quad (p_i \text{ 是 } I \text{ 中的不可约元});$$

(2) 若同时还有

$$a = q_1 q_2 \cdots q_s \quad (q_j \text{ 是 } I \text{ 中的不可约元}),$$

那么必有 $r = s$，并且适当交换因子的次序，使得

$$p_i \sim q_i \quad (i = 1, 2, \cdots, r),$$

则称 a 为 I 中的一个**唯一分解元**，并称 r 为元素 a 的**长**．

定义 1 中的(1)表示 a 可以分解成有限个不可约元的乘积，即 a 有不可约因子的分解，(2)表示 a 的分解在相伴的意义下是唯一的．

如果 a 是 I 中的唯一分解元，那么我们可以将相伴的不可约元写成方幂的形式，即有

$$a = \varepsilon p_1^{k_1} p_2^{k_2} \cdots p_m^{k_m}, \qquad (*)$$

其中 $p_1, p_2, \cdots, p_m$ 为互不相伴的不可约元，$k_i > 0$，ε 为 I 的单位．

我们称(＊)式是元素 a 的**标准分解式**.

整环 I 中的零元和单位肯定都没有不可约分解. 事实上, 若

$$0 = a_1 a_2 \cdots a_n,$$

由于 I 是无零因子环, 所以总有一个 $a_i = 0$, 而 0 不是不可约元, 故 0 没有不可约分解; 又若

$$\varepsilon = a_1 a_2 \cdots a_n,$$

由于单位的因子必是单位, 于是 $a_1, a_2, \cdots, a_n$ 都是 I 的单位, 而单位也不是不可约元, 因而单位 ε 也没有不可约分解.

定义 2　若整环 I 的每一个非零非单位的元都是唯一分解元, 则称 I 是一个**唯一分解环**

由此定义可知, 整数环 $\mathbf{Z}$ 是唯一分解环, 数域 P 上的一元多项式环 $P[x]$ 也是唯一分解环.

然而, 对于一般的整环 I 来说, I 未必都是唯一分解环, 下面我们来看两个例子.

例 1　设 I 是一切形如

$$\alpha = \sum_{i=1}^{n} a_i x^{k_i}$$

的元素作成的集合, 其中 $a_i \in \mathbf{Q}, k_i$ 为非负有理数. 并在 I 中按通常的多项式的加法和乘法定义运算, 即 $\forall \alpha, \beta \in I$, 设

$$\alpha = \sum_{i=1}^{n} a_i x^{k_i}, \quad \beta = \sum_{j=1}^{m} b_j x^{l_j},$$

其中 $a_i, b_j \in \mathbf{Q}, k_i, l_j$ 为非负有理数, 规定加法是将这 n, m 项形式上相连即可, 而

$$\alpha\beta = \Big(\sum_{i=1}^{n} a_i x^{k_i} \Big) \Big(\sum_{j=1}^{m} b_j x^{l_j} \Big) = \sum_{i=1}^{n} \sum_{j=1}^{m} a_i b_j x^{k_i + l_j},$$

可以证明 I 是一个整环, 其单位元为 1, 而对于任何非负整数 m,

有 $x^{\frac{1}{m}}$ 都不是 I 的单位,而

$$x = x^{\frac{1}{2}} \cdot x^{\frac{1}{2}} = x^{\frac{1}{2}} \cdot x^{\frac{1}{4}} \cdot x^{\frac{1}{4}} = x^{\frac{1}{2}} \cdot x^{\frac{1}{4}} \cdot x^{\frac{1}{8}} \cdot x^{\frac{1}{8}} = \cdots$$

由此可见,x 是整环 I 中的非零非单位的元,但不能分解成有限个不可约元的乘积. 故 I 不是唯一分解环.

例 2 在 §4.1 中,整环

$$I = \mathbf{Z}\left[\sqrt{-3}\right] = \left\{ m + n\sqrt{-3} \mid m, n \in \mathbf{Z} \right\},$$

也不是唯一分解环. 因为 $4 \in \mathbf{Z}\left[\sqrt{-3}\right]$ 有两种不可约的分解

$$4 = 2 \times 2 = (1 + \sqrt{-3})(1 - \sqrt{-3}),$$

易知,这两种分解不是相伴分解,即定义中的(2)不成立.

二、唯一分解环的性质

我们给出唯一分解环的几个重要性质.

引理 设 I 为唯一分解环,$a \in I$ 是 I 中的一个非零非单位的元,如果

$$a = p_1 p_2 \cdots p_s \quad (p_i \text{ 为 } I \text{ 的不可约元}),$$

那么 a 的任意真因子 b 必与 $p_1, p_2, \cdots, p_s$ 中的一部分不可约元的积相伴,即

$$b \sim p_{i_1} p_{i_1} \cdots p_{i_r}, \quad \text{其中 } r < s,$$

证明 由于 a 是一个非零非单位的元,而 b 是 a 的一个真因子,则 b 也是一个非零非单位的元. 因为 I 是一个唯一分解环,那么 b 有分解:

$$b = q_1 q_2 \cdots q_r, \quad (q_j \text{ 是 } I \text{ 的不可约元}),$$

因为 $q_j \mid b$,又 $b \mid a$,得 $q_j \mid a = p_1 p_2 \cdots p_s$,从而有 $q_j \mid p_{i_j}$,即 $p_{i_j} = c q_j$,因为 p_{i_j} 与 q_j 都是 I 的不可约元,c 只能是单位. 从而证得 b 的

任意一个不可约因子都与 a 的某个不可约因子相伴,而且由真因子得 $r < s$.

定理1 在唯一分解环 I 中,任何真因子序列

$$a_1, a_2, a_3, \cdots, a_n, \cdots$$

(其中 a_{i+1} 是 a_i 的真因子)必然终止于有限.

证明 若 a_1 为单位,即上述序列只有一项;若 $a_1 = 0$,则必有 $a_2 \neq 0$,否则 a_2 是 a_1 的平凡因子,我们不妨从 $a_2 \neq 0$ 开始考虑.因此,可设 $a_1 \neq 0, a_1 \neq$ 单位,则 a_1 在 I 中可分解为有限个不可约元的乘积,设 a_1 的长为 r,那么,由引理知,从 a_1 开始的真因子序列最多只有 $r+1$ 项.

因子链条件 如果整环 I 中不存在元素为无限的真因子序列,则称 I 满足**因子链条件**.

定理2 在唯一分解环 I 中,最大公因子条件成立.

证明 设 a, b 是 I 的任意两个元素.若 a, b 之中有一个是零,譬如说 $a = 0$,则 $(a, b) = (0, b) \sim b$;若 a, b 中有一个是单位,譬如说 a 为单位 ε,则 $(a, b) = (\varepsilon, b) \sim 1$.

现设 a, b 均是非零非单位的元素,因为 I 是唯一分解环,故 a, b 都有分解,设它们的标准分解式分别为:

$$a = \varepsilon_a p_1^{k_1} p_2^{k_2} \cdots p_m^{k_m}, \quad b = \varepsilon_b p_1^{l_1} p_2^{l_2} \cdots p_m^{l_m},$$

其中 $p_1, p_2, \cdots, p_m$ 为互不相伴的不可约元,k_i, l_i 为非负整数(当某个不可约元不是 a 或 b 的因子时,用零次幂替代),$\varepsilon_a, \varepsilon_b$ 为 I 的单位.

令

$$d = p_1^{h_1} p_2^{h_2} \cdots p_m^{h_m},$$

其中 $$h_i = \min\{k_i, l_i\}, \quad (i = 1, 2, \cdots, m).$$

下面证明 d 是 a, b 的最大公因子.

显然,d 是 a,b 的公因子. 设 d_1 是 a 与 b 的任意一个公因子,当 d_1 为 I 的单位时,显然有 $d_1|d$;当 d_1 不是 I 的单位时,则 d_1 可以分解为若干个不可约元的乘积,而这些不可约元只能是 $p_1,p_2,\cdots,p_m$ 中的某些,可设 d_1 的标准分解式为

$$d_1 = \varepsilon_c p_1^{f_1} p_2^{f_2} \cdots p_m^{f_m},$$

其中 ε_c 为 I 的单位,由 $d_1|a,d_1|b$ 得 $f_i \leqslant k_i, f_i \leqslant l_i$,所以,

$$f_i \leqslant h_i = \min\{k_i,l_i\} \quad (i=1,2,\cdots,m),$$

从而得 $d_1|d$. 因此,d 是 a,b 的最大公因子.

由定理 2 以及上节的定理 9 可得

定理 3 在唯一分解环 I 中,素元性条件成立.

三、唯一分解环的判别准则

定理 4 若整环 I 满足因子链条件和素元性条件,则 I 是唯一分解环.

证明 设 a 是 I 的一个非零非单位的元.

首先证明由因子链条件保证 a 有不可约的因子分解. 假如 a 不能表示成有限个不可约元的乘积,那么 a 必定是一个可约元,于是 a 有真因子,即 $a=a_1 b_1$,其中 a_1,b_1 都是非零非单位的元,那么 a_1,b_1 之中必有其一不能表示成有限个不可约元的乘积,不妨设 a_1 不能表示成有限个不可约元的乘积,重复以上过程,可得 I 的一个无限序列

$$a = a_0, a_1, a_2, \cdots,$$

其中每一个元都是前面一个元的真因子,这与 I 满足因子链条件矛盾. 从而证得:I 中的任意非零非单位的元都可以分解成有限个不可约元的乘积.

其次,设 a 有两种不可约分解:

$$a = p_1 p_2 \cdots p_r = q_1 q_2 \cdots q_s, \qquad (*)$$

要证 $r = s$,并且适当交换次序有

$$q_i \sim p_i \quad (i = 1, 2, \cdots, s).$$

我们对 r 作归纳证明. 当 $r = 1$ 时,$a = p_1$ 是不可约元,因而只有 $s = 1$,且 $q_1 = p_1$,结论成立.

假设上述结论对 $r - 1$ 时的情形也成立,我们来证对 r 也成立.

在(*)式中,因为 p_1 是不可约元,而 I 中素元性条件满足,即 p_1 是 I 中的素元,又由

$$a = p_1 p_2 \cdots p_r = q_1 q_2 \cdots q_s,$$

知 $\qquad p_1 \mid a = p_1 p_2 \cdots p_r = q_1 q_2 \cdots q_s,$

所以,p_1 必能整除某个 q_j,适当交换 q_j 的次序,可以假设 $p_1 \mid q_1$,即 $q_1 = p_1 c$,而 q_1 也是不可约元,则 c 只能是单位,故 $q_1 \sim p_1$. 设 $q_1 = \varepsilon p_1$,ε 是 I 的单位,于是从等式

$$a = p_1 p_2 \cdots p_r = (\varepsilon p_1) q_2 \cdots q_s$$

中消去 p_1 得

$$b = p_2 p_3 \cdots p_r = (\varepsilon q_2) q_3 \cdots q_s,$$

元素 b 有两种分解,则归纳假设得 $s - 1 = r - 1$,适当交换因子的次序有

$$q_2 \sim \varepsilon q_2 \sim p_2, \quad q_i \sim p_i \quad (i = 3, 4, \cdots, s),$$

结合前面的讨论,我们有 $s = r$.

$$q_i \sim p_i \quad (i = 1, 2, \cdots, s).$$

得 a 是 I 的唯一分解元,所以 I 是唯一分解环. ∎

定理 5 若整环 I 满足因子链条件和最大公因子条件,则 I 是唯一分解环.

证明 由上节定理 9 和本节定理 3,可直接推得. ■

习题 4.2

1. 证明:整环

$$\mathbf{Z}\left[\sqrt{-5}\right] = \{m + n\sqrt{-5} \mid m, n \in \mathbf{Z}\}$$

不是唯一分解环.

2. 证明:在高斯整数环

$$\mathbf{Z}[i] = \{a + bi \mid a, b \in \mathbf{Z}\}$$

中,5 是唯一分解元.

3. 按唯一分解环的定义直接证明在唯一分解环中,素元性条件成立.

4. 设

$$I = \left\{\frac{m}{2^n} \,\middle|\, m \in \mathbf{Z}, n \text{ 为非负整数}\right\},$$

则 I 关于数的运算作成一个整环,且求 I 的所有单位和 I 的所有不可约元.

5. 设 I 是一个整环,$a, b \in I$,如果存在 $m \in I$,使得

(1) $a \mid m, b \mid m$;

(2) 如果 $n \in I$ 为 a, b 的任意一个公倍元,即 $a \mid n, b \mid n$,那么 $m \mid n$.

则称 m 是 a, b 的**最小公倍元**.

证明:在唯一分解环 I 中,任意两个元素 a, b 都有最小公倍元,且最小公倍元在相伴的意义下是唯一的.

§4.3 主理想环 欧氏环

本节主要介绍两种类型的唯一分解环.

一、主理想环

定义 1　如果整环 I 的每一个理想都是主理想,则称 I 是一个主理想环.

例 1　整数环 $\mathbf{Z}$ 是主理想环.

设 A 是 $\mathbf{Z}$ 的一个理想,若 $A = \{0\}$,则 $A = (0)$,为 I 的主理想.若 $A \neq \{0\}$,则 A 中存在非零整数,因而必含有正整数,设 k 为 A 中的最小正整数,那么 $\forall m \in A$,由带余除法得

$$m = qk + r, \quad \text{其中} \ q, r \in \mathbf{Z}, 0 \leqslant r < k.$$

因为 A 为 $\mathbf{Z}$ 的理想,$k, m \in A$,所以

$$r = m - qk \in A.$$

此时只有 $r = 0$,若 $r \neq 0$,即 $0 < r < k$,这与 k 为 A 中的最小正整数矛盾.于是 $m = qk \in (k)$,得 $A \subseteq (k)$.反之,由 $k \in A$ 有 $(k) \subseteq A$.因此,$A = (k)$.又 $\mathbf{Z}$ 是一个整环,所以,$\mathbf{Z}$ 是一个主理想环.

例 2　整数环 $\mathbf{Z}$ 上的一元多项式环 $\mathbf{Z}[x]$ 不是一个主理想环.

因为由 §3.4,例 6 知,$(2, x)$ 是 $\mathbf{Z}[x]$ 中由元素 $2, x$ 生成的理想,但 $(2, x)$ 不是主理想,所以,$\mathbf{Z}[x]$ 不是主理想环.

定理 1　每一个主理想环 I 都是唯一分解环.

证明　根据上节定理 5,只需证明 I 满足因子链条件和最大公因子条件.

首先,设 I 中存在真因子链

$$a_1, a_2, \cdots, a_n, \cdots,$$

其中 a_{i+1} 是 a_i 的真因子($i = 1, 2, \cdots$),那么,由 §4.1,定理 2 的(6)可以得到一个主理想的升链

$$(a_1) \subseteq (a_2) \subseteq \cdots \subseteq (a_n) \subseteq \cdots$$

令 $A = \bigcup\limits_{i=1}^{\infty} (a_i)$,则 A 是 I 的一个理想.

事实上,$\forall x, y \in A, \forall r \in I$,有 $x \in (a_i), y \in (a_j)$,不妨设 $i \geqslant j$,那么,$x, y \in (a_i)$,且有

$$x - y \in (a_i) \subseteq A; \quad rx = xr \in (a_i) \subseteq A.$$

故 A 是 I 的一个理想.

因为 I 是主理想环,所以,A 是由某个元素 d 生成的主理想,即 $A = (d)$. 因为 $d \in A = \bigcup\limits_{i=1}^{\infty} (a_i)$,所以存在 n,使得 $d \in (a_n)$,于是,$A = (d) \subseteq (a_n)$.

我们可以证明 a_n 是上述真因子序列的最后一项. 假如还有 a_{n+1},那么,$a_{n+1} \mid a_n$,又 $a_{n+1} \in A = (d) \subseteq (a_n)$,得 $a_n \mid a_{n+1}$,从而 $a_{n+1} \sim a_n$,这与 a_{n+1} 是 a_n 的真因子矛盾.

所以,I 满足因子链条件.

其次,设 $a, b \in I$,考虑由 a, b 生成的理想

$$(a, b) = (a) + (b),$$

因为 I 是主理想环,所以存在 $d \in I$,使得

$$(a) + (b) = (a, b) = (d) = \{dr \mid r \in I\}.$$

由 $a \in (a, b) = (d), b \in (a, b) = (d)$,得 $d \mid a, d \mid b$,即 d 是 a,b 的一个公因子. 如果 c 是 a, b 的一个公因子,则有 $c \mid a, c \mid b$,即得 $(a) \subseteq (c), (b) \subseteq (c)$,所以

$$(d) = (a) + (b) \subseteq (c),$$

得到 $c \mid d$. 所以,我们证得 d 是 a, b 的最大公因子,由 a, b 的任意性得 I 满足最大公因子条件.

综上所述，I 同时满足因子链条件和最大公因子条件，所以 I 是一个唯一分解环. ■

需要指出的是，定理 1 的逆命题一般不成立，即一个唯一分解环未必是一个主理想环. 例如 $\mathbf{Z}[x]$ 不是主理想环，但我们将在下一节中将证明 $\mathbf{Z}[x]$ 是唯一分解环.

定理 2 设 I 是一个主理想环，则 I 的非零理想 (p) 是 I 的极大理想的充分必要条件是 p 为 I 的不可约元.

证明 先证充分性. 设 p 是 I 的不可约元，显然 (p) 不是单位理想. 假如 I 中有理想 A 满足

$$(p) \subseteq A \subseteq I,$$

因为 I 是一个主理想环，即存在 $a \in I$，使得 $A = (a)$，从而有

$$p \in (p) \subseteq A = (a),$$

即有 $p = ab$. 如果 $(p) \neq A$，那么，a 与 p 不相伴，只有 a 为单位，所以 $A = I$. 证得 (p) 是 I 的一个极大理想.

再证必要性. 因为 $(p) \neq (0)$，所以，$p \neq 0$；又因 $(p) \neq I$，则 p 不是 I 的单位.

现设 $b \mid p$，则 $(p) \subseteq (b)$，因为 (p) 是 I 的极大理想，所以，$(b) = (p)$ 或 $(b) = I$，即得 $b \sim p$ 或 b 为 I 的单位. 因此，p 只有平凡因子，即 p 为 I 的一个不可约元. ■

二、欧氏环

定义 2 设 I 是一个整环，如果存在 I^* 到自然数集 $\mathbf{N}$ 的一个映射 φ，使得 $\forall a \in I^*, b \in I$，存在 $q, r \in I$，有

$$b = qa + r,$$

其中 $r = 0$ 或 $\varphi(r) < \varphi(a)$，则称 I 是一个**欧氏环**.

其实，欧氏环的概念是由整数环 $\mathbf{Z}$ 和数域 P 上的一元多项式环 $P[x]$ 中的带余除法抽象而来的，下面看几个例子.

例 3 整数环 **Z** 是一个欧氏环.

首先 **Z** 是一个整环. 其次, 令

$$\varphi: \mathbf{Z}^* \to \mathbf{N}, \quad a \mapsto |a|,$$

根据整数的带余除法, 有 $\forall a \in \mathbf{Z}^*, b \in \mathbf{Z}$, 使得

$$b = aq + r \quad (q, r \in \mathbf{Z}),$$

其中 $r = 0$ 或 $\varphi(r) = |r| < |a| = \varphi(a)$.

例 4 设 P 为数域, 则 P 上的一元多项式环 $P[x]$ 是一个欧氏环.

显然, $P[x]$ 是一个整环. 作

$$\varphi: P[x]^* \to \mathbf{N}, \quad f(x) \mapsto \partial[f(x)],$$

其中 $\partial[f(x)]$ 表示多项式 $f(x)$ 的次数.

由高等代数知识得: $\forall f(x) \in P[x]^*, g(x) \in P[x]$, 则存在 $q(x), r(x) \in P[x]$, 使得

$$g(x) = q(x)f(x) + r(x),$$

其中 $r(x) = 0$ 或 $\varphi[r(x)] = \partial[r(x)] < \partial[f(x)] = \varphi[f(x)]$.

例 5 高斯整数环

$$\mathbf{Z}[i] = \{m + ni \mid m, n \in \mathbf{Z}\}$$

是一个欧氏环.

$\mathbf{Z}[i]$ 作为复数域 **C** 的一个子环, $1 \in \mathbf{Z}[i]$, 知 $\mathbf{Z}[i]$ 是一个整环.

设 $\alpha = m + ni \in \mathbf{Z}[i]^*$, 令

$$\varphi: \mathbf{Z}[i]^* \to \mathbf{N}, \alpha \mapsto |\alpha|^2 = m^2 + n^2,$$

则 φ 是 $\mathbf{Z}[i]$ 到 **N** 的一个映射. 下面证明 φ 满足欧氏环定义中的要求.

$\forall \alpha \in \mathbf{Z}[i]^*, \beta \in \mathbf{Z}[i]$, 由于 $\alpha \neq 0$, 我们在数域

$$\mathbf{Q}[i] = \{x + yi \mid x, y \in \mathbf{Q}\}$$

中考虑 $\alpha^{-1}\beta = u + vi$,其中 $u, v \in \mathbf{Q}$,我们可在 $\mathbf{Z}$ 中取到 u', v',它们分别是与有理数 u, v 最接近的整数,即有

$$| u - u' | \leqslant \frac{1}{2}, \quad | v - v' | \leqslant \frac{1}{2},$$

令 $k = u - u', h = v - v'$,则 $| k | \leqslant \frac{1}{2}, | h | \leqslant \frac{1}{2}$,于是

$$\beta = \alpha(u + vi) = \alpha[(u' + k) + (v' + h)i]$$
$$= \alpha(u' + v'i) + \alpha(k + hi) = \alpha\theta + \gamma,$$

其中 $\theta = u' + v'i \in \mathbf{Z}[i], \gamma = \alpha(k + hi)$.因为 $\gamma = \beta - \alpha\theta$,所以有 $\gamma \in \mathbf{Z}[i]$,若 $\gamma \neq 0$,则

$$\varphi(\gamma) = | \gamma |^2 = | \alpha |^2 | k + hi |^2 = | \alpha |^2 (k^2 + h^2)$$
$$\leqslant | \alpha |^2 \left(\frac{1}{4} + \frac{1}{4} \right) = \frac{1}{2} \varphi(\alpha) < \varphi(\alpha).$$

因此,$\mathbf{Z}[i]$ 是一个欧氏环.

定理 3 欧氏环是主理想环.

证明 设 I 是一个欧氏环,A 是 I 的任意一个理想.如果 $A = \{0\}$,则 A 是 I 的主理想.我们只需证明 $A \neq \{0\}$ 时的情形.因为 I 是一个欧氏环,所以存在一个 I^* 到 $\mathbf{N}$ 的映射 φ,令

$$M = \{\varphi(x) \mid x \in A, \quad x \neq 0\},$$

则 M 是由某些非负整数组成的一个非空集合,因而 M 中存在最小非负整数,设 $\varphi(a)$ 为 M 中的最小非负整数,$a \in A^*$.

下面证明 $A = (a)$.

因为 I 是一个欧氏环,对于 $\forall b \in A \subseteq I$,则存在 $q, r \in I$,使得

$$b = aq + r,$$

其中 $r = 0$ 或 $\varphi(r) < \varphi(a)$.因为 A 是 I 的理想,且 $a, b \in A$,所以,$r = b - aq \in A$.若 $r \neq 0$,则 $\varphi(r) \in M$,且 $\varphi(r) < \varphi(a)$,这与 $\varphi(a)$

的最小性矛盾,于是只有 $r=0$,所以, $b=aq \in (a)$,从而证得 $A \subseteq (a)$.反之,由 $a \in A$ 得 $(a) \subseteq A$.因此有 $A=(a)$.

根据以上讨论,我们得到 I 的任意一个理想 A 都是主理想,所以, I 是一个主理想环.

根据定理 1 直接可得

推论 欧氏环是唯一分解环.

由例 5 可知,高斯整数环 $\mathbf{Z}[\mathrm{i}]$ 也是唯一分解环.

定理 3 的逆命题不成立,即存在主理想环 I,但它不是欧氏环.至于这个反例我们在此就不作介绍了.

另一种常见的欧氏环就是域 F 上的一元多项式环 $F[x]$.为此,我们先证一个

引理 设 $I[x]$ 是整环 I 上的一元多项式环, $I[x]$ 中的元素

$$g(x) = a_n x^n + a_{n-1}x^{n-1} + \cdots + a_0$$

的最高次项系数 a_n 是 I 的一个单位,那么 $I[x]$ 中的任意多项式 $f(x)$ 都可以表示成

$$f(x) = q(x)g(x) + r(x) \quad (q(x), r(x) \in I[x])$$

的形式,其中 $r(x)=0$ 或 $\partial[r(x)] < \partial[g(x)]$.

证明 若 $f(x)=0$ 或 $\partial[f(x)] < \partial[g(x)]$,那么,我们取 $q(x)=0, r(x)=f(x)$ 即可.

若

$$f(x) = b_m x^m + b_{m-1}x^{m-1} + \cdots + b_0 \quad (m \geqslant n),$$

那么,我们取 $q_1(x) = a_n^{-1} b_m x^{m-n}$,有

$$f(x) - q_1(x)g(x)$$
$$= (b_m x^m + \cdots + b_0) - (b_m x^m + a_n^{-1}b_m a_{n-1}x^{m-1} + \cdots)$$
$$= f_1(x).$$

如果 $f_1(x)=0$ 或 $\partial[f_1(x)] < \partial[g(x)]$,那么,我们取 $q(x)$

$= q_1(x), r(x) = f_1(x)$ 即可.

如果 $f_1(x)$ 的次数还大于 n,那么有 $\partial[f_1(x)] < m$.用同样的方法可以得到

$$f_1(x) - q_2(x)g(x) = [f(x) - q_1(x)g(x)] - q_2(x)g(x)$$
$$= f(x) - [q_1(x) + q_2(x)]g(x) = f_2(x),$$

$f_2(x) = 0$ 或 $\partial[f_1(x)] < m - 1$.如此这样下去我们总可以得到

$$f_i(x) = [q_1(x) + q_2(x) + \cdots + q_i(x)]g(x) + f_i(x),$$

使得 $f_i(x) = 0$ 或 $\partial[f_i(x)] < [g(x)] = n$.此时我们取

$$q(x) = q_1(x) + q_2(x) + \cdots + q_i(x), \quad r(x) = f_i(x)$$

即可.

定理 4 一个域 F 上的一元多项式环 $F[x]$ 是一个欧氏环.

证明 作映射

$$\varphi: F[x]^* \rightarrow \mathbf{N}, \quad g(x) \mapsto \partial[g(x)],$$

因为 $g(x) \neq 0$,故最高次项的系数 $a_n \neq 0, a_n \in F^*$,由于 F 是一个域,所以 a_n 是 F 的一个单位,由引理知,$\forall f(x) \in F[x]$,则存在 $q(x), r(x) \in F[x]$,使得

$$f(x) = q(x)g(x) + r(x),$$

其中 $r(x) = 0$ 或 $\partial[r(x)] < \partial[g(x)]$.

习题 4.3

1. 证明:主理想环 I 满足素元性条件.

2. 设 I 是一个主理想环,d 是 a, b 的一个最大公因子,证明:存在 $s, r \in I$,使得

$$d = sa + tb.$$

3. 设 I_0 是一个主理想环，I 是整环，且 I_0 是 I 的子环. $\forall a, b$ $\in I_0$，证明：假如 d 是 a 和 b 在 I_0 中的一个最大公因子，那么 d 也是 a 和 b 在 I 中的一个最大公因子.

4. 设 p 是素数，令

$$S_p = \left(\frac{a}{b} \;\middle|\; a, b \in \mathbf{Z}, p \nmid b \right)$$

证明：S_p 是一个唯一分解环.

5. 证明：$\mathbf{Q}[x]/(x^2 + 3)$ 是一个域，其中 $\mathbf{Q}[x]$ 为有理数域 $\mathbf{Q}$ 上的一元多项式环.

6. 证明：域 F 是一个欧氏环.

7. 证明：$\mathbf{Z}[\sqrt{2}] = \{m + n\sqrt{2} \mid m, n \in \mathbf{Z}\}$ 关于映射

$$\varphi: \mathbf{Z}[\sqrt{2}]^* \to \mathbf{N}, \; m + n\sqrt{2} \mapsto m^2 + 2n^2,$$

是一个欧氏环.

8. 在有理数域 $\mathbf{Q}$ 上的一元多项式环 $\mathbf{Q}[x]$ 中，理想

$$(x^3 + 1, \; x^2 + 3x + 2)$$

等于怎样的一个主理想？

§4.4 唯一分解环上的一元多项式环

在上一节中，我们已经看到一个域 F 上的一元多项式环 $F[x]$ 是一个欧氏环，当然也是一个唯一分解环. 在这一节中，我们将推广这一结果，即证明唯一分解环 I 上的一元多项式环 $I[x]$ 也是唯一分解环. 在本节中，I 均表示唯一分解环.

要讨论 $I[x]$ 的因子分解问题，首先要知道 $I[x]$ 中的单位. 容易知道 I 的单位元 1_I 就是 $I[x]$ 的单位元 $1_{I[x]}$，通常记为 1. 而且

性质(A)　$U_I = U_{I[x]}$，即 I 中的单位与 $I[x]$ 中的单位相同.

证明 若 $f(x) \in U_{I[x]}$，即 $f(x)$ 是 $I[x]$ 的一个单位，那么存在 $g(x) \in I[x]$，使得 $f(x)g(x) = 1$，于是

$$\partial[f(x)] + \partial[g(x)] = \partial(1) = 0,$$

因此，$f(x), g(x) \in I$，所以，$f(x)$ 是 I 的一个单位，得 $U_{I[x]} \subseteq U_I$；显然有 $U_I \subseteq U_{I[x]}$. 所以，$I[x]$ 的单位恰好是 I 的单位. ∎

设 $I[x]$ 中的一个多项式

$$f(x) = a_0 + a_1 x + \cdots + a_n x^n,$$

由于 I 是唯一分解环，$f(x)$ 的系数 $a_0, a_1, \cdots, a_n$ 在 I 中有最大公因子.

定义 1 若 $f(x) \in I[x]$ 的系数的最大公因子是单位，即

$$(a_0, a_1, \cdots, a_n) \sim 1,$$

则称 $f(x)$ 是环 I 上的一个**本原多项式**.

按照本原多项式的定义，有如下性质：

性质（B） 与本原多项式相伴的多项式也是本原多项式；

性质（C） 本原多项式是一个非零多项式；

性质（D） $f(x)$ 为零次多项式，则 $f(x)$ 为本原多项式当且仅当 $f(x)$ 为 I 的单位；

性质（E） 若本原多项式 $f(x)$ 在 $I[x]$ 上可约，则

$$f(x) = f_1(x) f_2(x),$$

其中 $\qquad 0 < \partial[f_i(x)] < \partial[f(x)], \quad i = 1, 2.$

证明 性质（C）与（D）是显然的. 关于性质（B），设

$$f(x) = a_0 + a_1 x + \cdots + a_n x^n, \text{且 } f(x) \sim g(x)$$

则存在 $\varepsilon \in U_{I[x]} = U_I$，使得 $g(x) = \varepsilon f(x)$，即

$$g(x) = \varepsilon a_0 + \varepsilon a_1 x + \cdots + \varepsilon a_n x^n,$$

由 §4.1，引理的（2）得

$$(\varepsilon a_0, \varepsilon a_1, \cdots, \varepsilon a_n) \sim \varepsilon(a_0, a_1, \cdots, a_n) \sim 1,$$

所以，$g(x)$ 也是本原多项式.

关于性质(E)，若 $f(x)$ 可约，则 $f(x) \neq 0$，由 §4.1，定理 6 得

$$f(x) = f_1(x)f_2(x),$$

其中 $f_1(x), f_2(x)$，都不是 $I[x]$ 的单位. 若 $\partial[f_1(x)] = 0$，即 $f_1(x) = a \in I$，有 $f(x) = af_2(x)$，a 为 $f(x)$ 的系数的公因子，则 a 为 I 的单位，也是 $I[x]$ 的单位，这与 $f_1(x)$ 不是 $I[x]$ 的单位矛盾. 因此有 $\partial[f_1(x)] > 0$. 同理可得 $\partial[f_2(x)] > 0$. 再由

$$\partial[f(x)] = \partial[f_1(x)] + \partial[f_2(x)]$$

得 $$0 < \partial[f_i(x)] < \partial[f(x)], \quad i = 1, 2.$$

为了证明本节的主要结论，我们先给出几个引理.

引理 1　(高斯引理)如果对于 $I[x]$ 中的多项式 $f(x), g(x), h(x)$，有

$$f(x) = g(x)h(x),$$

那么，$f(x)$ 是本原多项式，当且仅当 $g(x)$ 和 $h(x)$ 都是本原多项式.

证明　若 $f(x)$ 是本原多项式，显然 $g(x)$ 和 $h(x)$ 也都是本原多项式.

设 $$g(x) = a_0 + a_1 x + \cdots + a_n x^n,$$
$$h(x) = b_0 + b_1 x + \cdots + b_m x^m$$

是两个本原多项式，则 $g(x) \neq 0, h(x) \neq 0$，所以，

$$g(x)h(x) = f(x) \neq 0.$$

如果

$$f(x) = c_0 + c_1 x + \cdots + c_{m+n} x^{m+n},$$

不是本原多项式，那么，$c_0, c_1, \cdots, c_{m+n}$ 的最大公因子 d 不是 I 的

单位,当然也不是 I 的零元. 由于 I 是唯一分解环,所以存在 d 的不可约分解

$$d = p_1 p_2 \cdots p_s, (p_i \text{ 为 } I \text{ 的不可约元})$$

取 $p = p_1$,有 $p \mid d$,则有 $d \mid c_k$,所以

$$p \mid c_k (k = 0, 1, 2, \cdots, m+n).$$

因为 $g(x)$ 和 $h(x)$ 都是本原多项式,所以 p 不能整除所有的 a_i,也不能整除所有的 b_j,因此,我们可设

$$p \mid a_0, \quad p \mid a_1, \quad \cdots, \quad p \mid c_{r-1}, \quad p \nmid c_r,$$
$$p \mid b_0, \quad p \mid b_1, \quad \cdots, \quad p \mid c_{s-1}, \quad p \nmid c_s,$$

由于

$$c_{r+s} = a_0 b_{r+s} + \cdots + a_{r-1} b_{s+1} + a_r b_s + a_{r+1} b_{s-1} + \cdots + a_{r+s} b_0,$$

在上式中,除了 $a_r b_s$ 这一项外的每一项都能被 p 整除,而 c_{r+s} 也能被 p 整除,所以我们得到 $p \mid a_r b_s$.

因为 I 是唯一分解环,则 I 满足素元性条件,即 I 中的不可约元 p 也是 I 中的素元,所以,由 $p \mid a_r b_s$,可得

$$p \mid a_r \quad \text{或} \quad p \mid b_s.$$

这与 a_r 和 b_s 的取法矛盾. 因而 $f(x)$ 是本原多项式. ∎

我们知道,域 F 上的一元多项式环 $F[x]$ 是唯一分解环,因而我们将通过 I 的分式域 Q 来进行讨论. 本节中的 Q 总是指 I 的分式域.

引理 2 $Q[x]$ 中的每一个不等于零的多项式 $f(x)$ 都可以表示成

$$f(x) = \frac{b}{a} f_1(x),$$

其中 $a, b \in I^*$,$f_1(x)$ 是 $I[x]$ 的一个本原多项式,并且这样的表示

法除相差一个 I 的单位因子外是唯一的.

证明　设 $f(x) = c_0 + c_1 x + \cdots + c_n x^n$,其中 $c_i \in Q$,且 c_i 不全为零,于是根据分式域的结构,我们有

$$c_i = b_i a_i^{-1} = \frac{b_i}{a_i}, a_i \in I^*, b_i \in I, \text{ 且 } b_i \text{ 不全为零},$$

因此,

$$f(x) = c_0 + c_1 x + \cdots + c_n x^n = \frac{b_0}{a_0} + \frac{b_1}{a_1} x + \cdots + \frac{b_n}{a_n} x^n,$$

记 $a = a_0 a_1 \cdots a_n$,那么,

$$f(x) = \frac{1}{a}(d_0 + d_1 x + \cdots + d_n x^n),$$

其中 $d_i = a_0 \cdots a_{i-1} b_i a_{i+1} \cdots a_n \in I$,记 $b \sim (d_0, d_1, \cdots, d_n) \neq 0$,那么,$d_0 = e_0 b, d_1 = e_1 b, \cdots, d_n = e_n b$,且有 $e_0, e_1, \cdots, e_n \in I, (e_0, e_1, \cdots, e_n) \sim 1$. 所以

$$f(x) = \frac{b}{a}(e_0 + e_1 x + \cdots + e_n x^n) = \frac{b}{a} f_1(x).$$

其中 $f_1(x)$ 是 I 上的本原多项式.

下面再证表示的唯一性. 若又有

$$f(x) = \frac{d}{c} f_2(x),$$

其中 $c, d \in I^*, f_2(x)$ 为 $I[x]$ 的本原多项式,那么由

$$f(x) = \frac{b}{a} f_1(x) = \frac{d}{c} f_2(x)$$

得

$$h(x) = bc f_1(x) = ad f_2(x) \in I[x],$$

由于 bc, ad 同是 $I[x]$ 中的多项式 $h(x)$ 的系数的最大公因子,由最

大公因子的唯一性知 $bc \sim ad$,即

$$bc = \varepsilon ad \quad (\varepsilon \text{ 是 } I \text{ 的单位}),$$

故有
$$\varepsilon f_1(x) = f_2(x). \blacksquare$$

引理 3 设 $f_1(x), f_2(x) \in I[x]$ 为本原多项式,若它们在 $Q[x]$ 中相伴,则它们在 $I[x]$ 中也相伴.

证明 因 $f_1(x)$ 与 $f_2(x)$ 在 $Q[x]$ 中相伴,所以,存在 Q 中的单位 α ,使得

$$f_1(x) = \alpha f_2(x), \quad \alpha = \frac{b}{a} \in Q, \quad a, b \in I^*,$$

令
$$f(x) = a f_1(x) = b f_2(x),$$

由引理 2 知, $\varepsilon b = a$,(ε 是 I 的单位),即 $\alpha = \frac{b}{a} = \varepsilon$ 是 I 的单位,所以 $f_1(x)$ 与 $f_2(x)$ 在 $I[x]$ 中相伴. $\blacksquare$

引理 4 $I[x]$ 的本原多项式 $q(x)$ 在 $I[x]$ 中可约的充分必要条件是 $q(x)$ 在 $Q[x]$ 中可约.

证明 设 $q(x)$ 在 $I[x]$ 中可约,由性质(E) 知,

$$q(x) = f(x) g(x),$$

$f(x), g(x) \in I[x] \subseteq Q[x]$,并且它们的次数都大于零,故 $f(x), g(x)$ 不可能是 $Q[x]$ 的单位,将上述分解看作是在 $Q[x]$ 中的分解,则它也是 $Q[x]$ 中的真因子分解,故 $q(x)$ 在 $Q[x]$ 中可约.

设 $q(x)$ 在 $Q[x]$ 中可约,当然 $q(x)$ 也是 $Q[x]$ 中的本原多项式,由性质(E) 知

$$q(x) = f(x) g(x),$$

$f(x), g(x) \in Q[x]$,并且它们的次数都大于零,由引理 2 得,

$$q(x) = \frac{b}{a} f_1(x) \frac{d}{c} g_1(x) = \frac{bd}{ac} f_1(x) g_1(x),$$

其中 $a,b,c,d \in I^*$，$f_1(x)$，$g_1(x)$ 都是 $I[x]$ 中的本原多项式，由引理 1 知 $f_1(x)g_1(x)$ 仍是 $I[x]$ 中的本原多项式，再由引理 3 得

$$q(x) = \varepsilon f_1(x)g_1(x), \quad (\varepsilon \text{ 是 } I \text{ 的单位}),$$

而 $\varepsilon f_1(x)$ 和 $g_1(x)$ 的次数分别等于 $f(x)$ 和 $g(x)$ 的次数，因而它们的次数都大于零. 因此 $\varepsilon f_1(x)$，$g_1(x)$ 都不是 $I[x]$ 的单位，所以 $q(x)$ 在 $I[x]$ 中可约. ■

预备定理　$I[x]$ 的一个次数大于零的本原多项式 $f_0(x)$ 是 $I[x]$ 中的唯一分解元.

证明　我们先证 $f_0(x)$ 可以分解成有限个不可约多项式的乘积. 若 $f_0(x)$ 本身是不可约多项式，则结论成立. 假如 $f_0(x)$ 可约，则由性质 (E) 知

$$f_0(x) = f_1(x)f_2(x),$$

其中 $0 < \partial[f_i(x)] < \partial[f_0(x)]$，$i = 1, 2$. 因 $f_0(x)$ 是 $I[x]$ 中的本原多项式，由引理 1 知 $f_1(x)$，$f_2(x)$ 也是 $I[x]$ 中的本原多项式. 这样，假如 $f_i(x)$ 还是在 $I[x]$ 中可约，我们又可以把它们分解成次数更低的本原多项式的乘积，由于 $f_0(x)$ 的次数是一个有限数，因而总有

$$f_0(x) = q_1(x)q_2(x)\cdots q_r(x), \tag{1}$$

其中 $q_i(x)$ 是 $I[x]$ 中的不可约的本原多项式，且次数均大于零 $(i = 1, 2, \cdots, r)$.

下面再证分解的唯一性. 假如 $f_0(x)$ 还有一种分解

$$f_0(x) = q_1{}'(x)q_2{}'(x)\cdots q_s{}'(x), \tag{2}$$

其中每一个 $q_i{}'(x)$ 都是 $I[x]$ 中的不可约多项式，且由 $f_0(x)$ 为 $I[x]$ 中的本原多项式知 $q_i{}'(x)$ 也是 $I[x]$ 中的本原多项式.

由引理 4 知，$q_i(x)$ 与 $q_i{}'(x)$ 在 $Q[x]$ 中也是不可约的多项式，所以，(1)，(2) 两式也可以看作 $f_0(x)$ 在 $Q[x]$ 中的两种不可约分

解,而 $Q[x]$ 是唯一分解环,所以有,$r=s$,且适当交换次序,在 $Q[x]$ 中有

$$q_k{'}(x) \sim q_k(x), \quad k = 1, 2, \cdots, s,$$

再由引理 3 得,在 $I[x]$ 中也有

$$q_k{'}(x) \sim q_k(x), \quad k = 1, 2, \cdots, s.$$

综上所述,$f_0(x)$ 在 $I[x]$ 中是唯一分解元. ∎

定理 1 若 I 是唯一分解环,x 是 I 上的一个未定元,则 I 上的一元多项式环 $I[x]$ 也是唯一分解环.

证明 设 $f(x) \in I[x]$,$f(x)$ 是非零非单位的多项式.若 $f(x) \in I$,那么由于 I 是唯一分解环,$f(x)$ 显然是唯一分解元.若 $f(x)$ 是 $I[x]$ 中的本原多项式,且 $\partial[f(x)] > 0$,那么由预备定理知 $f(x)$ 也是唯一分解元.

这样我们只需证 $f(x)$ 是 $I[x]$ 中次数大于零的非本原多项式的情形.因为

$$f(x) = d\, f_0(x),$$

其中 $d \in I$,是 I 中的非零非单位的元,$f_0(x)$ 是次数大于零的本原多项式,这时,因 I 是唯一分解环,于是 d 在 I 有分解

$$d = p_1 p_2 \cdots p_r, \tag{3}$$

其中 p_i 是 I 中的不可约元,当然 p_i 也是 $I[x]$ 中的不可约元.再由预备定理,$f_0(x)$ 在 $I[x]$ 中也有分解

$$f_0(x) = q_1(x) q_2(x) \cdots q_m(x), \tag{4}$$

其中 $q_i(x)$ 是 $I[x]$ 中的不可约的本原多项式,且次数大于零.

由 (3),(4) 可得 $f(x)$ 在 $I[x]$ 中可以分解成有限个不可约元的乘积

$$f(x) = d f_0(x) = p_1 p_2 \cdots p_r q_1(x) q_2(x) \cdots q_m(x).$$

假如 $f(x)$ 在 $I[x]$ 中还有一种分解

$$f(x) = p_1'p_2'\cdots p_s'q_1'(x)q_2'(x)\cdots q_n'(x).$$

其中 $p_i' \in I$，为 $I[x]$ 中的不可约元，当然也是 I 中的不可约元；$q_i(x)$ 为 $I[x]$ 中次数大于零的不可约多项式，可知 $q_i(x)$ 是 $I[x]$ 中的本原多项式. 令

$$d' = p_1'p_2'\cdots p_s', \quad f_0'(x) = q_1'(x)q_2'(x)\cdots q_n'(x),$$

则

$$f(x) = df_0(x) = d' f_0'(x),$$

其中 $f_0(x), f_0'(x)$ 是 $I[x]$ 中的本原多项式，由引理 2 知

$$d = \varepsilon d', \; f_1(x) = \varepsilon^{-1}f_1'(x),$$

由前面讨论知，它们都是 $I[x]$ 中的唯一分解元，因而得 $r=s, m=n$，且适当交换次序可使

$$p_k \sim p_k', \; k = 1, 2, \cdots, s;$$
$$q_j(x) \sim q_j'(x), \; j = 1, 2, \cdots, m.$$

从而证得 $f(x)$ 是 $I[x]$ 中的唯一分解元.

这样，我们证得了 $I[x]$ 是一个唯一分解环.

根据定理 1，并对未定元的个数作归纳证明，我们可以得到

定理 2　如果 I 是唯一分解环，$x_1, x_2, \cdots, x_n$ 是 I 上的 n 个无关未定元，那么，I 上的 n 元多项式环

$$I[x_1, x_2, \cdots, x_n]$$

也是唯一分解环.

从上述两定理可见，整数环 $\mathbf{Z}$ 上的一元多项式环 $\mathbf{Z}[x]$ 是唯一分解环，域 F 上的二元多项式环 $F[x, y]$ 也是唯一分解环，但是，我们可以证明它们都不是主理想环. 因此，唯一分解环确实要比主理想环更广泛一些.

习题 4.4

1. 设 I 是唯一分解环，$f(x),g(x) \in I[x]$，且

$$f(x) = af_1(x), g(x) = bg_1(x),$$

其中 $a,b \in I, f_1(x), g_1(x)$ 是 $I[x]$ 中的本原多项式，证明：若 $g(x) \mid f(x)$，那么，$b \mid a, g_1(x) \mid f_1(x)$.

2. 设 $p(x)$ 是 $I[x]$ 中次数大于零的不可约多项式，那么，$p(x)$ 是 $I[x]$ 上的本原多项式.

3. 证明：域 F 上的二元多项式环 $F[x,y]$ 是唯一分解环，但不是主理想环.

4. 设 $I[x]$ 是整环 I 上的一元多项式环，$f(x) \in I[x]$ 的次数大于零，且最高次系数是 I 的单位，证明：$f(x)$ 在 $I[x]$ 中可以分解成有限个不可约多项式的乘积.

§4.5   因子分解与多项式的根

在这一章的最后，我们将讨论整环 I 上的一元多项式环 $I[x]$ 中多项式的根的概念和性质，它与 $I[x]$ 中多项式的因子分解有关. 所得的结果与高等代数中讨论数域 P 上的一元多项式环 $P[x]$ 中的内容完全类似. 因此，可以说是高等代数中相关内容的一个推广.

定义 1   设 $f(x) \in I[x], a \in I$，若 $f(a) = 0$，则称 a 为 $f(x)$ 的一个根.

定理 1   设 I 是一个整环，$f(x) \in I[x]$，则 I 中的元 a 是 $f(x)$ 的根当且仅当 $(x-a) \mid f(x)$.

证明   若 $(x-a) \mid f(x)$，则

$$f(x) = (x-a)g(x),$$

所以，

$$f(a) = (a-a)g(a) = 0,$$

即 a 是 $f(x)$ 的一个根.

反之，若 a 是 $f(x)$ 的一个根，因为一次因式 $x-a$ 的首项系数是单位元 1，所以，根据 §4.3 的引理知，存在 $q(x) \in I[x]$，$r \in I$，使得

$$f(x) = (x-a)q(x)+r,$$

于是

$$0 = f(a) = (a-a)q(a)+r = r,$$

所以，$f(x) = (x-a)q(x)$，即 $(x-a) \mid f(x)$. ■

定理 2 设 I 是一个整环，$f(x) \in I[x]$，则 I 中 k 个互不相同的元素 $a_1, a_2, \cdots, a_k$ 都是 $f(x)$ 的根，当且仅当 $f(x)$ 能被 $(x-a_1)(x-a_2)\cdots(x-a_k)$ 整除.

证明 若 $(x-a_1)(x-a_2)\cdots(x-a_k) \mid f(x)$，则

$$(x-a_i) \mid f(x), \quad i = 1,2,\cdots,k,$$

由定理 1 得 a_i 都是 $f(x)$ 的根.

反之，若 $a_1, a_2, \cdots, a_k$ 都是 $f(x)$ 的根，由定理 1 得

$$f(x) = (x-a_1)f_1(x),$$

于是

$$0 = f(a_2) = (a_2-a_1)f_1(a_2),$$

因为 $a_2 - a_1 \neq 0$，I 是一个无零因子的环，所以有 $f_1(a_2) = 0$，即 a_2 是 $f_1(x)$ 的根，再由定理 1 得

$$f_1(x) = (x-a_2)f_2(x),$$

即

$$f(x) = (x-a_1)f_1(x) = (x-a_1)(x-a_2)f_2(x),$$

如此下去，得到

$$f(x) = (x-a_1)(x-a_2)\cdots(x-a_k)f_k(x). \qquad ■$$

推论 设 I 是一个整环,$f(x)\in I[x]$,如果 $\partial[f(x)]=n$,则 $f(x)$ 在 I 中至多有 n 个不同的根.

需要注意的是,这里的环 I 为整环.假如 I 不是整环,定理 2 及其推论都是不能成立的.

例如,以 6 为模的剩余类环 $\mathbf{Z}_6$,它是一个有单位元的交换环,但不是无零因子环,这时二次多项式

$$f(x)=x^2-x\in \mathbf{Z}_6[x],$$

它在 $\mathbf{Z}_6$ 中有四个不同的根:$\bar{0},\bar{1},\bar{3},\bar{4}$.

又如四元数除环(参看 §3.2 节)

$$A=\{ae+bi+cj+dk\mid a,b,c,d\in \mathbf{R}\},$$

是一个有单位元的无零因子环,但不是交换环,这时,二次多项式 $f(x)=x^2+1\in A[x]$,它在 A 中有无限多个不同的根:

$$\frac{1}{\Delta}(bi+cj+dk),$$

其中 $b,c,d\in \mathbf{R},\Delta=b^2+c^2+d^2\neq 0$.

下面我们讨论重根的概念与判别.

定义 2 设 $f(x)\in I[x]$,$a\in I$,若

$$(x-a)^k\mid f(x),\ 而\ (x-a)^{k+1}\nmid f(x),$$

则称 a 为 $f(x)$ 的一个 k **重根**. 当 $k>1$ 时,称 a 是 $f(x)$ 的一个**重根**.

为了讨论重根,我们需要引进导数的概念.

定义 3 设多项式

$$f(x)=a_nx^n+a_{n-1}x^{n-1}+\cdots+a_1x+a_0,$$

则称 $$f'(x)=na_nx^{n-1}+(n-1)a_{n-1}x^{n-2}+\cdots+a_1$$

为多项式 $f(x)$ 的**一阶导数**.

由导数的定义,容易证明导数满足如下计算规则:

$$[f(x) + g(x)]' = f'(x) + g'(x);$$
$$[f(x)g(x)]' = f(x)g'(x) + f'(x)g(x);$$
$$[f^t(x)]' = tf^{t-1}(x)f'(x).$$

对于上述计算规则的证明由读者自行完成.

定理 3　设 I 是一个唯一分解环,$f(x) \in I[x]$,则 I 中的元素 a 是 $f(x)$ 的一个重根的充分必要条件是 $x-a$ 是 $f(x)$,$f'(x)$ 的一个公因子.

证明　设 a 是一个重根,则

$$(x-a)^k \mid f(x),\ k > 1,$$

即　　　　　　$f(x) = (x-a)^k g(x),\ k > 1,$

于是 $(x-a) \mid f(x)$,且

$$f'(x) = (x-a)^k g'(x) + k(x-a)^{k-1} g(x)$$
$$= (x-a)^{k-1}[(x-a)g'(x) + kg(x)],$$

因 $k-1 > 0$,所以,$(x-a) \mid f'(x)$.

从而得 $x-a$ 是 $f(x)$,$f'(x)$ 的一个公因子.

反之,设 $(x-a) \mid f(x)$,$(x-a) \mid f'(x)$.若 a 不是 $f(x)$ 的重根,因为 $(x-a) \mid f(x)$,所以,

$$f(x) = (x-a)g(x),\text{且}(x-a) \nmid g(x),$$

即　　　　$f(a) = (a-a)g(a) = 0,\text{且}\ g(a) \neq 0.$

于是　　　$f'(x) = (x-a)g'(x) + g(x),$

$$f'(a) = (a-a)g'(a) + g(a) \neq 0,$$

即 a 不是 $f'(x)$ 的根,这与 $(x-a) \mid f'(x)$ 的假设矛盾.因此,a 是 $f(x)$ 的一个重根.

推论　设 I 是一个唯一分解环,$f(x) \in I[x]$,则 I 的元素 a 是 $f(x)$ 的一个重根的充分必要条件是

$$(x-a) \mid (f(x), f'(x)).$$

习题 4.5

1. $f(x) = x^3 - x$ 是 $\mathbf{Z}_3[x]$ 中的一个多项式,证明:$\mathbf{Z}_3$ 中的每一个元素都是 $f(x)$ 的根.

2. 设 p 为素数,证明:$\mathbf{Z}_p$ 中的每一个元素都是

$$f(x) = x^p - x \in \mathbf{Z}_p[x]$$

的根.

3. 试判断

(1) $\mathbf{Z}_3[x]$ 中的多项式 $x^2 + 1$ 是否可约?

(2) $\mathbf{Z}_5[x]$ 中的多项式 $x^2 + 1$ 是否可约?

4. 设 I 为整环,$f(x) \in I[x]$,证明:若 $a \in I$ 是 $f(x)$ 的 k 重根,则 a 是 $f'(x)$ 的 $k-1$ 重根 $(k \geqslant 1)$.

5. 设 I 为整环,$f(x) \in I[x]$,$\partial[f(x)] = n$,若 k 重根按 k 个根计算,证明:$f(x)$ 在 I 中最多有 n 个根.

6. 证明:$\mathbf{Z}_6[x]$ 中的多项式 $x^3 - x$ 在 $\mathbf{Z}_6$ 中有 6 个不同的根.

第五章 域 论

在第三章中我们已经介绍过域的概念. 域作为一类特殊的环,比一般的环应具有更多的代数性质. 本章主要介绍域论的基本内容,如域的扩张、分裂域、有限域和可离扩域等.

§5.1 扩域 素域

我们知道,实数域 **R** 是在它的子域有理数域 **Q** 上建立起来的,而复数域 **C** 是在它的子域实数域 **R** 上建立起来的. 因此,我们对于域的研究方法也是从一个给定的域出发,来研究它的扩域.

一、素域

显然,每一个域都有子域,如域 F 本身(称为平凡子域)是 F 的一个子域. 对于只有平凡子域的域,我们给出

定义 1 如果域 F 它不含真子域,则称 F 为一个**素域**.

例 1 以素数 p 为模的剩余类环 $\mathbf{Z}_p$ 是一个素域.

在第三章中,我们知道 $\mathbf{Z}_p$ 是一个域. 如果 K 是 $\mathbf{Z}_p$ 的一个子域,那么,$(K,+)$ 是 $(\mathbf{Z}_p,+)$ 的一个子群. 而对于加群 $(\mathbf{Z}_p,+)$ 来说,因为它是一个素数 p 阶群,由 Lagrange 定理知,其子群 $(K,+)$ 的阶只能是素数 p 或 1. 由于子域 K 中至少含有两个元素,因而只有 $K=\mathbf{Z}_p$,即 $\mathbf{Z}_p$ 没有真子域.

例 2 由高等代数知识,我们知道有理数域 **Q** 也是一个素域.

从例 1 和例 2 我们已经知道了两个素域 $\mathbf{Z}_p$(其中 p 为素数)和 **Q**. 事实上,在同构的意义下,它们已穷尽了所有的素域,即在同

构的意义下,素域只有以 p 为模的剩余类环 $\mathbf{Z}_p$ 和有理数域 $\mathbf{Q}$.

定理 1 设 F 是一个域,若 F 的特征是 0,那么 F 包含一个与有理数域同构的素域;若 F 的特征是素数 p,那么 F 包含一个与 $\mathbf{Z}_p$ 同构的素域.

特别地,如果 F 为素域,那么,当 $\mathbf{Ch}\, F = 0$ 时,$F \cong \mathbf{Q}$;当 $\mathbf{Ch}\, F = p(p$ 为素数)时,$F \cong \mathbf{Z}_p$.

证明 设 e 是域 F 的单位元,作集合

$$R = \{ne \mid n \in \mathbf{Z}\},$$

那么,

$$\varphi: \mathbf{Z} \to R,\ n \mapsto ne$$

是整数环 $\mathbf{Z}$ 到 R 的一个同态满射. 事实上,φ 显然是满射,且 $\forall m$, $n \in \mathbf{Z}$,有

$$\varphi(m+n) = (m+n)e = me + ne = \varphi(m) + \varphi(n);$$

$$\varphi(mn) = (mn)e = (me)(ne) = \varphi(m)\,\varphi(n).$$

当 F 的特征是 0 时,

$$\mathbf{Ker}\varphi = \{m \in \mathbf{Z} \mid \varphi(m) = 0\} = \{0\},$$

即 φ 是一个单射. 得 φ 是一个同构映射,即 $\mathbf{Z} \overset{\varphi}{\cong} R$.

设 R 的分式域为

$$P = \{ab^{-1} \mid a \in R, b \in R^*\},$$

则 F 包含 P,由 §3.7,定理 3 知,$\mathbf{Z}$ 的分式域与 R 的分式域 P 同构,而整数环 $\mathbf{Z}$ 的分式域为有理数域 $\mathbf{Q}$,即

$$\mathbf{Q} \cong P.$$

当 F 的特征是素数 p 时,则有

$$\mathbf{Ker}\varphi = \{m \in \mathbf{Z} \mid \varphi(m) = 0\} = (p).$$

事实上,由 $\varphi(p) = pe = 0$,得

$$(p) \subseteq \mathbf{Ker}\ \varphi \subseteq \mathbf{Z}.$$

而 (p) 是 $\mathbf{Z}$ 的极大理想,则 $1\notin(p)=\mathrm{Ker}\ \varphi$,即 $\mathrm{Ker}\ \varphi\neq\mathbf{Z}$. 故只有 $\mathrm{Ker}\ \varphi=(p)$. 根据环的同态基本定理有

$$\mathbf{Z}_p=\mathbf{Z}/(p)=\mathbf{Z}/\mathrm{Ker}\ \varphi\cong R.$$

当 F 是素域时,则 F 只有平凡子域 F 本身. 在上述的证明过程中,当 $\mathbf{Ch}\ F=0$ 时,有 $\mathbf{Q}\cong P=F$;当 $\mathbf{Ch}\ F=p$ 时,有 $\mathbf{Z}_p\cong R=F$. 结论成立. ∎

其实,任何一个域 F 都包含一个素域 P,而且容易知道这个素域 P 是唯一的,因此,我们称 P 为**域 F 的素域**. 进一步可得 F 的素域 P 实际上是 F 的所有子域的交. 定理 1 又可叙述为:

任何域 F 的素域 P 或同构于有理数域 $\mathbf{Q}$(特征为 0 时),或同构于 $\mathbf{Z}_p$(特征为 p 时).

由此可见,每一个域的素域的结构只取决于域的特征,所以,特征对域来说是极为重要的. 此外,任何一个域都是 $\mathbf{Q}$ 或 $\mathbf{Z}_p$ 的扩域. 也就是说,若把握了 $\mathbf{Q}$ 与 $\mathbf{Z}_p$ 的全部扩域,也就把握了所有的域.

二、扩域的结构

设 E 是域 F 的扩域,S 为 E 的子集,E 中含有 S 和 F 的子域显然是存在的,例如 E 本身就是,一切同时含有 S 和 F 的 E 的子域的交仍是 E 的子域,它是含有 S 和 F 的 E 的最小子域,称这个最小的子域为 **E 在 F 上由 S 生成的扩域**,也称 **F 添加 S 得到的扩域**,记为 $F(S)$. 如果 $S=\{\alpha_1,\alpha_2,\cdots,\alpha_n\}$ 为有限集合,则 $F(S)$ 亦记为

$$F(S)=F(\alpha_1,\alpha_2,\cdots,\alpha_n).$$

下面我们来研究 E 在 F 上由 S 生成的扩域 $F(S)$ 的结构.

定理 2 设 E 为 F 的扩域,S 是 E 的一个非空的有限子集,即 $S=\{\alpha_1,\alpha_2,\cdots,\alpha_n\}$,则

$$F(S) = F(\alpha_1, \alpha_2, \cdots, \alpha_n)$$

$$= \left\{ \frac{f(\alpha_1, \alpha_2, \cdots, \alpha_n)}{g(\alpha_1, \alpha_2, \cdots, \alpha_n)} \,\middle|\, f, g \in F[\alpha_1, \alpha_2, \cdots, \alpha_n], g \neq 0 \right\}$$

其中 $F[\alpha_1, \alpha_2, \cdots, \alpha_n]$ 为域 F 关于元素 $\alpha_1, \alpha_2, \cdots, \alpha_n$ 的多项式环. 也就是说, 域 $F(\alpha_1, \alpha_2, \cdots, \alpha_n)$ 是 F 上的多项式环 $F[\alpha_1, \alpha_2, \cdots, \alpha_n]$ 在 E 中的分式域.

证明 因为 $F(S)$ 是一个域, 那么, S 或 F 中的任意有限个元素经过有限次加、减、乘、除运算后仍在 $F(S)$ 中, 也就是说, 域 F 上的关于 E 中的元素 $\alpha_1, \alpha_2, \cdots, \alpha_n$ 的任意多项式 $f(\alpha_1, \alpha_2, \cdots, \alpha_n)$ 也应在 $F(S)$ 中, 从而得到

$$F[\alpha_1, \alpha_2, \cdots, \alpha_n] \subseteq F(S),$$

将 $F[\alpha_1, \alpha_2, \cdots, \alpha_n]$ 在 E 中的分式域记为 P, 即

$$P = \left\{ \frac{f(\alpha_1, \alpha_2, \cdots, \alpha_n)}{g(\alpha_1, \alpha_2, \cdots, \alpha_n)} \,\middle|\, f, g \in F[\alpha_1, \alpha_2, \cdots, \alpha_n], g \neq 0 \right\},$$

从而有 $P \subseteq F(S)$, 即

$$\left\{ \frac{f(\alpha_1, \alpha_2, \cdots, \alpha_n)}{g(\alpha_1, \alpha_2, \cdots, \alpha_n)} \,\middle|\, f, g \in F[\alpha_1, \alpha_2, \cdots, \alpha_n], g \neq 0 \right\} \subseteq F(S).$$

另一方面, 显然有

$$F \subseteq F[\alpha_1, \alpha_2, \cdots, \alpha_n],$$

且

$$S = \{\alpha_1, \alpha_2, \cdots, \alpha_n\} \subseteq F[\alpha_1, \alpha_2, \cdots, \alpha_n],$$

从而得到 $F[\alpha_1, \alpha_2, \cdots, \alpha_n]$ 在 E 中的分式域 P 是既包含 F 又包含 S 的域, 而 $F(S)$ 是同时包含 F 和 S 的最小域, 所以

$$F(S) \subseteq P$$

$$= \left\{ \frac{f(\alpha_1, \alpha_2, \cdots, \alpha_n)}{g(\alpha_1, \alpha_2, \cdots, \alpha_n)} \,\middle|\, f, g \in F[\alpha_1, \alpha_2, \cdots, \alpha_n], g \neq 0 \right\}.$$

所以

$$F(S) = \left\{ \frac{f(\alpha_1, \alpha_2, \cdots, \alpha_n)}{g(\alpha_1, \alpha_2, \cdots, \alpha_n)} \,\middle|\, f, g \in F[\alpha_1, \alpha_2, \cdots, \alpha_n], g \neq 0 \right\}.$$ ■

定理 3 设 E 为 F 的扩域,S 是 E 的一个非空子集,则

$$F(S) = \bigcup_{T \subseteq S} F(T),$$

其中 T 为 S 的任意有限子集.

证明 因为对于 S 的任意有限子集 T,所以我们显然有 $F(T) \subseteq F(S)$,从而得 $\bigcup_{T \subseteq S} F(T) \subseteq F(T)$.

另一方面,显然有 $F \subseteq \bigcup_{T \subseteq S} F(T)$,且 $S \subseteq \bigcup_{T \subseteq S} F(T)$. 因为 $\forall \alpha, \beta \in \bigcup_{T \subseteq S} F(T), \beta \neq 0$,则有 $\alpha \in F(T_1), \beta \in F(T_2)$,其中

$$T_1 = \{\alpha_1, \alpha_2, \cdots, \alpha_n\}, \quad T_2 = \{\beta_1, \beta_2, \cdots, \beta_n\}$$

为 S 的有限集合. 记 $T_3 = T_1 \cup T_2$,则 T_3 也是 S 的有限子集,从而有

$$\alpha, \beta \in F(T_3) \subseteq \bigcup_{T \subseteq S} F(T),$$

因为 $F(T_3)$ 是 E 的一个子域,所以有

$$\alpha - \beta \in F(T_3) \subseteq \bigcup_{T \subseteq S} F(T), \quad \alpha\beta^{-1} \in F(T_3) \subseteq \bigcup_{T \subseteq S} F(T).$$

从而得到 $\bigcup_{T \subseteq S} F(T)$ 是一个同时包含 F 和 S 的 E 的域,由 $F(S)$ 的最小性得 $F(S) \subseteq \bigcup_{T \subseteq S} F(T)$. 所以,

$$F(S) = \subseteq \bigcup_{T \subseteq S} F(T).$$ ■

定理 4 设 E 为 F 的扩域,S 是 E 的一个非空子集,则

$$F(S) = \left\{ \frac{f\{\alpha_1, \alpha_2, \cdots, \alpha_n\}}{g\{\alpha_1, \alpha_2, \cdots, \alpha_n\}} \,\middle|\, \begin{array}{l} \forall \alpha_1, \alpha_2, \cdots, \alpha_n \in S, n \in \mathbf{Z}^+ \\ f, g \in F[\alpha_1, \alpha_2, \cdots, \alpha_n], g \neq 0 \end{array} \right\}.$$

证明 由定理 3 易知

$$\left\{ \frac{f\{\alpha_1, \alpha_2, \cdots, \alpha_n\}}{g\{\alpha_1, \alpha_2, \cdots, \alpha_n\}} \,\middle|\, \begin{array}{l} \forall \alpha_1, \alpha_2, \cdots, \alpha_n \in S, n \in \mathbf{Z}^+ \\ f, g \in F[\alpha_1, \alpha_2, \cdots, \alpha_n], g \neq 0 \end{array} \right\}.$$ ■

$$= \bigcup_{T \subseteq S} F(T) = F(S)$$

定理 5　设 E 为 F 的扩域，S_1,S_2 是 E 的两个非空子集，则

$$[F(S_1)](S_2)=F(S_1\bigcup S_2)=[F(S_2)](S_1).$$

证明　因为 $[F(S_1)](S_2)$ 是包含域 $F(S_1)$ 和子集 S_2 的 E 的子域，即 $[F(S_1)](S_2)$ 是同时包含域 F，子集 S_1，S_2 的 E 的子域，当然 $[F(S_1)](S_2)$ 也是包含域 F 和子集 $S_1\bigcup S_2$ 的 E 的子域，而 $F(S_1\bigcup S_2)$ 是包含域 F 和子集 $S_1\bigcup S_2$ 的 E 的最小子域，所以有

$$F(S_1\bigcup S_2)\subseteq[F(S_1)](S_2);$$

另一方面，$F(S_1\bigcup S_2)$ 包含域 F 和子集 $S_1\bigcup S_2$ 的 E 的子域，即 $F(S_1\bigcup S_2)$ 是包含域 F、子集 S_1、S_2 的 E 的子域，或者说，$F(S_1\bigcup S_2)$ 是包含域 $F(S_1)$ 和子集 S_2 的 E 的子域，从而有

$$[F(S_1)](S_2)\subseteq F(S_1\bigcup S_2).$$

所以，$\qquad\qquad [F(S_1)](S_2)=F(S_1\bigcup S_2).$

同理可得 $\qquad\qquad [F(S_2)](S_1)=F(S_1\bigcup S_2).$ ∎

根据定理 5，我们可以把将域 F 添加一个有限集 $S=\{\alpha_1,\alpha_2,\cdots,\alpha_n\}$ 的扩域 $F(\alpha_1,\alpha_2,\cdots,\alpha_n)$ 归结为逐次添加单个元素的情形，即我们有

$$F(\alpha_1,\alpha_2,\cdots,\alpha_n)=F(\alpha_1)(\alpha_2)\cdots(\alpha_n).$$

根据定理 3，我们可以将由域 F 添加无限个元素组成的集合 S 所得到的扩域 $F(S)$，归结为某些在域 F 上添加有限个元素组成的集合 T 所得到的扩域 $F(T)$. 再根据定理 5，我们又可将由域 F 添加有限个元素组成的集合 $T=\{\alpha_1,\alpha_2,\cdots,\alpha_n\}$ 所得到的扩域 $F(T)$，归结为逐个添加单个元素的扩域 $F(\alpha)$. 所以，添加单个元素的扩域是我们讨论的重点。

定义 2　设 E 为 F 的扩域，$\alpha\in E$，则称 $F(\alpha)$ 为 F 添加 α 所得的**单扩域**。

单扩域是最为简单的扩域，下一节我们将具体地讨论单扩域的结构。

习题 5.1

1. 证明：任意一个域与它的子域有相同的特征.

2. 证明域为单环,从而证明域的同态(指环同态)映射只能是零态或是单同态.

3. 设域 F 的特征为 p,且对每一个 $x \in F$ 都满足方程 $x^p = x$,证明 F 为素域.

4. 设 E 为 F 的一个扩域,$\alpha \in E$,那么,$\alpha \in F$ 当且仅当 $F(\alpha) = F$.

5. 详细证明有理数域 **Q** 是一个素域.

6. 设 F 为一个域,且 F 中至少有 p 个元素,其中 p 为素数. 如果 $\forall a, b \in F$,总有

$$(a+b)^p = a^p + b^p,$$

证明：F 的特征为 p.

§5.2 单 扩 域

由上一节的讨论,我们知道单扩域在讨论扩域时的重要性.而单扩域 $F(\alpha)$ 的结构与所添加的元素 α 的特性有着很大的关系.

一、代数元与超越元

定义 1 设 E 为域 F 的扩域,$\alpha \in E$,如果 α 是域 F 上的一个非零多项式的根,则称 α 为域 F 上的一个**代数元**,$F(\alpha)$ 叫做 F 上的一个**单代数扩域**;如果 α 不是域 F 上任意非零多项式的根,则称 α 为域 F 上的一个**超越元**,$F(\alpha)$ 叫做 F 的一个**单超越扩域**.

设 F 是一个域,由定义可知,$\forall \alpha \in F$,则 α 是 F 上的非零多项式 $f(x) = x - a$ 的根,也就是说,域 F 中的任意元素都 F 上的代数元.

例 1 $\sqrt{2},\sqrt{3},\mathrm{i}\in\mathbf{C}$,它们分别为非零有理系数多项式 x^2-2, x^2-3,x^2+1 的根,因此,$\sqrt{2},\sqrt{3},\mathrm{i}$ 都是有理数域 $\mathbf{Q}$ 上的代数元.

例 2 π,e 都是有理数域 $\mathbf{Q}$ 上的超越元(证明从略).

例 3 复数域 $\mathbf{C}$ 中的每一个元素都是实数域 $\mathbf{R}$ 上的代数元,因为 $\forall a+bi\in\mathbf{C},a,b\in\mathbf{R}$,它是实数域 $\mathbf{R}$ 上的非零多项式

$$f(x)=x^2-2ax+a^2+b^2\in\mathbf{R}[x]$$

的根.

例 4 $\alpha=\sqrt{2}+\sqrt{3}$ 是 $\mathbf{Q}$ 上的代数元.事实上,由

$$\alpha^2=5+2\sqrt{6},\quad(\alpha^2-5)^2=24,$$

即 $$0=(\alpha^2-5)^2-24=\alpha^4-10\alpha^2+1,$$

得 $\alpha=\sqrt{2}+\sqrt{3}$ 是有理数域 $\mathbf{Q}$ 上的多项式 x^4-10x^2+1 的根,所以,$\alpha=\sqrt{2}+\sqrt{3}$ 是 $\mathbf{Q}$ 上的代数元.

当 α 是域 F 的代数元时,设是非零多项式 $p(x)$ 的根,那么,我们对于 $\forall f(x)\in F[x]$,有

$$f(x)\neq f(x)+p(x),$$

但 $$f(\alpha)=f(\alpha)+p(\alpha),$$

也就是说,当 α 为域 F 上的代数元时,我们不能由 $f(\alpha)=g(\alpha)$ 而得到 $f(x)=g(x)$.但是对于域 F 上的超越元 α 来说,则有

$$f(x)=g(x)\quad\Leftrightarrow\quad f(\alpha)=g(\alpha).$$

事实上,若 $f(x)=g(x)$,即两个多项式的对应系数分别相等,自然有 $f(\alpha)=g(\alpha)$;反之,如果 $f(\alpha)=g(\alpha)$,但 $f(x)\neq g(x)$,则存在非零多项式 $p(x)=f(x)-g(x)\in F[x]$,使得 $p(\alpha)=0$,这与 α 为 F 上的超越元矛盾.

定理 1 设 E 为域 F 的扩域,$\alpha\in E$,令

$$\mathbf{Ann}(\alpha)=\{f(x)\in F[x]\mid f(\alpha)=0\},$$

则 $\mathbf{Ann}(\alpha)$ 是 $F[x]$ 的一个理想,且

$$F[\alpha] \cong F[x] / \mathbf{Ann}(\alpha).$$

当 α 为 F 上的代数元时,$\mathbf{Ann}(\alpha)$ 是由 $F[x]$ 中的不可约多项式 $p(x)$ 生成的,即 $F[\alpha] \cong F[x] / (p(x))$;当 α 是 F 上的超越元时,$\mathbf{Ann}(\alpha) = \{0\}$,即 $F[\alpha] \cong F[x]$.

证明 作映射

$$\varphi: F[x] \to F[\alpha], \quad f(x) \mapsto f(\alpha),$$

易见 φ 是环的同态满射,且 $\mathbf{Ker}\, \varphi = \mathbf{Ann}(\alpha)$,所以,$\mathbf{Ann}(\alpha)$ 是 $F[x]$ 的一个理想. 因此,由环的同态基本定理得

$$F[x] / \mathbf{Ann}(\alpha) \cong F[\alpha].$$

当 α 为 F 上的代数元时,$\mathbf{Ann}(\alpha) \neq \{0\}$,由于 $F[x]$ 是一个欧氏环,因而它是一个主理想环. 设 $\mathbf{Ann}(\alpha) = (p(x))$,只需证明 $p(x)$ 是 $F[x]$ 上的一个不可约多项式. 由于 $p(x) \in \mathbf{Ann}(\alpha)$,即 $p(\alpha) = 0$,显然 $p(x)$ 为非零且非零次的多项式,即 $p(x)$ 是 $F[x]$ 中的非零非单位的元. 如果 $p(x)$ 是 $F[x]$ 中的可约元,则 $p(x)$ 有真因子分解

$$p(x) = p_1(x) p_2(x),$$

其中 $p_1(x)$ 和 $p_2(x)$ 的次数都低于 $p(x)$ 的次数,而

$$p(\alpha) = p_1(\alpha) p_2(\alpha) = 0,$$

由于 E 中无零因子,则必有 $p_1(\alpha) = 0$ 或 $p_2(\alpha) = 0$. 不妨假设 $p_1(\alpha) = 0$,所以,$p_1(\alpha) \in \mathbf{Ann}(\alpha) = (p(x))$,从而得 $p(x) \mid p_1(\alpha)$,矛盾. 因而 $p(x)$ 是 $F[x]$ 上的一个不可约多项式.

当 α 为 F 上的超越元时,显然有 $\mathbf{Ann}(\alpha) = \{0\}$. ■

推论 设 E 为域 F 的扩域,$\alpha \in E$,则 $F[\alpha]$ 是域当且仅当 α 是 F 上的代数元.

证明 设 α 为 F 上的代数元,则由定理 1 得

$$F[x] / (p(x)) = F[x] / \mathbf{Ann}(\alpha) \cong F[\alpha],$$

而 $p(x)$ 为 $F[x]$ 中的不可约元,因而 $(p(x))$ 是 $F[x]$ 的一个极大理想,于是 $F[x] / (p(x))$ 是一个域.

反之,设 α 为 F 的超越元,则 $F[\alpha] \cong F[x]$,而 $F[x]$ 不是域.

定义 2 设 $p(x)$ 是 $\mathbf{Ann}(\alpha)$ 中次数最低、首项系数为 1 的多项式,则称 $p(x)$ 为 α 在域 F 上的**极小多项式**,而 $p(x)$ 的次数 n 称为 α 在 F 上的**次数**.

显然,超越元没有极小多项式.

引理 1 域 F 上的代数元 α 在 F 上的极小多项式 $p(x)$ 是理想 $\mathbf{Ann}(\alpha)$ 的生成元,且 $p(x)$ 是 $F[x]$ 中的不可约多项式,它对 α 来说是唯一的.

证明 由于 $\mathbf{Ann}(\alpha)$ 是一个主理想,设 $\mathbf{Ann}(\alpha) = (q(x))$. 由于 $p(x) \in \mathbf{Ann}(\alpha) = (q(x))$,故 $q(x) \mid p(x)$,因而

$$\partial[q(x)] \leqslant \partial[p(x)].$$

又因 $p(x)$ 是 $\mathbf{Ann}(\alpha)$ 中次数最低的多项式,则有

$$\partial[q(x)] = \partial[p(x)],$$

即 $p(x) = c \cdot q(x), (c \neq 0, c \in F)$

因而 $(p(x)) = (q(x))$. 且由定理 1 可知 $p(x)$ 是 $F[x]$ 中的不可约多项式.

若 α 有两个极小多项式 $p(x), q(x)$,则

$$(p(x)) = \mathbf{Ann}(\alpha) = (q(x)),$$
$$p(x) = c \cdot q(x) \ (c \neq 0, c \in F)$$

由于 $p(x)$ 与 $q(x)$ 的首项系数都为 1,所以,得 $c = 1$,即有

$$p(x) = q(x).$$

下面我们给出一个极小多项式的判断方法.

引理 2 设 α 为域 F 上的一个代数元,而 $p(x)$ 为 $F[x]$ 的不可约多项式,而且首项系数为 1,$p(\alpha)=0$. 那么,$p(x)$ 是 α 在 F 上的极小多项式.

证明 因为 $p(\alpha)=0$,即 $p(x)\in \mathbf{Ann}(\alpha)$. 如果 α 的极小多项式为 $p_1(x)$,则有 $p_1(x)\mid p(x)$,由于 $p(x)$ 是不可约多项式,故

$$p(x)=cp_1(x)\quad c\in F^{*}.$$

而 $p_1(x)$ 与 $p(x)$ 首项系数都是 1,故 $p(x)=p_1(x)$. ∎

例 5 试求 $1+\mathrm{i}$ 在有理数域 $\mathbf{Q}$ 上的极小多项式.

设 $\alpha=1+\mathrm{i}$,则 $\alpha^2=(1+\mathrm{i})^2=2\mathrm{i}$,即 $\alpha^2-2\alpha+2=0$,由 Eisenstein 判别法知多项式 x^2-2x+2 是 $\mathbf{Q}$ 上的不可约多项式,所以,$1+\mathrm{i}$ 在有理数域 $\mathbf{Q}$ 上的极小多项式为 $p(x)=x^2-2x+2$,得 $1+\mathrm{i}$ 是 $\mathbf{Q}$ 上的二次代数元.

二、单扩域的结构

定理 2 设 E 是域 F 的扩域,$\alpha\in E$.

若 α 是 F 上的一个超越元,那么

$$F(\alpha)\cong F[x] \text{ 的分式域},$$

其中 $F[x]$ 是域 F 上关于未定元 x 的一元多项式环;

若 α 是域 F 上的一个 n 次代数元,那么,$F(\alpha)=F[x]$,且任意 $F(\alpha)$ 中的元素都可以唯一地表示为

$$\beta=a_0+a_1\alpha+\cdots+a_{n-1}\alpha^{n-1}$$

的形式,其中 $a_i\in F,i=0,1,2,\cdots,n-1$.

证明 当 α 是域 F 的一个超越元时,由 §5.1 知

$$F(\alpha)=\left\{\frac{f(\alpha)}{g(\alpha)}\;\middle|\;f(\alpha),g(\alpha)\in F[\alpha],g(\alpha)\neq 0\right\},$$

又由定理 1,$F[\alpha]\cong F[x]$,因为同构的环,它们的分式域也同构,

近 世 代 数

而 $F[\alpha]$ 的分式域恰好是 $F(\alpha)$，所以，

$$F(\alpha) \cong F[x] \text{ 的分式域}.$$

当 α 是域 F 上的一个 n 次代数元时，由推论知，$F[\alpha]$ 是一个域，它同时包含 F 和 α，所以，$F(\alpha) \subseteq F[\alpha]$；显然我们有 $F[\alpha] \subseteq F(\alpha)$. 故 $F(\alpha) = F[\alpha]$.

设 α 的极小多项式为 $p(x)$，且 $\alpha(p(x)) = n$，$\forall \beta \in F(\alpha) = F[\alpha]$，则

$$\beta = b_0 + b_1\alpha + \cdots + b_m\alpha^m \quad (b_i \in F, i = 0, 1, \cdots, m)$$

用 $p(x)$ 对 $f(x) = b_0 + b_1 x + \cdots + b_m x^m$ 进行带余除法，设

$$f(x) = q(x)p(x) + r(x),$$

其中 $r(x) = a_0 + a_1\alpha + \cdots + a_{n-1}\alpha^{n-1}$，由 $p(\alpha) = 0$ 知

$$\beta = f(\alpha) = r(\alpha) = a_0 + a_1\alpha + \cdots + a_{n-1}\alpha^{n-1}.$$

再证其表达式的唯一性. 设 β 有两种表达形式，

$$\beta = a_0 + a_1\alpha + \cdots + a_{n-1}\alpha^{n-1} = c_0 + c_1\alpha + \cdots + c_{n-1}\alpha^{n-1},$$

则 α 是多项式

$$g(x) = (a_0 - c_0) + (a_1 - c_1)\alpha + \cdots + (a_{n-1} - c_{n-1})\alpha^{n-1}$$

的根，因而 $p(x) \mid g(x)$，故 $g(x) = 0$，所以，

$$a_i = c_i, \quad i = 0, 1, 2, \cdots, n-1. \qquad \blacksquare$$

例 6 写出有理数域 $\mathbf{Q}$ 上的单代数扩域 $\mathbf{Q}(\sqrt[3]{2})$ 中元素的一般形式，并求 $1 + \sqrt[3]{2}$ 在 $\mathbf{Q}(\sqrt[3]{2})$ 中的逆元.

$\sqrt[3]{2}$ 在 $\mathbf{Q}$ 上的极小多项式为 $x^3 - 2$，故 $\sqrt[3]{2}$ 为三次元. 因而，

$$\mathbf{Q}(\sqrt[3]{2}) = \{a_0 + a_1\sqrt[3]{2} + a_2\sqrt[3]{4} \mid a_0, a_1, a_2 \in \mathbf{Q}\}.$$

设 $(1 + \sqrt[3]{2})^{-1} = a_0 + a_1\sqrt[3]{2} + a_2\sqrt[3]{4}$，则

$$1 = (1 + \sqrt[3]{2})(a_0 + a_1\sqrt[3]{2} + a_2\sqrt[3]{4})$$
$$= (a_0 + 2a_2) + (a_1 + a_0)\sqrt[3]{2} + (a_1 + a_2)\sqrt[3]{4},$$

由元素表示的唯一性可得方程组

$$\begin{cases} a_0 + 2a_2 = 1 \\ a_1 + a_0 = 0 \\ a_1 + a_2 = 0 \end{cases}$$

解得

$$a_0 = \frac{1}{3}, \quad a_1 = -\frac{1}{3}, \quad a_2 = \frac{1}{3},$$

即
$$(1 + \sqrt[3]{2})^{-1} = \frac{1}{3}(1 - \sqrt[3]{2} + \sqrt[3]{4}).$$

当然，也可以用分母有理化来求 $1+\sqrt[3]{2}$ 在 $\mathbf{Q}(\sqrt[3]{2})$ 中的逆元：

$$(1 + \sqrt[3]{2})^{-1} = \frac{1 - \sqrt[3]{2} + \sqrt[3]{4}}{(1 + \sqrt[3]{2})(1 - \sqrt[3]{2} + \sqrt[3]{4})} = \frac{1}{3}(1 - \sqrt[3]{2} + \sqrt[3]{4}).$$

例 7 分别求实数域 $\mathbf{R}$ 上的单代数扩域 $\mathbf{R}(\mathrm{i})$ 和 $\mathbf{R}(1+\mathrm{i})$.

因为 i 在实数域 $\mathbf{R}$ 上的极小多项式为 x^2+1，故 i 为二次元，

$$\mathbf{R}(\mathrm{i}) = \{a_0 + a_1\mathrm{i} \mid a_0, a_1 \in \mathbf{R}\} = \mathbf{C}.$$

由例 5 知 $1+\mathrm{i}$ 也是 $\mathbf{R}$ 上的二次元，且

$$\mathbf{R}(1+\mathrm{i}) = \{a_0 + a_1(1+\mathrm{i}) \mid a_0, a_1 \in \mathbf{R}\}$$
$$= \{(a_0 + a_1) + a_1\mathrm{i} \mid a_0, a_1 \in \mathbf{R}\} = \mathbf{C}.$$

这个例子说明不同的元素可能生成同一个单代数扩域，但在一般情况下，即使是 α, β 在 F 上的次数相等，也未必有 $F(\alpha) = F(\beta)$（参考习题 6）. 然而，我们有

定理 3 设 α, β 在 F 上有相同的极小多项式 $p(x)$，那么，

$$F(\alpha) \cong F(\beta).$$

证明 假设极小多项式 $p(x)$ 的次数为 n，那么，

$$F(\alpha) = \Big\{ \sum_{i=0}^{n-1} a_i \alpha^i \Big| a_i \in F \Big\}, \ F(\beta) = \Big\{ \sum_{i=0}^{n-1} a_i \beta^i \Big| a_i \in F \Big\},$$

作映射

$$\varphi: F(\alpha) \to F(\beta), \ \sum_{i=0}^{n-1} a_i \alpha^i \mapsto \sum_{i=0}^{n-1} a_i \beta^i.$$

显然，φ 保持加法的一一映射，而对于乘法，$\forall f(\alpha), g(\alpha) \in F(\alpha)$，用 $p(x)$ 对 $f(x)g(x)$ 作带余除法，得

$$f(x)g(x) = q(x)p(x) + r(x),$$

其中 $r(x) = 0$ 或 $\partial[r(x)] < \partial[p(x)]$. 则

$$f(\alpha)g(\alpha) = r(\alpha), \quad f(\beta)g(\beta) = r(\beta),$$

所以，

$$\varphi[f(\alpha)g(\alpha)] = \varphi[r(\alpha)] = r(\beta) = f(\beta)g(\beta) = \varphi[f(\alpha)]\varphi[g(\alpha)].$$

即 φ 也保持乘法运算. 由此证得

$$F(\alpha) \cong F(\beta). \qquad\blacksquare$$

总之，我们如果已知域 F 及其扩域 E，$\alpha \in E$ 是 F 上的一个代数元，我们可以得到单代数扩域 $F(\alpha)$. α 的极小多项式 $p(x)$ 的次数决定了 $F(\alpha)$ 的结构，现在我们从另一个角度来看：如果我们一开始并没有给出扩域 E，也不知道 E 中的一个 F 上的代数元，仅给出域 F 上的一个不可约多项式 $p(x)$，能不能求得一个单代数扩域，使其包含这个多项式的一个根呢？这就是

定理 4 设域 F 上有一个首项系数为 1 的不可约多项式 $p(x)$，则存在 F 的单代数扩域 $F(\alpha)$，使 $p(x)$ 是 α 在 F 上的极小多项式，且

$$F(\alpha) \cong F[x]/(p(x)).$$

且 $F(\alpha)$ 在同构的意义下是唯一的.

证明 令 $\overline{E}=F[x]/(p(x))$,由于 $p(x)$ 在 $F[x]$ 中不可约,而 $F[x]$ 为欧氏环,得 $(p(x))$ 是 $F[x]$ 的一个极大理想,所以,$\overline{E}=F[x]/(p(x))$ 是一个域,且

$$\overline{E}=\{f(x)+(p(x))\mid f(x)\in F[x]\}$$
$$=\{\overline{f(x)}\mid f(x)\in F[x]\}.$$

取 $\overline{F}=\{\overline{a}\mid a\in F\}\subseteq\overline{E}$,作映射

$$\varphi\colon F\to\overline{F},\ a\mapsto\overline{a}.$$

则可以验证 φ 是 F 到 $\overline{F}$ 的同构映射. F 显然与 $\overline{E}$ 无公共元素,由挖补定理,F 有扩环 $E=(\overline{E}-\overline{F})\cup F\cong\overline{E}$,因而 E 也是一个域.设 E 到 $\overline{E}$ 的同构映射为 ψ,则 ψ 限制在 F 上与 φ 相等.

取 $\overline{x}\in\overline{E}$,设 $\overline{x}$ 在 ψ 下的原象为 α,即 $\psi(\alpha)=\overline{x}$,设

$$p(x)=a_0+a_1x+\cdots+a_nx^n,$$

则
$$\psi(p(\alpha))=\psi(a_0)+\psi(a_1)\psi(\alpha)+\cdots+\psi(a_n)\psi(\alpha)^n$$
$$=\varphi(a_0)+\varphi(a_1)\overline{x}+\cdots+\varphi(a_n)\overline{x}^n$$
$$=\overline{a_0}+\overline{a_1}\ \overline{x}+\cdots+\overline{a_n}\ \overline{x}^n$$
$$=\overline{a_0+a_1x+\cdots a_nx^n}=\overline{p(x)}=\overline{0}.$$

由于 ψ 是同构映射,故 $p(\alpha)=0$,α 是 F 上的代数元,由引理 2 得,$p(x)$ 是 α 在 F 上的极小多项式.

下面证明 $F(\alpha)=E$.事实上,由于 $\alpha\in E$,$F\subseteq E$,故 $F(\alpha)\subseteq E$.反之,$\forall\beta\in E$,设

$$\psi(\beta)=\overline{f(x)}=\overline{b_0+b_1x+\cdots b_mx^m},$$

那么,
$$\psi(f(\alpha))=\psi(b_0+b_1\alpha+\cdots+b_m\alpha^m)$$
$$=\psi(b_0)+\psi(b_1)\psi(\alpha)+\cdots+\psi(b_m)\psi(\alpha)^m$$
$$=\overline{b_0}+\overline{b_1}\ \overline{x}+\cdots+\overline{b_m}\ \overline{x}^m=\overline{f(x)}=\psi(\beta),$$

由 ψ 为单射知,$\beta = f(\alpha) \in F(\alpha)$,即有 $E \subseteq F(\alpha)$.

综上所述,$E = F(\alpha)$ 是 F 的单代数扩域.

最后,由定理 3,E 在同构意义下是唯一的. ■

例 8 只给出实数域 **R** 上的不可约多项式 $p(x) = x^2 + 1$,作实数域上的单代数扩域 $\mathbf{R}(\alpha)$,使得 α 是 $p(x)$ 的根.

由定理 4 的证明可知,

$$\mathbf{R}(\alpha) \cong \mathbf{R}[x]/(x^2 + 1),$$

$\mathbf{R}[x]/(x^2+1)$ 中的元素可写成 $\overline{a+bx}$ 的形式,其中 $a, b \in \mathbf{R}$,

令 $\quad \varphi: \mathbf{R}(\alpha) \rightarrow \mathbf{R}[x]/(x^2+1), a+b\alpha \mapsto \overline{a+bx},$

则 φ 是同构映射,且 $\varphi(\alpha) = \bar{x}$. 其实,这里的 α 就是我们习惯上所用的复数单位 i,因为

$$\varphi(\alpha^2) = \overline{x^2} = \overline{x^2+1-1} = \overline{x^2+1} + \overline{(-1)} = \overline{-1} = \varphi(-1),$$

由 φ 为单射知,$\alpha^2 = -1$.

习题 5.2

1. 试求 i 在实数域 **R** 上的次数;$\sqrt{2}$ 在有理数域 **Q** 上的次数;$\sqrt{2}+i$ 分别在 **R** 和 **Q** 上的次数.

2. 试求 $\sqrt{1+\sqrt[3]{2}}$ 在有理数域 **Q** 上的极小多项式.

3. 写出有理数域 **Q** 上的单扩域 $\mathbf{Q}(\alpha)$ 中元素的一般形式,其中 $\alpha = \sqrt{2} + \sqrt{3}$.

4. 设 $f(x)$ 是域 F 上的二次或三次的一元多项式,证明:$f(x)$ 在 F 上可约的充分必要条件是 $f(x)$ 在 F 上有根 α.

5. 分别写出以 3 为模的剩余类环 $\mathbf{Z}_3$ 上的一元多项式环 $\mathbf{Z}_3[x]$ 中的一个二次和三次不可约多项式.

6. 求证 $\mathbf{Q}(\sqrt{2})$ 与 $\mathbf{Q}(i)$ 不同构.

7. 证明：多项式 x^2-2 在域 $\mathbf{Q}(\sqrt{2})$ 上是一个可约的多项式，但它在 $\mathbf{Q}(\sqrt{3})$ 上不可约.

8. 设 α 在域 F 上的极小多项式为

$$p(x) = a_0 + a_1 x + \cdots + a_{n-1}x^{n-1} + x^n,$$

求 α 在 $F(\alpha)$ 中的逆元.

§5.3 代 数 扩 域

单扩域是最基本的扩域，但单扩域所讨论的扩域内容较窄. 现在我们将从较宽的情况讨论扩域，为此，我们需要将数域上的向量空间加以推广，从而来刻画扩域的构造.

一、几个概念

定义 1 设 E 为加群，F 为域，假设存在 $F \times E$ 到 E 的映射，即在 E 上定义了一个纯量乘法：$(k, \alpha) \rightarrow k\alpha$，满足：

(1) 设 1 为 F 的单位元，$\forall \alpha \in E$，则 $1 \cdot \alpha = \alpha$；

(2) $\forall k \in F, \alpha, \beta \in E$，有 $k(\alpha+\beta) = k\alpha + k\beta$；

(3) $\forall k, l \in F, \alpha \in E$，有 $(k+l)\alpha = k\alpha + l\alpha$；

(4) $\forall k, l \in F, \alpha \in E$，有 $(kl)\alpha = k(l\alpha)$.

则称 E 为域 F 上的一个**向量空间**.

在向量空间中，我们可以像线性代数中所讨论的那样，引进线性表出、线性相关、线性无关、基底、维数等概念，其结果完全类似于线性代数中的相应结果，我们不再一一加以论证，而只是对相应的结果直接拿来运用. 如果读者有兴趣可以作一些具体的讨论.

由此，域 F 的扩域 E 是 F 上的一个向量空间. 特别地，F 上的 n 次单代数扩域 $F(\alpha)$ 是 F 上的一个 n 维向量空间，其基底为

$$1,\alpha,\alpha^2,\cdots,\alpha^{n-1}.$$

但 F 上的向量空间一般不一定是扩域.

定义 2　如果域 F 的扩域 E 中的每一个元素都是 F 上的代数元,则称 E 为 F 的一个**代数扩域**.

由前一节的例子,我们可以知道:复数域 **C** 是实数域 **R** 的一个代数扩域;实数域 **R** 不是有理数域 **Q** 的代数扩域;每一个域 F 必是自身的代数扩域.

定义 3　设 E 是域 F 的扩域, E 作为 F 上的向量空间,如果 E 在 F 上是有限维的,则称 E 是 F 的**有限扩域**,此时,向量空间 E 在 F 上的维数称为 E 在 F 上的**次数**,记为 $(E:F)$;如果 E 在 F 上是无限维的,则称 E 为 F 的**无限扩域**.

例 1　因为 $\mathbf{Q}(\sqrt{2})=\{a+b\sqrt{2}\,|\,a,b\in\mathbf{Q}\}$,而 $1,\sqrt{2}$ 在有理数域 **Q** 上是线性无关的,即 $\mathbf{Q}(\sqrt{2})$ 是 **Q** 上的二维向量空间,所以, $(\mathbf{Q}(\sqrt{2}):\mathbf{Q})=2$.

二、若干结果

定理 1　单代数扩域是代数扩域.

证明　设 α 为域 F 上的一个 n 次代数元,根据单代数扩域的结构可知, $\forall\,\gamma\in F(\alpha)$,都有

$$\gamma=a_0+a_1\alpha+\cdots+a_{n-1}\alpha^{n-1},$$

也就是说,我们可将 $F(\alpha)$ 看作 F 上的向量空间,有基 $1,\alpha,\alpha^2,\cdots,$ α^{n-1}. $\forall\,\beta\in F(\alpha)$,因为 $F(\alpha)$ 是一个域,所以, $1,\beta,\beta^2,\cdots,\beta^n\in F(\alpha)$,即向量组 $1,\beta,\beta^2,\cdots,\beta^n$ 可由 $1,\alpha,\alpha^2,\cdots,\alpha^{n-1}$ 线性表出,由于 $n+1$ $>n$,故向量组 $1,\beta,\beta^2,\cdots,\beta^n$ 线性相关,即有不全为零的元素 b_0, $b_1,b_2,\cdots,b_n\in F$,使得

$$b_0+b_1\beta+b_2\beta^2+\cdots+b_n\beta^n=0.$$

即 β 是 F 上非零多项式

$$f(x) = b_0 + b_1 x + b_2 x^2 + \cdots + b_n x^n$$

的根,因此,β 是 F 上的一个代数元,从而证得 $F(\alpha)$ 是 F 的一个代数扩域. ■

定理 2 单代数扩域是有限扩域,且 $(F(\alpha):F)$ 为 α 在 F 上的次数;单超越扩域是无限扩域.

证明 设 $F(\alpha)$ 是 F 上的单代数扩域,α 为 F 上的 n 次元,由 §5.2,定理 2 知,$\forall \beta \in F(\alpha)$,则

$$\beta = a_0 + a_1 \alpha + \cdots + a_{n-1} \alpha^{n-1}, \ a_i \in F,$$

即 β 可由 $1, \alpha, \alpha^2, \cdots, \alpha^{n-1}$ 线性表出,而且由表示法的唯一性可知 $1, \alpha, \alpha^2, \cdots, \alpha^{n-1}$ 在 F 上线性无关,也就是说,$1, \alpha, \alpha^2, \cdots, \alpha^{n-1}$ 是 $F(\alpha)$ 在 F 上的一组基,即 $F(\alpha)$ 是 F 上的 n 维向量空间,所以,$(F(\alpha):F)=n$.

若 $F(\alpha)$ 是 F 上的单超越扩域.假如 $F(\alpha)$ 是 F 上的 n 次扩域,则 $F(\alpha)$ 中任意 $n+1$ 个元素必线性相关.特别地,$1, \alpha, \alpha^2, \cdots, \alpha^n$ 线性相关,即存在 $n+1$ 个不全为零的元素 $a_0, a_1, \cdots, a_n \in F$,使得

$$a_0 + a_1 \alpha + \cdots + a_n \alpha^n = 0,$$

这就是说,α 是非零多项式 $a_0 + a_1 x + \cdots + a_n x^n$ 的根,从而 α 为 F 的代数元,矛盾.所以,单超越扩域为无限扩域. ■

定理 3 有限扩域是代数扩域.

证明 设 E 为域 F 上的 n 次扩域,则 $\forall \alpha \in E$,由于 $1, \alpha, \alpha^2, \cdots, \alpha^n$ 线性相关,因而有不全为零的元 $a_0, a_1, \cdots, a_n \in F$ 使得

$$a_0 + a_1 \alpha + \cdots + a_n \alpha^n = 0,$$

即 α 为 F 上的代数元,所以,E 为 F 有代数扩域. ■

以后我们将知道,定理 3 的逆命题不成立,即代数扩域未必是有限扩域.

关于有限扩域的次数,我们有重要的

定理 4　设 K 为 F 的有限扩域,E 为 K 的有限扩域,则 E 也是 F 的有限扩域,且

$$(E:F) = (E:K)(K:F).$$

证明　设 $(K:F)=n,(E:K)=m$,而 $\alpha_1,\alpha_2,\cdots,\alpha_n$ 是 K 在 F 上的一组基,$\beta_1,\beta_2,\cdots,\beta_m$ 是 E 在 K 上的一组基,那么,$\forall \alpha \in E$,有

$$\alpha = \sum_{j=1}^{m} \lambda_j \beta_j, \qquad \lambda_j \in K,$$

同样,

$$\lambda_j = \sum_{i=1}^{n} \mu_{ij}\alpha_i, \ j=1,2,\cdots,m; \mu_{ij} \in F,$$

因此,

$$\alpha = \sum_{j=1}^{m} \lambda_j \beta_j = \sum_{j=1}^{m} \left(\sum_{i=1}^{n} \mu_{ij}\alpha_i \right) \beta_j$$

$$= \sum_{i=1}^{n} \sum_{j=1}^{m} \mu_{ij}\alpha_i \beta_j, \qquad \mu_{ij} \in F,$$

即 α 可由 $\alpha_i \beta_j(i=1,2,\cdots,n;j=1,2,\cdots,m)$ 线性表出,如果能证明

$$\alpha_i \beta_j \quad (i=1,2,\cdots,n;j=1,2,\cdots,m)$$

线性无关,那么它们就是向量空间 E 在 F 上的一组基,即定理结论成立.设 $a_{ij} \in F$,使得

$$0 = \sum_{i=1}^{n} \sum_{j=1}^{m} a_{ij}\alpha_i \beta_j = \sum_{j=1}^{m} \left(\sum_{i=1}^{n} a_{ij}\gamma_i \right) \beta_j,$$

由于 $\beta_1,\beta_2,\cdots,\beta_m$ 在 K 上线性无关,故有

$$\sum_{i=1}^{n} a_{ij}\alpha_i = 0 \ (j=1,2,\cdots,m)$$

又因 $a_1,a_2,\cdots,a_n$ 在 F 上线性无关,则有

$$a_{ij} = 0 \ (i=1,2,\cdots,n;j=1,2,\cdots,m)$$

所以，$\alpha_i \beta_j (i=1,2,\cdots,n; j=1,2,\cdots,m)$是 E 在 F 上的一组基. ■

推论 1 令 $F_1, F_2, \cdots, F_t$ 是域，其中后一个域 F_{i+1} 是前一个域 F_i 的有限扩域，那么

$$(F_t : F_1) = (F_t : F_{t-1})(F_{t-1} : F_{t-2}) \cdots (F_2 : F_1).$$

推论 2 设 $\alpha_1, \alpha_2, \cdots, \alpha_t$ 都是域 F 上的代数元，那么 $F(\alpha_1, \alpha_2, \cdots, \alpha_t)$ 是 F 的有限扩域，从而是 F 的代数扩域.

证明 记

$$F_0 = F, \quad F(\alpha_1) = F_1, \quad F(\alpha_1, \alpha_2) = F_2, \cdots,$$
$$F(\alpha_1, \alpha_2, \cdots, \alpha_t) = F_t,$$

即

$$F_s = F(\alpha_1, \alpha_2, \cdots, \alpha_s)$$
$$= F(\alpha_1, \alpha_2, \cdots, \alpha_{s-1})(\alpha_s) = F_{s-1}(\alpha_s),$$

由于 $\alpha_s (1 < s \leqslant t)$ 是 F 上的代数元，因而也是 F_{s-1} 上的代数元，根据定理 2 知

$$(F_s : F_{s-1}), \quad (s = 1, 2, \cdots, t)$$

都是有限数，再根据推论 1，得

$$(F(\alpha_1, \alpha_2, \cdots, \alpha_t) : F) = \prod_{s=1}^{t} (F_s : F_{s-1}).$$

也是有限数，即 $F(\alpha_1, \alpha_2, \cdots, \alpha_t)$ 是 F 上的有限扩域. 根据定理 3 得 $F(\alpha_1, \alpha_2, \cdots, \alpha_t)$ 是 F 上的代数扩域. ■

推论 3 域 F 上的两个代数元 α, β 的和 $\alpha + \beta$、差 $\alpha - \beta$、积 $\alpha\beta$、商 $\alpha\beta^{-1} (\beta \neq 0)$ 仍是 F 上的代数元.

证明 设 α, β 是 F 上的两个代数元，则由定理 4 知，

$$(F(\alpha, \beta) : F) = (F(\alpha, \beta) : F(\alpha))(F(\alpha) : F),$$

所以，$F(\alpha, \beta)$ 是 F 上的有限扩域，而有限扩域必是代数扩域. 由于

$$\alpha+\beta,\ \alpha-\beta,\ \alpha\times\beta,\ \alpha\beta^{-1}(\beta\neq0)\in F(\alpha,\beta),$$

所以它们都是 F 上的代数元.

推论 4　设 E 为 F 的任意扩域,那么,由 E 中所有 F 上的代数元作成的集合 K 构成 F 的一个代数扩域.

事实上,推论 4 是推论 3 的另一种叙述方式.

例 2　设 F 是由复数域 $\mathbf{C}$ 中所有由有理数域 $\mathbf{Q}$ 上的代数元作成的集合,即 F 为有理数域 $\mathbf{Q}$ 上的所有代数数所组成的集合,由推论 4 知,F 是有理数域 $\mathbf{Q}$ 上的代数扩域.但是,F 是 $\mathbf{Q}$ 上的无限扩域.事实上,$\mathbf{Q}$ 上存在任意 n 次的不可约多项式

$$f(x)=x^n-2x+2,$$

$f(x)$ 的不可约性,我们可以由高等代数中的 **Eisenstein** 判别法得.若 α 为 $f(x)$ 的一个根,那么有

$$(\mathbf{Q}(\alpha):\mathbf{Q})=n,$$

而 $\mathbf{Q}(\alpha)$ 是 F 的一个子域,且 n 为任意正整数,总有

$$(F:\mathbf{Q})\geqslant(\mathbf{Q}(\alpha):\mathbf{Q})=n,$$

所以,$(F:\mathbf{Q})=\infty$.这个例子说明了定理 3 的逆命题不成立.

对于域 F 上的单扩域 $F(\alpha)$,显然有 $F=F(\alpha)$ 当且仅当 $\alpha\in F$,即 α 是 F 上的不可约多项式 $x-\alpha$ 的根.也就是说,$F=F(\alpha)$ 当且仅当 $(F(\alpha):F)=1$.

例 3　求证 $\mathbf{Q}(\sqrt{2}+\sqrt{3})=\mathbf{Q}(\sqrt{2},\sqrt{3})$,并求其元素的一般形式.

因为 $\sqrt{2},\sqrt{3}\in\mathbf{Q}(\sqrt{2},\sqrt{3})$,由于 $\mathbf{Q}(\sqrt{2},\sqrt{3})$ 是域,即有 $\sqrt{2}+\sqrt{3}\in\mathbf{Q}(\sqrt{2},\sqrt{3})$,而 $\mathbf{Q}(\sqrt{2}+\sqrt{3})$ 是包含有理数域 $\mathbf{Q}$ 与 $\sqrt{2}+\sqrt{3}$ 的最小域,所以有

$$\mathbf{Q}(\sqrt{2}+\sqrt{3})\subseteq\mathbf{Q}(\sqrt{2},\sqrt{3}).$$

另一方面,由 §5.2 例 4 知,$\sqrt{2}+\sqrt{3}$ 是有理系数多项式 $f(x)$ $= x^4 - 10x^2 + 1$ 的根.下面证明 $f(x)$ 在有理数域 **Q** 上是一个不可约多项式.

事实上,根据有理根的判别定理知 $f(x)$ 的有理根只可能为 ± 1,但可以验证它们都不是 $f(x)$ 的根.即 $f(x)$ 没有有理根,因此 $f(x)$ 在 **Q** 上没有一次因式.如果 $f(x)$ 在 **Q** 上可约,只能分解成两个二次因式之积,设

$$f(x) = x^4 - 10x^2 + 1 = (x^2 + ax + b)(x^2 + cx + d)$$
$$= x^4 + (a+c)x^3 + (b+ac+d)x^2 + (ad+bc)x + bd,$$

$a,b,c,d \in \mathbf{Q}$,那么,根据多项式相等,可得方程组

$$\begin{cases} a + c = 0 \\ b + ac + d = -10 \\ ad + bc = 0 \\ bd = 1 \end{cases}$$

存在有理数的解.但是通过求解此方程组,我们可知这个方程组在有理数域 **Q** 上是无解的.所以,$x^4 - 10x^2 + 1$ 是 **Q** 上的不可约多项式.因而

$$(\mathbf{Q}(\sqrt{2}+\sqrt{3}) : \mathbf{Q}) = 4.$$

另外,$\sqrt{3}$ 在 $\mathbf{Q}(\sqrt{2})$ 上的极小多项式为 $x^2 - 3$,$\sqrt{2}$ 在 **Q** 上的极小多项式为 $x^2 - 2$,而

$$\mathbf{Q}(\sqrt{2},\sqrt{3}) = [\mathbf{Q}(\sqrt{2})](\sqrt{3}),$$

因而有

$$(\mathbf{Q}(\sqrt{2},\sqrt{3}) : \mathbf{Q}) = ([\mathbf{Q}(\sqrt{2})](\sqrt{3}) : \mathbf{Q})$$
$$= ([\mathbf{Q}(\sqrt{2})](\sqrt{3}) : \mathbf{Q}(\sqrt{2}))(\mathbf{Q}(\sqrt{2}) : \mathbf{Q})$$
$$= 2 \times 2 = 4.$$

所以，

$$4 = (\mathbf{Q}(\sqrt{2},\sqrt{3}) : \mathbf{Q})$$
$$= (\mathbf{Q}(\sqrt{2},\sqrt{3}) : \mathbf{Q}(\sqrt{2}+\sqrt{3}))(\mathbf{Q}(\sqrt{2}+\sqrt{3}) : \mathbf{Q})$$
$$= (\mathbf{Q}(\sqrt{2},\sqrt{3}) : \mathbf{Q}(\sqrt{2}+\sqrt{3})) \times 4.$$

得 $\qquad (\mathbf{Q}(\sqrt{2},\sqrt{3}) : \mathbf{Q}(\sqrt{2}+\sqrt{3})) = 1.$

所以有 $\qquad \mathbf{Q}(\sqrt{2},\sqrt{3}) = \mathbf{Q}(\sqrt{2}+\sqrt{3}).$

根据 §5.2 定理 2，$\forall \alpha \in \mathbf{Q}(\sqrt{2}+\sqrt{3})$，有

$$\alpha = a + b(\sqrt{2}+\sqrt{3}) + c(\sqrt{2}+\sqrt{3})^2 + d(\sqrt{2}+\sqrt{3})^3,$$

整理后可得 $\alpha = x + y\sqrt{2} + u\sqrt{3} + v\sqrt{6}$，由于 $a,b,c,d \in \mathbf{Q}$，故 $x,y,u,v \in \mathbf{Q}$，所以，

$$\mathbf{Q}(\sqrt{2}+\sqrt{3}) = \{x + y\sqrt{2} + u\sqrt{3} + v\sqrt{6} \mid x,y,u,v \in \mathbf{Q}\}.$$

如果我们根据本节的定理 4，因为 $\mathbf{Q}(\sqrt{2},\sqrt{3})$ 在 $\mathbf{Q}(\sqrt{2})$ 上的基为 $1,\sqrt{3}$；而 $\mathbf{Q}(\sqrt{2})$ 在 $\mathbf{Q}$ 上的基为 $1,\sqrt{2}$. 那么，根据定理 4 知，$\mathbf{Q}(\sqrt{2},\sqrt{3})$ 在 $\mathbf{Q}$ 上的基为 $1,\sqrt{2},\sqrt{3},\sqrt{6}$，所以，

$$\mathbf{Q}(\sqrt{2},\sqrt{3}) = \{x + y\sqrt{2} + u\sqrt{3} + v\sqrt{6} \mid x,y,u,v \in \mathbf{Q}\}.$$

根据元素的结构，我们同样可得

$$\mathbf{Q}(\sqrt{2},\sqrt{3}) = \mathbf{Q}(\sqrt{2}+\sqrt{3}).$$

例 4 设 E 是 F 的一个扩域，$(E : F) = 7$，那么，E 是 F 的单代数扩域.

事实上，取 $\forall \alpha \in E, \alpha \notin F$，则 $F(\alpha) \subseteq E, F(\alpha) \neq F$，而

$$7 = (E : F) = (E : F(\alpha))(F(\alpha) : F),$$

故 $(F(\alpha) : F) \mid 7$，又 $(F(\alpha) : F) \neq 1$，所以，只有 $(F(\alpha) : F) = 7$，从而我们有 $(E : F(\alpha)) = 1$，即 $E = F(\alpha)$.

习题 5.3

1. 证明：不存在 $\mathbf{Q}$ 的扩域 K，使得

$$\mathbf{Q} \subsetneqq K \subsetneqq \mathbf{Q}(\sqrt[5]{2}).$$

2. 证明：实数域 $\mathbf{R}$ 是有理数域 $\mathbf{Q}$ 的无限扩域.

3. 在复数域 $\mathbf{C}$ 中，求下列扩域的次数：

$(1)\,(\mathbf{Q}(\sqrt{2},\mathrm{i}):\mathbf{Q})$；

$(2)\,(\mathbf{Q}(\sqrt[3]{2},\sqrt[3]{2}\mathrm{i}):\mathbf{Q})$；

$(3)\,(\mathbf{Q}(\sqrt[3]{2},\mathrm{i}):\mathbf{Q})$；

4. 设 E 是 F 的扩域，$\alpha \in E$ 是 F 的代数元，$\forall \beta \in F(\alpha)$，那么 β 在 F 上的次数是 α 在 F 上的次数的一个因数.

5. 设 E,F 是域 K 的子域，E 是 F 的子域，如果 $(K:E)=(K:F)$，那么，$E=F$.

6. 设 E 是域 F 的代数扩域，而 α 是 E 上的一个代数元，证明：α 也是 F 上的一个代数元，从而可得域 F 的代数扩域 E 的代数扩域 K 仍是 F 的代数扩域.

7. 设 E 是 F 的一个有限扩域，那么总存在 E 的有限个元素 $\alpha_1,\alpha_2,\cdots,\alpha_t$，使得

$$F(\alpha_1,\alpha_2,\cdots,\alpha_t)=E.$$

§5.4 多项式的分裂域

本节将介绍由已知域 F 和 F 上的一个多项式 $f(x)$ 来构造一个域 F 的扩域 E，使得 $f(x)$ 在 $E[x]$ 中可以分解成一次因式的乘积.

一、分裂域的概念

定义 1   设 $f(x)$ 是域 F 上的一个 $n(n\geqslant1)$ 次多项式,如果 F 的扩域 E 满足:

(1) 在 $E[x]$ 中 $f(x)$ 可以分解为一次因式的积:

$$f(x) = a_n(x-\alpha_1)(x-\alpha_2)\cdots(x-\alpha_n),$$

其中 $\alpha_i\in E, a_n$ 为 $f(x)$ 的首项系数,

(2) 在任意一个小于 E 的中间域 $I(F\subseteq I\subsetneqq E)$ 中,$f(x)$ 皆不能分解成一次因式的乘积.

则称 E 是 $f(x)$ 在 F 上的一个**分裂域**.

假设 E 是 $f(x)$ 在 F 上的一个分裂域,那么 E 是一个使得 $f(x)$ 能够分解成一次因式的 F 的最小扩域.而且,$f(x)$ 的一次因式都在 $E[x]$ 中,由 §4.5 知,$f(x)$ 的根都在 E 中,从而可以认为 E 是包含 $f(x)$ 的全部根的最小扩域,即

$$E = F(\alpha_1,\alpha_2,\cdots,\alpha_n),$$

其中 $\alpha_1,\alpha_2,\cdots,\alpha_n$ 是 $f(x)$ 的全部根.于是,可知域 F 上的任意多项式的分裂域总是 F 的有限扩域,因而是代数扩域.

例 1   分别求出 $f(x)=x^2-2$ 在有理数域 $\mathbf{Q}$ 上与实数域 $\mathbf{R}$ 上的分裂域.

因为 x^2-2 的根为 $\pm\sqrt{2}$,因此,$f(x)$ 在 $\mathbf{Q}$ 上的分裂域为

$$\mathbf{Q}(\sqrt{2},-\sqrt{2}),$$

由于 $-\sqrt{2}\in\mathbf{Q}(\sqrt{2})$,所以,$f(x)$ 在 $\mathbf{Q}$ 上的分裂域为

$$\mathbf{Q}(\sqrt{2},-\sqrt{2}) = \mathbf{Q}(\sqrt{2}).$$

而 $f(x)$ 在实数域 $\mathbf{R}$ 上的分裂域为 $\mathbf{R}$.因为 $\pm\sqrt{2}\in\mathbf{R}$,所以,

$$\mathbf{R}(\sqrt{2},-\sqrt{2}) = \mathbf{R}.$$

由此可见,同一个多项式在不同域上的分裂域可能不同构.

例 2 试求 $f(x)=x^4-x^2-2$ 在有理数域 **Q** 上的分裂域.

首先我们将 $f(x)$ 分解成在 **Q** 上不可约多项式之积,虽然对一般的 $f(x)$ 进行分解有时会相当困难,但在理论上总是成立的.

$$f(x)=(x^2+1)(x^2-2).$$

因为 x^2-2 在 **Q** 上不可约,由 §5.2,定理 4 知,存在 **Q** 上的单代数扩域

$$E=\mathbf{Q}(\alpha)=\{a+b\alpha \mid a,b\in\mathbf{Q}\}\cong\mathbf{Q}[x]/(x^2-2),$$

E 包含 x^2-2 的一个根 α,当然也包含 x^2-2 的另一个根 $-\alpha$.

因为 $x^2+1\in\mathbf{Q}[x]\subseteq E[x]$,下面证明 x^2+1 在 $E[x]=\mathbf{Q}(\alpha)[x]$ 中不可约.

假如 x^2+1 在 E 上可约,则有

$$x^2+1=(x-\beta)(x-\gamma),\ \beta,\gamma\in E=\mathbf{Q}(\alpha),$$

设 $\beta=a+b\alpha$,其中 $a,b\in\mathbf{Q}$,且有 $\beta^2+1=0$. 所以

$$\beta^2=(a+b\alpha)^2=a^2+2ab\alpha+b^2\alpha^2=-1.$$

由 $\alpha^2=2$ 知,

$$\beta^2=a^2+2ab\alpha+2b^2=-1.$$

因为 $1,\alpha$ 是 E 在 **Q** 上的一组基,所以,E 中的元素表示法唯一,故得方程组

$$\begin{cases} 2ab=0, \\ a^2+2b^2=-1, \end{cases}$$

容易知道此方程组没有有理数的解,这与 $a,b\in\mathbf{Q}$ 矛盾. 所以,x^2+1 在 E 上不可约. 再利用 §5.2 定理 4,作 E 的单代数扩域

$$E(\beta)=K\cong E[x]/(x^2+1),$$

K 包含 x^2+1 的一个根 β,而 x^2+1 的另一个根为 $\gamma=-\beta$,当然也

包含 x^2+1 的另一个根 γ. 所以, K 包含 $f(x)$ 的全部根 $\pm\alpha$, $\pm\beta$, 即

$$K = E(\beta) = [\mathbf{Q}(\alpha)](\beta) = \mathbf{Q}(\alpha,\beta) = \mathbf{Q}(\alpha,-\alpha,\beta,-\beta).$$

所以 K 是 $f(x)$ 在 $\mathbf{Q}$ 上的分裂域.

此例的求解是在不知道 $\mathbf{Q}$ 以外元素的前提下进行的, 假如在一个足够大的已知域 $\mathbf{C}$ 中讨论, 那么, 问题就要简单得多. 事实上,

$$K = \mathbf{Q}(\sqrt{2},-\sqrt{2},\mathrm{i},-\mathrm{i}) = \mathbf{Q}(\sqrt{2},\mathrm{i}).$$

但是, 例 2 所讨论的方法却给出了分裂域存在性证明的基本思想方法. 下面我们就来讨论分裂域的存在性.

二、分裂域的存在性

定理 1 设 $f(x)$ 为域 F 上的 $n(n \geqslant 1)$ 次多项式, 则 $f(x)$ 在 F 上的分裂域存在.

证明 设

$$f(x) = f_1(x) \, g_1(x),$$

其中 $f_1(x)$ 是 $F[x]$ 上首项系数为 1 的不可约多项式, 那么, 由 §5.2 定理 4, 存在一个域 $E_1 = F(\alpha_1)$, 而 α_1 在域 F 上的极小多项式是 $f_1(x)$. 在 E_1 里有 $f_1(\alpha_1)=0$, 即 α_1 是 $f(x)$ 的一个根, 所以

$$(x-\alpha_1) \mid f(x),$$

因此, 在 $E_1[x]$ 中有

$$f(x) = (x-\alpha_1) \, h_1(x) = (x-\alpha_1) \, f_2(x) \, g_2(x),$$

其中 $f_2(x)$ 是 $E_1[x]$ 上首项系数为 1 的不可约多项式, 那么, 同样存在一个域

$$E_2 = E_1(\alpha_2) = [F(\alpha_1)](\alpha_2) = F(\alpha_1,\alpha_2),$$

而 α_2 在 E_1 上的极小多项式是 $f_2(x)$. 在 $E_2[x]$ 中有

$$f(x) = (x-\alpha_1)(x-\alpha_2) h_2(x) = (x-\alpha_1)(x-\alpha_2) f_3(x) g_3(x),$$

其中 $f_3(x)$ 是 $E_2[x]$ 上首项系数为 1 的不可约多项式. 这样我们又可利用 $f_3(x)$ 来得到域 $E_3 = F(\alpha_1, \alpha_2, \alpha_3)$. 依次类推, 由于 $f(x)$ 的次数有限, 最后总可以得到域

$$E = E_n = F(\alpha_1, \alpha_2, \cdots, \alpha_n),$$

使得 $f(x)$ 在 $E[x]$ 中有

$$f(x) = a_n(x-\alpha_1)(x-\alpha_2)\cdots(x-\alpha_n).$$

例 3 在域 $\mathbf{Z}_2$ 上, 考虑多项式

$$f(x) = x^4 + x^3 + x^2 + 1,$$

求 $f(x)$ 在 $\mathbf{Z}_2$ 上的分裂域 E 的元素个数和元素形式, 并给出 $f(x)$ 在 $\mathbf{Z}_2$ 的分裂域 E 上的一次分解式.

在此例中, 为方便起见, 我们记 $\mathbf{Z}_2 = \{0, 1\}$.

由于在 $\mathbf{Z}_2$ 中, 有 $f(1) = 0$, 故 1 是 $f(x)$ 的一个根, 即

$$(x-1) \mid f(x),$$

注意到 $\mathbf{Z}_2$ 的特征为 2, 得

$$f(x) = x^4 + x^3 + x^2 + 1 = x^4 - x^3 + x^2 - x + x - 1$$
$$= x^3(x-1) + x(x-1) + (x-1) = (x-1)(x^3 + x + 1).$$

$E_1 = \mathbf{Z}_2(1) = \mathbf{Z}_2$. 设 $g(x) = x^3 + x + 1$, 而在 $\mathbf{Z}_2$ 中, 因为

$$g(0) = 1, \qquad g(1) = 1,$$

因而 $g(x)$ 在 $\mathbf{Z}_2$ 中没有一次因式, 即 $g(x)$ 在 $\mathbf{Z}_2$ 上不可约. 由 §5.2, 定理 4, 存在 $\mathbf{Z}_2$ 的单代数扩域

$$\mathbf{Z}_2(\alpha) \cong \mathbf{Z}_2[x]/(g(x)),$$

其中 α 是 $g(x)$ 的一个根, 故在 $\mathbf{Z}_2(\alpha)$ 上, $g(x)$ 又可分解为

$$g(x) = (x-\alpha)(x^2 + \beta x + \gamma), \quad \alpha, \beta, \gamma \in \mathbf{Z}_2(\alpha).$$

因为

$$g(x) = x^3 + x + 1 = (x - \alpha)(x^2 + \beta x + \gamma)$$
$$= x^3 + (\beta - \alpha)x^2 + (\gamma - \alpha\beta)x - \alpha\gamma,$$

对比系数,得 $\beta = \alpha, \gamma = \alpha^2 + 1$. 记,

$$h(x) = x^2 + \beta x + \gamma = x^2 + \alpha x + \alpha^2 + 1,$$

因为 $\mathbf{Z}_2$ 的特征为 2,则 $\mathbf{Z}_2(\alpha)$ 的特征也为 2,并且 α 满足

$$\alpha^3 + \alpha + 1 = 0, \text{或} \ \alpha = \alpha^3 + 1, \text{或} \ \alpha + 1 = \alpha^3,$$

所以,

$$h(x) = x^2 + \alpha x + \alpha^2 + 1$$
$$= (x^2 - \alpha^2 x) + (\alpha^2 + \alpha)x + \alpha\alpha + 1$$
$$= (x^2 - \alpha^2 x) + (\alpha^2 + \alpha)x + \alpha(\alpha^3 + 1) + 1$$
$$= (x^2 - \alpha^2 x) + (\alpha^2 + \alpha)x + \alpha^4 + \alpha + 1$$
$$= (x^2 - \alpha^2 x) + (\alpha^2 + \alpha)x + \alpha^4 + \alpha^3$$
$$= (x^2 - x\alpha^2) + (\alpha^2 + \alpha)x + \alpha^2(\alpha^2 + \alpha)$$
$$= (x - \alpha^2)x + (x - \alpha^2)(\alpha^2 + \alpha)$$
$$= (x - \alpha^2)[x - (\alpha^2 + \alpha)],$$

得 $h(x)$ 的两个根 $\alpha^2, \alpha^2 + \alpha \in \mathbf{Z}_2(\alpha)$. 因而有 $f(x)$ 在上的分裂域为

$$E = \mathbf{Z}_2(1, \alpha, \alpha^2, \alpha^2 + \alpha) = \mathbf{Z}_2(\alpha).$$

因为 α 是 3 次多项式 $g(x)$ 的根,根据单扩域的结构知,$\mathbf{Z}_2(\alpha)$ 为 $\mathbf{Z}_2$ 的三次扩域,其元素为

$$a + b\alpha + c\alpha^2, \ a, b, c \in \mathbf{Z}_2,$$

即

$$\mathbf{Z}_2(\alpha) = \{0, 1, 1 + \alpha, 1 + \alpha^2, \alpha^2, \alpha + \alpha^2, \alpha, 1 + \alpha + \alpha^2\},$$

所以,$\mathbf{Z}_2(\alpha)$ 为 8 个元素的域,$f(x)$ 在 $\mathbf{Z}_2(\alpha)[x]$ 中可以分解成一次因式之积,其分解为:

$$f(x) = (x-1)(x-\alpha)(x-\alpha^2)(x-\alpha-\alpha^2)$$
$$= (x+1)(x+\alpha)(x+\alpha^2)(x+\alpha+\alpha^2).$$

例 4　求 $f(x)=x^{p-1}+x^{p-2}+\cdots+x+1$ 在有理数域 **Q** 上的分裂域,其中 p 为素数.

用适当的变量代换和 **Eisenstein** 判别法可知 $f(x)$ 在 **Q** 上是一个不可约多项式.作有理数域 **Q** 的扩域

$$E = \mathbf{Q}(\alpha) \cong \mathbf{Q}[x]/(f(x)),$$

其中 α 是 $f(x)$ 的一个根,因为

$$\alpha^p - 1 = (\alpha-1)(\alpha^{p-1}+\alpha^{p-2}+\cdots+\alpha+1) = 0,$$

所以,$\alpha^p=1$,且 $\alpha\neq1$,由于 p 为素数,故 $\alpha,\alpha^2,\cdots,\alpha^{p-1}$ 两两互异,且都是 $f(x)$ 的根,所以,$f(x)$ 不再有其他的根,得

$$f(x) = (x-\alpha)(x-\alpha^2)\cdots(x-\alpha^{p-1}),$$

而

$$E = \mathbf{Q}(\alpha,\alpha^2,\cdots,\alpha^{p-1}) = \mathbf{Q}(\alpha)$$

为 $f(x)$ 在 **Q** 上的分裂域.即 $\mathbf{Q}(\alpha)$ 作为 **Q** 上的向量空间,其元素形式为

$$\{a_0 + a_1\alpha + \cdots + a_{p-1}\alpha^{p-1} \mid a_0,a_1,\cdots,a_{p-1} \in \mathbf{Q}\}.$$

其基为 $1,\alpha,\alpha^2,\cdots,\alpha^{p-1}$.

三、分裂域的唯一性

由上面的讨论我们可知,分裂域是逐次作单扩代数域而来的,而一个关于首项系数为 1 的不可约多项式的单代数扩域不是唯一的,但在同构的意义下才是唯一的,那么我们自然可知,域 F 上一个多项式的分裂域当然可能不同,但是在同构意义下是否唯一?为此我们先引进映射扩张的概念.

定义 2 设 φ 是域 F 到 $\overline{F}$ 的同构映射，ψ 是域 E 到 $\overline{E}$ 的同构映射，E 和 $\overline{E}$ 分别是 F 和 $\overline{F}$ 的扩域，如果 $\forall\, x\in F$，有

$$\psi(x)=\varphi(x),$$

此时，记为 $\psi\,|\,F=\varphi$，即同构映射 ψ 限制在 F 上就是同构映射 φ，那么，称同构映射 ψ 是同构映射 φ 的**扩张**.

设 $g(x)$ 为 F 上的一个多项式，即

$$g(x)=a_nx^n+a_{n-1}x^{n-1}+\cdots+a_1x+a_0\in F[x],a_i\in F,$$

由于 $F\stackrel{\varphi}{\cong}\overline{F}$，记

$$\overline{a_i}=\varphi(a_i),i=0,1,2,\cdots,n,$$

则记

$$\overline{g}(x)=\overline{a_n}x^n+\overline{a_{n-1}}x^{n-1}+\cdots+\overline{a_1}x+\overline{a_0}.$$

定理 2 设 F 和 $\overline{F}$ 是两个域，同构映射

$$\varphi:F\to\overline{F},\ a\mapsto\overline{a}.$$

若 $p(x)=\sum_{i=0}^n a_ix^i$ 是 $F[x]$ 中的不可约多项式，那么，

$\overline{p}(x)=\sum_{i=0}^n \overline{a_i}x^i$ 也是 $\overline{F}[x]$ 中的不可约多项式；

若 $F(\alpha)$ 是 F 的单代数扩域，其中 α 是 F 上的不可约多项式 $p(x)$ 的根，$\overline{F}(\overline{a})$ 是 $\overline{F}$ 的单代数扩域，而 $\overline{a}$ 也是 $\overline{F}$ 上的不可约多项式 $\overline{p}(x)$ 的根，则有同构

$$\psi:F(\alpha)\to\overline{F}(\overline{a}),\ \sum_{i=0}^{n-1}a_i\alpha^i\mapsto\sum_{i=0}^{n-1}\overline{a_i}\,\overline{a}^i,$$

ψ 是 φ 的扩张，而且 $\psi(\alpha)=\overline{a}$.

证明 设 $p(x)$ 为 $F[x]$ 中的不可约多项式，假如 $\overline{p}(x)$ 有真因子 $\overline{p_1}(x)$，则 $\overline{p_1}(x)$ 在 $F[x]$ 中有对应的多项式 $p_1(x)$ 也是 $p(x)$ 的

真因子,这与条件矛盾.因而 $\overline{p}(x)$ 也是 $\overline{F}[x]$ 中的不可约多项式.
由于多项式 $\overline{p}(x)$ 与 $p(x)$ 系数之间的对应关系,可得单扩域 $F(\alpha)$
和 $\overline{F}(\overline{\alpha})$ 的结构:

$$F(\alpha) = \{\sum_{i=0}^{n-1} a_i\alpha^i \mid a_i \in F\}, \overline{F}(\overline{\alpha}) = \{\sum_{i=0}^{n-1} \overline{a_i}\,\overline{\alpha}^i \mid \overline{a_i} \in \overline{F}\}.$$

作映射

$$\psi: F(\alpha) \to \overline{F}(\overline{\alpha}), \sum_{i=0}^{n-1} a_i\alpha^i \mapsto \sum_{i=0}^{n-1} \overline{a_i}\,\overline{\alpha}^i,$$

其中 $\qquad \varphi(a_i) = \overline{a_i}, i = 0,1,2,\cdots,n-1,$

由 $F(\alpha)$ 和 $\overline{F}(\overline{\alpha})$ 的结构与元素的表达式的唯一性,可知 ψ 为一一
映射.此外,ψ 显然保持加法.下证 ψ 保持乘法.设 $g(\alpha),h(\alpha)\in$
$F(\alpha)$,其中 $g(x),h(x)$ 都是 $F[x]$ 中次数不高于 $n-1$ 的多项式,
用 $p(x)$ 对 $g(x)h(x)$ 进行带余除法得

$$g(x)h(x) = p(x)q(x) + r(x),$$

则 $g(\alpha)h(\alpha)=r(\alpha)$,易知恰有

$$\overline{g}(x)\overline{h}(x) = \overline{p}(x)\overline{q}(x) + \overline{r}(x),$$

即 $\overline{g}(\overline{\alpha})\overline{h}(\overline{\alpha})=\overline{r}(\overline{\alpha})$,因而

$$\psi[g(\alpha)h(\alpha)] = \psi[r(\alpha)] = \overline{r}(\overline{\alpha})$$
$$= \overline{g}(\overline{\alpha})\overline{h}(\overline{\alpha}) = \psi[g(\alpha)]\,\psi[h(\alpha)].$$

因此,ψ 为 $F(\alpha)$ 到 $\overline{F}(\overline{\alpha})$ 的同构映射.另外,易见 $\forall a\in F$,有 $\psi(a)=$
$\overline{a}=\varphi(a)$,即 ψ 是 φ 的扩张,而且 $\psi(\alpha)=\overline{\alpha}$. ■

推论 域 F 上的多项式 $f(x)$ 的任意两个分裂域同构,且在
此同构下,F 中的元素保持不变.

习题 5.4

1. 设 θ 为 n 次单位原根,求证 $\mathbf{Q}(\theta)$ 为多项式 x^n-1 在上的分

裂域.

2. 设 $f(x)=(x^2+1)(x^2-1)$，试求 $f(x)$ 在 **Q** 上的分裂域 E，并求 $(E : F)$.

3. 设 $f(x)$ 是 F 上的一个 n 次多项式，E 是 $f(x)$ 在 F 上的分裂域，证明：$(E : F) \leqslant n!$.

4. 设 $f(x)$ 为域 F 上的一个二次多项式，如果 $f(x)$ 在 F 上不可约，求证：$f(x)$ 的分裂域是 F 的单代数扩域.

5. 设 $f(x)$ 与 $g(x)$ 为 F 上的同次多项式，如果它们在 F 上有相互同构的分裂域，那么是否有 $f(x)=g(x)$？

6. 设 x^3-a 是 **Q**$[x]$ 中的一个不可约多项式，α 是 x^3-a 的一个根，证明：**Q**(α) 不是 x^3-a 在 **Q** 上的分裂域.

7. 设域 F 的特征为 p，$E=F(\alpha)$，α 为 F 上的多项式 x^p-a 的根，证明：$F(\alpha)$ 是多项式 x^p-a 的分裂域.

§5.5 有 限 域

含有有限个元素的域称为**有限域**. 有限域的特征显然不可能是 0，因此只能是一个素数 p. 有限域有许多特殊的性质，我们将逐一地进行讨论.

一、有限域的元素个数

定理 1   设有限域 F 的特征为素数 p，则 F 中含有元素个数 $|F|=p^n$，n 为一个正整数.

证明   由 §5.1，定理 1，F 含有素域 $F_0 \cong \mathbf{Z}_p$，因为，$|F_0|=p$，F 是 F_0 的有限扩域. 设 $(F : F_0)=n$，则

$$F = \{a_1\alpha_1 + a_2\alpha_2 + \cdots + a_n\alpha_n \mid a_1, a_2, \cdots, a_n \in F\},$$

其中 $\alpha_1, \alpha_2, \cdots, \alpha_n$ 为 F 在 F_0 上的向量空间的一组基. 因为 α_1，

$\alpha_2,\cdots,\alpha_n$ 线性无关,且可以表出 F 中的每一个元素,每一个 a_i 可取遍 F_0 中的 p 个元素,故 $|F|=p^n$. ■

反过来,对于任一个素数的方幂 p^n,是否一定有一个有限域 F,使得 $|F|=p^n$ 呢? 对于这个问题,我们有

定理 2　对于任意素数 p 和任意正整数 n,则存在的限域 F,使得 $|F|=p^n$,且在同构的意义下这样的域是唯一的.

证明　设 P 为含有 p 个元素的域,则 P 是一个特征为 p 的素域,令

$$f(x)=x^{p^n}-x,$$

则

$$f'(x)=p^n x^{p^n-1}-1=-1\neq 0,$$

得 $f(x)$ 与 $f'(x)$ 互素,因而 $f(x)$ 在其分裂域 F 中无重根(见 §4.5定理 3),设 $f(x)$ 在 F 中所有根的集合为 E,则 $E\subseteq F$.

另一方面,$\forall \alpha,\beta\in E$,即有

$$\alpha^{p^n}=\alpha,\ \beta^{p^n}=\beta,$$

所以,

$$(\alpha-\beta)^{p^n}=\alpha^{p^n}-\beta^{p^n}=\alpha-\beta,$$

$$\left(\frac{\alpha}{\beta}\right)^{p^n}=\frac{\alpha^{p^n}}{\beta^{p^n}}=\frac{\alpha}{\beta},(\beta\neq 0)$$

即 $\alpha-\beta,\dfrac{\alpha}{\beta}\in E$,因而 E 是 F 的子域.

又 $P\subseteq E$. 事实上,$0\in E$,若 $\alpha\neq 0$,$\alpha\in P$,即 $\alpha\in P^*$,而 $(P^*,\cdot)$ 为 $p-1$ 阶群,故 $\alpha^{p-1}=1$,即 α 是多项式 $x^{p-1}-1$ 的根. 由于 $p-1\mid p^n-1$,即 $x^{p-1}-1\mid x^{p^n-1}-1$,故 $\alpha^{p^n-1}=1$,从而得到 $\alpha^{p^n}=\alpha$,即 $\alpha\in E$. 因而我们证得 E 是包含 P 及 P 中多项式 $f(x)$ 的全部根的域,而 F 为 $f(x)$ 在 P 上的分裂域,由分裂域的最小性,有 $F\subseteq E$.

所以,$E=F$,得 $|E|=|F|=p^n$.

最后证明唯一性. 设 F_1 与 F_2 都是元素个数为 p^n 的域,F_1,

F_2 的素域分别为 P_1 和 P_2,它们均同构于 $\mathbf{Z}_p$,因而 $P_1 \cong P_2$. F_1 和 F_2 分别是 P_1 和 P_2 上的多项式 $x^{p^n} - x$ 的分裂域,由 §5.4 最后的推论知,$F_1 \cong F_2$. ■

由此可见,有限域要比有限群、有限环等有更强的规律性,对于群、环的元素个数没有任何限制,也就是说,对于任意正整数 n,总有 n 个元素的群和环存在,且同阶群的群或环未必同构. 但对于有限域来说,结果就不同了,有限域的元素个数只有素数的方幂 p^n 的形式,且在同构的意义下是唯一的. 例如,多项式 $f(x) = x^{5^4} - x = x^{625} - x$ 在 $\mathbf{Z}_5$ 上的分裂域为含有 625 个元素的域;但 $2000 = 2^4 \cdot 5^3$ 不是 p^n 的形式的数,故不存在 2000 个元素的域.

推论 一个有限域的同次扩域同构.

证明 设 F 为有限域,则 $|F| = p^n$. 如果 E, L 都是 F 的 m 次扩域,则

$$|E| = |L| = (p^n)^m = p^{nm},$$

由定理 2 的唯一性得 $E \cong L$. ■

值得注意的是,这一推论对于无限域是不成立的. 如 $\mathbf{Q}(\sqrt{2})$ 不同构于 $\mathbf{Q}(\sqrt{3})$. 事实上,如有同构映射

$$\varphi: \mathbf{Q}(\sqrt{2}) \to \mathbf{Q}(\sqrt{3}),$$

设
$$\varphi(\sqrt{2}) = a + b\sqrt{3}, \quad a, b \in \mathbf{Q},$$

那么,由 $\varphi(1) = 1, \varphi(2) = 2$,得

$$2 = \varphi(2) = (\varphi(\sqrt{2}))^2 = (a + b\sqrt{3})^2 = a^2 + 3b^2 + 2ab\sqrt{3},$$

于是 a, b 满足

$$\begin{cases} a^2 + 3b^2 = 2, \\ 2ab = 0, \end{cases}$$

这与 a, b 为有理数矛盾.

二、有限域的乘群

设 F 为有限域,则称群 $(F^*,\cdot)$ 为**域 F 的乘群**.

我们将证明有限域的乘群是循环群.

引理 设 G 为交换群, $a,b\in G$, $|a|=m$, $|b|=n$, $u=[m,n]$ 为 m,n 的最小公倍数,则存在 $c\in G$,使得 c 的阶为 u.

证明 当 a,b 中有一个是单位元时,结论显然成立.以下设 a,b 都不是单位元,则有 $|a|=m>1$, $|b|=n>1$.

如果 m,n 互素,则取 $c=ab$,由 §2.2 习题 12 知 ab 的阶为 $mn=[m,n]$,结论也成立.

现设 m,n 不互素,我们将 m,n 分别分解成若干个素数之积:
$$m = p_1^{t_1} p_2^{t_2}\cdots p_r^{t_r}, \qquad n = p_1^{k_1} p_2^{k_2}\cdots p_r^{k_r},$$
其中 p_i 为互不相同的素数, $t_i\geq 0$, $k_i\geq 0$, $i=1,2,\cdots,r$.取
$$l_i = \max\{t_i,k_i\}, \quad i=1,2,\cdots,r,$$
于是 m,n 的最小公倍数
$$u = p_1^{l_1} p_2^{l_2}\cdots p_r^{l_r},$$
由于 $p_1^{l_1}\mid m$, $p_1^{k_1}\mid n$,在 G 的循环子群 (a) 中必有 $p_1^{t_1}$ 阶元 a_1(取 $a_1=a^{p_2^{t_2}p_3^{t_3}\cdots p_r^{t_r}}$ 即可),在 G 的循环子群 (b) 中必有 $p_1^{k_1}$ 阶元 b_1(取 $b_1=b^{p_2^{k_2}p_3^{k_3}\cdots p_r^{k_r}}$ 即可).而 l_1 或为 t_1 或为 k_1,故 G 中有 $p_1^{l_1}$ 阶元.同样, G 中有 $p_2^{l_2}$ 阶元.由于 $p_1^{l_1}$ 与 $p_2^{l_2}$ 互素,由前面讨论可知 G 中有 $p_1^{l_1}p_2^{l_2}$ 阶元.由归纳法不难证明 G 中有 $u=p_1^{l_1}p_2^{l_2}\cdots p_r^{l_r}$ 阶元. ∎

定理 3 域 F(不一定只限于有限域)的乘群 $(F^*,\cdot)$ 的有限子群是循环群.

证明 设 S 是 $(F^*,\cdot)$ 的有限子群, $|S|=n$, S 中的元素最大阶设为 r,假定元素 $a\in S$ 的阶就是 r. $\forall b\in S$,如果 b 的阶 k 若不能整除 r,则由引理可知, S 中必有阶为 k 与 r 的最小公倍数 $l=$

$[k,r] > r$ 的元素存在,这与 r 的选取方法矛盾,因而有 $b^r = 1$,也就是说,S 中的任意元素 b 都是多项式 $f(x) = x^r - 1$ 的根. 因为多项式 $f(x) = x^r - 1$ 的根不能多于 r 个,所以,$n \leqslant r$.

反之,由 **Lagrange** 定理可得,$r \mid n$,即 $r \leqslant n$. 因而有 $r = n$. 也就是说,S 中的元素 a 的阶与子群 S 的阶相同,即

$$S = \{a, a^2, a^3, \cdots, a^{m-1}, a^n = 1\}$$

为元素 a 生成的循环群.

推论 有限域 F 的乘群 $(F^*, \cdot)$ 为循环群,其任意子群也是循环群.

定义 1 如果有限域 F 中的非零元 a 是 F 的乘群 $(F^*, \cdot)$ 的生成元,则称 a 为有限域 F 的**本原元**.

例 1 设 P 是特征为 p 的素域,则对每一个正整数 n,存在 P 上的 n 次不可约多项式 $f(x)$.

在 P 上作多项式 $g(x) = x^{p^n} - x$ 的分裂域 F,则 $|F| = p^n$. 取 F 的任一本原元 α,则 $F = P(\alpha)$. 设 α 在 P 上的次数为 m,即 α 是 $P[x]$ 中的 m 次不可约多项式 $f(x)$ 的一个根,根据单扩域的结构知

$$F = P(\alpha) = \{a_0 + a_1\alpha + \cdots + a_{m-1}\alpha^{m-1} \mid a_i \in P\},$$

由 $|P| = p$,得 $|F| = p^m$,从而有 $m = n$. 所以,α 在 P 上的极小多项式 $f(x)$ 是一个 n 次的多项式,则 $f(x)$ 即为所求.

三、子域的元素个数

如果有限域 F 的阶为 p^n,则 F 的特征为素数 p,那么,F 的子域 S 阶显然是 $p^m (n \geqslant m)$,其特征也是 p. 对于有限域的元素个数,我们还有

定理 4 设 E 为含有 p^n 个元素的域,E 的任意子域 F 所含的元素个数为 p^m,那么 $m \mid n$. 反之,对于 n 的任何因数 m,在 E 中

存在唯一的子域 F,使得 $|F|=p^m$.

证明 设 F 为 E 的子域,由于 E 的特征为素数 p,所以 F 的特征也为 p,所以,$|F|=p^m(m\leqslant n)$. 设 P 为 E 的素域,当然 P 也是 F 的素域,则有 $(E:P)=n,(E:F)=m$,由于

$$n=(E:P)=(E:F)(F:P)=(E:F)\cdot m,$$

故 $m\mid n$.

反之,设 $m\mid n$,则

$$p^n-1=(p^m-1)(p^{n-m}+p^{n-2m}+\cdots+p^m+1),$$

即 p^m-1 整除 p^n-1,因而 $x^{p^m-1}-1\mid x^{p^n-1}-1$,即

$$(x^{p^m}-x)\mid(x^{p^n}-x),$$

由定理 2 的证明过程知,$x^{p^n}-x$ 在 E 上可以分解为一次因式之积,于是 E 中包含 $x^{p^n}-x$ 的全部根. 自然 E 中包含 $x^{p^m}-x$ 的全部 p^m 个根. 这 p^m 个根恰好构成 E 的一个子域 F(参见定理 2 的证明). 则 F 为多项式 $x^{p^m}-x$ 在素域 P 上的分裂. 设 L 也是 E 的 p^m 元子域,则 L 也是 $x^{p^m}-x$ 在 P 上的分裂域,由于在 E 中同一多项式的分裂域是唯一的,故

$$L=F.$$ ■

例 2 在 125 元域 F 中,由于 $125=5^3$,3 的正因数只有 3 和 1,故域 F 只有两个子域,即它们分别是其本身和 F 所包含的素域.

习题 5.5

1. 证明:含有 5^7 个元素的域 F 中,除 F 的素域外,没有其他的真子域.

2. 求作 $\mathbf{Z}_5$ 上的一个多项式,其分裂域为 125 元域.

3. 如果交换环 R 的素理想 P 只有有限个陪集(陪集个数大于 1),证明:R/P 是有限域.

4. 设 P 为含有 11 元素的域,求证:x^2+1 和 x^2+x+4 在 P 上都是不可约多项式,且

$$P[x]/(x^2+1) \cong P[x]/(x^2+x+4).$$

5. 设 P 为特征是奇素数的素域,那么 P 中所有元素之和为 0.

6. 设 P 是特征为 2 的素域,求 $P[x]$ 中的一切三次不可约多项式.

7. 任何有限域都是其素域上的单代数扩域.

§5.6 可分扩域

在前面的讨论中我们看到,单代数扩域的结构非常明了,是所讨论的扩域中最为简单的一类,但是一般的代数扩域,甚至是有限扩域也不一定是单代数扩域.在这一节中,我们将提供一个方便的方法,可将一类有限扩域表示为单代数扩域.

定义 1 设 F 是一个域,E 是 F 的一个代数扩域,$\alpha \in E$,如果 α 在 F 上的极小多项式没有重根,那么称 α 为 F 上的**可分元**.如果 E 中的所有元素均是 F 上的可分元,则称 E 为 F 的**可分扩域**;否则,称 E 为 F 的**不可分扩域**.

如果非常数多项式 $f(x) \in F[x]$ 的每一个不可约多项式因式在其分裂域中无重根,则称 $f(x)$ 为 F 上的**可分多项式**,否则称为**不可分多项式**.

为了对可分扩域有一些初步了解,我们先看一看一个不可约多项式何时没有重根.

引理 1 设 F 为域,$p(x)$ 是 F 上的不可约多项式,且在分裂域 E 中有重根,则 $p'(x)=0$,其中 $p'(x)$ 是 $p(x)$ 的导数.

证明 由于 $p(x)$ 有重根,故 $p(x)$ 与 $p'(x)$ 不互素.$d(x)$ 是 $p(x)$ 和 $p'(x)$ 的最大公因式,则 $\partial[d(x)]>0$.由于 $p(x)$ 不可约,故 $d(x)$ 只能是 $p(x)$ 的平凡因式,故有

$$d(x)=c\,p(x),\quad 其中\ c\neq 0, c\in F,$$

又因 $d(x)\mid p'(x)$,故 $p(x)\mid p'(x)$.而 $p(x)$ 的次数大于 $p'(x)$ 的次数,因而只有 $p'(x)=0$. ■

由于判断域 F 的代数扩域 E 中一个元素 α 是否可分,只需要判断这个元素 α 在 F 上的极小多项式 $f(x)$ 是否有重根,所以,引理 1 在对元素的可分性的判别上是十分有用的.

引理 2 如果域 F 的特征为 0,则 F 上的不可约多项式在其分裂域中无重根;如果域 F 的特征为素数 p,则 F 上的不可约多项式 $p(x)$ 在其分裂域中有重根当且仅当 $p(x)$ 是 x^p 的多项式,即 $p(x)=q(x^p),q(x)\in F[x]$.

证明 由引理 1 知,$p(x)$ 有重根当且仅当 $p'(x)=0$,在域 F 的特征为 0 时,$p'(x)=0$ 意味着 $p(x)=c\in F$,而常数多项式不可能是不可约多项式,所以,$p(x)$ 不可能有重根.

设 F 的特征为素数 p,如果不可约多项式

$$p(x)=a_n x^n+a_{n-1}x^{n-1}+\cdots+a_1 x+a_0$$

有重根,由引理 1 得

$$0=p'(x)=na_n x^{n-1}+(n-1)a_{n-1}x^{n-2}+\cdots+a_1.$$

所以 $p'(x)$ 的每一个系数都应等于零,即

$$ia_i=0,\quad i=n,n-1,\cdots,1,$$

如果 $p\mid i$,则不论 a_i 是什么元素,都有 $ia_i=0$;但当 i 不是 p 的倍数时,则必须 $a_i=0$.于是

$$p(x)=b_m x^{pm}+b_{m-1}x^{pm-p}+\cdots+b_1 x^p+b_0,$$

取 $$q(x)=b_m x^m+b_{m-1}x^{m-1}+\cdots+b_1 x+b_0,$$

则 $p(x) = q(x^p)$.

反之,如果

$$p(x) = q(x^p) = b_m x^{pm} + b_{m-1} x^{pm-p} + \cdots + b_1 x^p + b_0,$$

则由

$$p'(x) = pmb_m x^{pm-1} + (pm - p)b_{m-1} x^{pm-p-1} + \cdots + pb_1 x^{p-1} = 0$$

得

$$(p(x), p'(x)) = (p(x), 0) = p(x),$$

即 $p(x)$ 与 $p'(x)$ 不互素,故 $p(x)$ 有重根. ∎

例 1 判断由四个元素作成的域 F 上的多项式

$$f(x) = x^3 + x + 1$$

是否在 F 上可约?并判断在其分裂域上是否有重根?

如果 $f(x)$ 在 F 上可约,由于 $\partial[f(x)] = 3$,故必有一次因式,因而 $f(x)$ 在 F 中有根.

另一方面,由于 F 是由四个元素作成的域,则 **Ch** $F = 2$. 即 F 为二元素域 P 上的二次扩域,由上节定理 2 知,F 为 P 上关于多项式 $x^4 - x$ 的分裂域. 设 α 为 F 的一个本原元,则可设 $F = \{0, 1, \alpha, \alpha^2\}$,由于

$$x^4 - x = x(x - 1)(x^2 + x + 1),$$

由于 α 不等于 1 和 0,得 $\alpha^2 + \alpha + 1 = 0$,且 $\alpha^2 + \alpha + 1$ 在 P 上不可约,所以,α 的极小多项式为 $x^2 + x + 1$. 将 $0, 1, \alpha, \alpha^2$ 分别代入 $f(x)$,有

$$f(0) = 1, \qquad f(1) = 1,$$

$$f(\alpha) = \alpha^3 + \alpha + 1 = \alpha^3 + \alpha^2 + \alpha^2 + \alpha + 1$$

$$= (\alpha^3 + \alpha^2 + \alpha) + (\alpha^2 + \alpha + 1) + \alpha$$

$$= \alpha(\alpha^2 + \alpha + 1) + (\alpha^2 + \alpha + 1) + \alpha = \alpha \neq 0,$$

$$f(\alpha^2) = \alpha^6 + \alpha^2 + 1$$

$$=\alpha^6 + \alpha^5 + \alpha^5 + \alpha^4 + \alpha^4 + \alpha^3 + \alpha^3 + \alpha^2 + \alpha + \alpha + 1$$
$$=\alpha^4(\alpha^2 + \alpha + 1) + \alpha^3(\alpha^2 + \alpha + 1) + \alpha(\alpha^2 + \alpha + 1) + \alpha + 1$$
$$=\alpha + 1 = \alpha^2 \neq 0.$$

即 $f(x)$ 在 F 中没有根,所以,$f(x)$ 在 F 上不可约. 由于 $f(x)$ 不是形如 $g(x^2)$ 的多项式,由引理 2 知,$f(x)$ 在其分裂域上无重根.

例 2 设 P 为特征为素数 p 的素域,F 为 P 上的一元多项式环 $P[x]$ 的分式域,即

$$F = \left\{ \frac{f_1(x)}{f_2(x)} \mid f_1(x), f_2(x) \in P[x], f_2(x) \neq 0 \right\},$$

求证:F 上关于未定元 y 的多项式 $f(y) = y^p - x$ 是 $F[y]$ 中的不可约多项式,但在其分裂域中有重根.

由于 P 是 F 的子域,因而 F 的特征也为素数 p.

首先证明 F 中的元素 x 不是 F 中任意元素的 p 次幂.

事实上,如果

$$x = \left(\frac{a_0 + a_1 x + \cdots a_n x^n}{b_0 + b_1 x + \cdots b_m x^m} \right)^p,$$

其中 $a_i, b_j \in P, b_0 + b_1 x + \cdots + b_m x^m \neq 0$,即有

$$x(b_0 + b_1 x + \cdots + b_m x^m)^p = (a_0 + a_1 x + \cdots + a_n x^n)^p,$$
$$x(b_0^p + b_1^p x^p + \cdots + b_m^p x^{pm}) = (a_0^p + a_1^p x^p + \cdots + a_n^p x^{pm}),$$
$$a_0^p - b_0^p x + a_1^p x^p - b_1^p x^{p+1} + \cdots + a_n^p x^{pm} - b_m^p x^{pm+1} = 0,$$

根据多项式相等,有上式中所有系数 a_i^p 和 b_j^p 全为零,由于 P 无零因子,所以

$$a_0 = a_1 = \cdots = a_n = b_0 = b_1 = \cdots = b_m = 0,$$

与 $b_0 + b_1 x + \cdots + b_m x^m \neq 0$ 矛盾.

其次证明 $f(y) = y^p - x$(y 是 F 上的一个未定元,x 是 F 中的一个元素)是 F 上的一个不可约多项式.

如果 $f(y)=y^p-x$ 可约,则

$$f(y) = g(y) h(y), \qquad g(y), h(y) \in F[y],$$

其中 $g(y)$ 是首项系数为 1 的 $k(1 \leqslant k \leqslant p-1)$ 次多项式. 设 E 为 $f(y)$ 在 F 上的分裂域,$\alpha \in E$ 是 $f(y)$ 的一个根,即 $\alpha^p = x$,因而,

$$y^p - x = y^p - \alpha^p = (y-\alpha)^p = g(y)h(y), \qquad (*)$$
$$g(y) = (y-\alpha)^k = y^k - \mathbf{C}_k^1 \alpha y^{k-1} + \mathbf{C}_k^2 \alpha^2 y^{k-2} + \cdots + (-1)^k \alpha^k.$$

由于 $g(y) \in F[y]$,故 $g(y)$ 的常数项系数 $(-1)^k \alpha^k \in F$,即 $\alpha^k \in F$. 而 $(k,p)=1$,所以存在整数 u,v,使得 $ku+pv=1$,故

$$\alpha = \alpha^{ku+pv} = (\alpha^k)^u (\alpha^p)^v,$$

由于 $\alpha^k \in F, \alpha^p = x \in F$,所以,

$$\alpha = \alpha^{ku+pv} = (\alpha^k)^u (\alpha^p)^v \in F,$$

由此可知,x 可以表示成 F 中的元素 α 的 p 次方幂 α^p,这与前面的讨论不符,得 $f(y)$ 是 $F[x]$ 中的不可约多项式.

而 $f(y)=y^p-x$ 为形如 y^p 的多项式,因而 $f(y)$ 在其分裂域中有重根. 其实,由 $(*)$ 式就可以看出 $f(y)$ 在其分裂域中的重根形式.

由引理 2,我们可以直接得到

定理 1 设 F 为特征是 p 的域,那么,F 的任何代数扩域 E 都是 F 的可分扩域的充分必要条件为

$$F = F^p = \{a^p \mid a \in F\}.$$

证明 先证必要性. 反设 $F \neq F^p$,由于 $F^p \subseteq F$,故必有 $a \in F$,$a \notin F^p$,则 $x^p - a$ 一定是 F 上的一个不可约多项式.

事实上,如果 $x^p - a$ 在 F 上可约,设

$$x^p - a = g(x)h(x),$$

其中 $g(x)$ 是首项系数为 1 的非平凡因式,与例 2 的证法相仿,可

以推出 a 是 F 中某一元素 b 的 p 次幂,即 $a=b^p \in F^p$,矛盾. 从而证得 x^p-a 是 F 上的不可约多项式. 取 E 是 x^p-a 在 F 的分裂域,$\alpha \in E$ 是 x^p-a 的一个根,则

$$(x^p-a) = (x^p-\alpha^p) = (x-\alpha)^p,$$

即 x^p-a 在 E 中有重根 α,且 x^p-a 是 F 上的不可分多项式,即 E 是 F 的不可分扩域,与条件矛盾.

再证充分性. 若存在 F 的代数扩域 E 不是 F 上的可分扩域,那么,E 中存在不可分元 α,即 α 的极小多项式 $f(x)$ 有重根. 由引理 2 知,α 的极小多项式 $f(x)$ 一定可写成:

$$f(x) = a_0 + a_1 x^p + \cdots + a_n x^{pm},$$

其中 $\qquad a_i \in F = F^p,\ i = 0,1,2,\cdots,n,$

则存在 $b_i \in F$,使得

$$a_i = b_i^p,\ i = 0,1,2,\cdots,n,$$

所以, $\qquad f(x) = a_0 + a_1 x^p + \cdots + a_n x^{pm}$
$$= b_0^p + b_1^p x^p + \cdots + b_n^p x^{pm}$$
$$= (b_0 + b_1 x + \cdots + b_n x^n)^p,$$

与 $f(x)$ 不可约矛盾.

定理 2 有限域的任何代数扩域都是可分扩域.

证明 设 F 为 p^n 元的有限域,则 F 的特征为素数 p,作映射

$$\varphi: F \to F^p,\ a \mapsto a^p,$$

φ 显然是满射. 如果 $a \neq b$,则 $a^p - b^p = (a-b)^p \neq 0$,因而 φ 为单射. 所以,φ 是一一映射. 由 $F^p \subseteq F$ 与 F 的有限性知:$F = F^p$. 由定理 1 知,F 的任何代数扩域都是可分扩域.

由 §5.5,我们知道,有限域 F 的有限扩域 E 仍是有限域,而有限域 E 总是其素域 P 上的单代数扩域,所以,E 也是 F 上的单代数扩域. 而对于无限域的有限扩域,我们有

定理 3 设 F 为无限域，$\alpha_1,\alpha_2,\cdots,\alpha_n$ 是域 F 上的代数元，$E=F(\alpha_1,\alpha_2,\cdots,\alpha_n)$ 是 F 的可分扩域，则 E 是 F 的单代数扩域，即有 $\beta \in E$，使得 $E=F(\beta)$.

证明 当 $n=1$ 时，结论显然成立.

当 $n=2$ 时，设 α_1 在 F 上的极小多项式为 $f_1(x)$，α_2 在 F 上的极小多项式为 $f_2(x)$，而多项式 $f_1(x)f_2(x)$ 在 F 上的分裂域为 K.

设 $\alpha_1=\beta_1,\beta_2,\cdots,\beta_r$ 是 $f_1(x)$ 的全部根，由于 $f_1(x)$ 无重根，即 $\beta_1,\beta_2,\cdots,\beta_r$ 互不相同；

同样可设 $\alpha_2=\gamma_1,\gamma_2,\cdots,\gamma_s$ 是 $f_2(x)$ 的全部根，由于 $f_2(x)$ 无重根，即 $\gamma_1,\gamma_2,\cdots,\gamma_s$ 互不相同.

选取 $c \in F$，使得对所有的 $i \geqslant 1, j \geqslant 2$ 有

$$\alpha_1 + c\alpha_2 \neq \beta_i + c\gamma_j,$$

即 $c \neq \dfrac{\beta_i - \alpha_1}{\alpha_2 - \gamma_j}$，由于 $f_2(x)$ 无重根，故 $\alpha_2-\gamma_j \neq 0$，由于 F 是无限域，这的 c 一定能够取到.

令 $\beta=\alpha_1+c\alpha_2$，显然 $\beta \in F(\alpha_1,\alpha_2)$，故 $F(\beta) \subseteq F(\alpha_1,\alpha_2)$. 下面证明 $F(\alpha_1,\alpha_2) \subseteq F(\beta)$.

由于

$$f_2(\alpha_2)=0, \quad f_1(\beta-c\alpha_2)=f_1(\alpha_1)=0,$$

而

$$\beta-c\gamma_j=\alpha_1+c\alpha_2-c\gamma_j \neq \beta_i,$$

$$(j=2,3,\cdots,s; i=2,3,\cdots,r),$$

即 $\gamma_2,\gamma_3,\cdots,\gamma_s$ 均不是 $f_1(\beta-cx)$ 的根，因此，域 $F(\beta)$ 上的多项式 $f_2(x)$ 与 $f_1(\beta-cx)$ 有且仅有一个公共的一次因式 $(x-\alpha_2)$，故

$$(f_2(x),f_1(\beta-cx))=x-\alpha_2 \in F(\beta)[x],$$

而 $f_2(x)$ 与 $f_1(\beta - cx)$ 的系数都在 $F(\beta)$ 中，其首项系数为 1 的最大公因式 $x - \alpha_2$ 的系数 $\alpha_2 \in F(\beta)$，而 $\alpha_1 = \beta - c\alpha_2 \in F(\beta)$，因而，$F(\alpha_1, \alpha_2) \subseteq F(\beta)$.

所以，$F(\alpha_1, \alpha_2) = F(\beta)$.

对于 $n > 2$ 的情形，我们可以反复利用前面结果而得到. 例如，当 $n = 3$ 时，

$$F(\alpha_1, \alpha_2, \alpha_3) = [F(\alpha_1, \alpha_2)](\alpha_3)$$
$$= F(\beta)(\alpha_3) = F(\beta, \alpha_3) = F(\gamma).$$

结合前面和论述，我们有

定理 4 任意域的有限可分扩域是单代数扩域.

推论 特征为 0 的域的有限扩域是单代数扩域.

例 3 试求 α，使得 $\mathbf{Q}(\alpha) = \mathbf{Q}(r, s)$，其中 r 是 $x^2 + x + 1$ 的根，s 是 $x^2 + 4$ 的根.

因为 $x^2 + x + 1$ 的根为

$$r = \beta_1 = \frac{-1 + \sqrt{3}i}{2}, \quad \beta_2 = \frac{-1 - \sqrt{3}i}{2};$$

$x^2 + 4$ 的根为

$$s = \gamma_1 = 2i, \quad \gamma_2 = -2i.$$

由定理 3 的证明，我们取

$$c \neq \frac{\beta_2 - r}{s - \gamma_2} = \frac{\dfrac{-1 - \sqrt{3}i}{2} - \dfrac{-1 + \sqrt{3}i}{2}}{2i - (-2i)} = -\frac{\sqrt{3}}{4},$$

如取 $c = 1$，则

$$\beta = r + s = \frac{-1 + \sqrt{3}i}{2} + 2i,$$

即为所求.

实现 $\mathbf{Q}(\alpha)=\mathbf{Q}(r,s)$ 的方法可以有多种,因为 c 有无限种取法,从而 α 也有无限种取法.

习题 5.6

1. 设域 F 的特征为素数 p,α 为 F 上的可分元. 求证:α^p 也是 F 上的可分元.

2. 判断以下多项式在其分裂域中有无重根:

(1) $x^3+2x+2\in\mathbf{Z}_3[x]$;

(2) $x^5-1\in\mathbf{Z}_5[x]$;

(3) $x^4+x+1\in\mathbf{Q}[x]$;

(4) $x^p-x-a\in\mathbf{Z}_p[x]$,($p$ 为素数).

3. 试求 α,使得 $\mathbf{Q}(\alpha)=\mathbf{Q}\left(\sqrt{2},\dfrac{-1+\sqrt{3}\mathrm{i}}{2}\right)$.

4. 设域 F 的特征为素数 p,如果 F 中 α 的 p 次方根存在,则 α 的 p 次方根唯一;进一步,若 α 的 $p^k(k=1,2,\cdots)$ 次方根存在,则它也是唯一的.